Outre Newton

Philosophia Naturalis et Geometricalis

Collection dirigée par Luciano Boi et Dominique Lambert

Vol. 3

Bertrand Hespel

Outre Newton

Quelques images du monde à l'Age classique

PETER LANG
Bern · Berlin · Bruxelles · Frankfurt am Main · New York · Oxford · Wien

Information bibliographique publiée par
«Die Deutsche Bibliothek»
«Die Deutsche Bibliothek» répertorie cette publication dans la «Deutsche Nationalbibliografie»; les données bibliographiques détaillées sont disponibles sur Internet sous ‹http://dnb.ddb.de›.

Illustration de couverture de Jorge Eduardo Eielson,
QUIPUS 79-V1, 1990

Publié avec le concours du Céruna et des Facultés Universitaires Notre-Dame de la Paix à Namur

Mise en pages par Fabrice Serville

ISBN 3-03910-029-7
ISSN 1424-8425

A J. «Pinkers» H., ingénieux et facétieux ingénieur,
admirateur et traducteur de Leibniz mais défenseur de Newton,
dont l'avis nous a manqué et nous manquera toujours.

Le monde apparaît tellement différent quand on sait*!*
Richard P. FEYNMAN

Remerciements

Résultant du remaniement de la première partie d'une thèse de doctorat[I], soutenue à l'Institut Supérieur de Philosophie de l'Université catholique de Louvain, ce livre n'aurait jamais existé si l'envie d'entreprendre ce travail préalable et la possibilité de le mener à bien ne nous avaient été donnés, et si nous n'avions pu disposer du temps, des moyens et des encouragements, nécessaires pour le reprendre.

Outre nos parents qui nous ont donné l'envie et la possibilité d'étudier, Jean-Marie Hébette qui nous a transmis sa passion pour la physique, nos amis et nos proches, Anne, Boris et Théana, qui nous supportent courageusement depuis si longtemps, nous voudrions donc respectivement remercier notre directeur de thèse, le Professeur Jean Ladrière, et nos professeurs ou collègues de cet institut, Marcel Crabbé, Rosa Vino, Jan Degreef, Robert Franck, Jean-Michel Counet, Michel Ghins, Ghislaine Florival, Thierry Lucas, Gilbert Gérard, Olivier Depré, Danielle Lories, Jean-François Stoffel, Hervé Pourtois et Philippe Coppens; nos professeurs ou collègues de l'Institut de Physique de cette même université, Jean Pestieau, Jean Bricmont et Patricia Radelet-De Grave; les membres du Département Sciences-Philosophie-Sociétés des Facultés Universitaires Notre-Dame de la Paix à Namur, avec lesquels nous avons désormais la chance de travailler; Luciano Boi et Dominique Lambert, qui nous ont ouvert leur belle collection; le Professeur

---

I *La violation expérimentale de l'inégalité de Bell [conformément aux prédictions de la mécanique quantique]. Contribution à l'étude de sa signification.* Bibliothèque de l'ISP, UCL, 2001.

Bernard d'Espagnat dont un courrier nous a définitivement convaincu d'accepter la suggestion que nous faisaient ceux-ci de scinder notre texte original en deux parties lisibles indépendamment; Edith et Fabrice Serville qui ont fait en sorte que cela soit effectivement possible en modifiant de fond en comble la forme qu'ils lui avaient initialement donnée; les autorités de notre université et la direction du Céruna qui nous ont offert le soutien financier nécessaire; Mesdames Valérie Eggenberg et Katherine Tschopp des éditions Peter Lang, enfin, qui ont patiemment et très professionnellement mené le long processus à son terme.

Table des matières

Troisième partie
Trois *mondes* de métaphysiciens

Préface

Celui qui lit ceci pense sans doute avoir devant lui ce qu'il est convenu d'appeler un «livre», autrement dit un objet, certes fort différent de ces mains grâce auxquelles il le tient ouvert, de ces yeux qui lui permettent de le voir ou du cerveau sans lequel il ne pourrait le comprendre, mais néanmoins «matériel», c'est-à-dire de même nature que chacun de ces objets dont il considère plus que vraisemblablement qu'ils ne sont que quelques uns des nombreux éléments qui composent son «corps». Il est aussi fort probable qu'il estime en outre que ce même livre n'est pas le seul objet matériel qui soit ainsi extérieur à son propre corps mais qu'il en existe au contraire une multitude: tables, chaises, arbres, fleurs et animaux, hommes et femmes, ponts, routes, immeubles, océans et continents, planètes, étoiles et galaxies, qui non seulement partagent tous avec lui ces mêmes caractéristiques d'avoir un certain volume, d'occuper une position à chaque instant, de pouvoir en changer et de ne pas durer éternellement, mais sont de plus en relation les uns avec les autres et composent en définitive un seul et même ensemble. Bref, il est presque certain que le lecteur croit en l'existence de cette totalité, par ailleurs unique, qu'on appelle «le monde».

De plus, il y a fort peu de chances que ce lecteur prétende que ce monde est le produit d'un quelconque esprit, fût-il le sien, et l'on peut au contraire raisonnablement supposer qu'il considère plutôt que, s'il est indéniable que cet ensemble serait légèrement différent dans le cas où ni lui ni nous n'existions, on ne saurait sérieusement en conclure qu'il cesserait aussitôt d'exister si l'un d'entre nous venait à disparaître ou cessait d'y penser. En d'autres termes: il est également quasiment certain que le lecteur est aussi «réaliste».

Rares, en effet, sont ceux qui nient l'existence du monde ou qui en soutiennent l'idéalité. Bien au contraire, lorsqu'il s'agit d'en énoncer les lois et d'en désigner les constituants, plutôt qu'à la réflexion pure ou à l'introspection, c'est généralement sans la moindre hésitation que nous nous en remettons aujourd'hui à ces sciences que l'on dit «empiriques» et qui prétendent précisément y parvenir en usant d'«expériences», c'est-à-dire d'interactions contrôlées avec lui. On peut même supposer que, nous souvenant de ce que l'école nous a appris, nous serions vraisemblablement très nombreux à oser soutenir que ce monde est en réalité seulement constitué d'atomes, c'est-à-dire d'arrangements spécifiques de protons, de neutrons et d'électrons, objets matériels imperceptibles en lesquels, malgré leur diversité, se résolvent finalement tous les corps, et le nôtre en particulier. Peut-être même irions-nous jusqu'à affirmer, comme semble désormais nous y enjoindre la physique, que protons et neutrons sont eux-mêmes composés et que le monde n'est en fin de compte constitué que de particules matérielles «élémentaires» qui se meuvent dans un espace vide et qui interagissent sous l'effet de quelques types de forces: gravitationnelles, électromagnétiques, nucléaires fortes et nucléaires faibles.

Il est vrai que cette image est plutôt rassurante. Elle ne diffère guère en effet de celle qu'Isaac Newton lui-même avait adoptée et qui nous fut, pour ainsi dire, imposée par les succès qu'elle lui permit d'obtenir. Et l'on ne peut nier qu'il est agréable de penser qu'en dépit de ses prodigieuses et fulgurantes avancées récentes, la physique ne nous détrompe pas fondamentalement quant à la pertinence d'une représentation désormais vieille de plus de trois siècles et dont nous nous trouvons par le fait même très profondément imprégnés. Ce l'est d'ailleurs d'autant plus que cette image est parfaitement conforme à ce que paraît nous dicter le sens commun. Car, s'il est un fait que nous accorderions sans trop de difficultés c'est bien qu'en première analyse notre expérience du monde semble effectivement se limiter à l'espace, au temps, au mouvement, aux forces et aux corps, c'est-à-dire aux seuls types d'entités dont justement, d'après cette image, le monde est constitué. Autrement dit: cette image est celle d'un monde sans hétérogénéité, sans aucune différence de nature hormis celles séparant ces quelques genres d'entités, où tout est donc simplement affaire d'échelle, et dans lequel par conséquent chacun d'entre nous – ou tout au moins son corps – trouve naturellement place; ce qui présente l'incontestable avantage de nous rendre ce monde, forcément extérieur, le moins étranger possible.

Mais – on le sait – ce qui est pertinent n'est pas forcément adéquat, le vrai ne se réduit pas à l'utile, et l'on doit en l'occurrence malheureusement reconnaître que, pour commode qu'elle soit, cette représentation du monde est très loin de pouvoir satisfaire quiconque tient moins à l'utilité qu'à la vérité. Se figurer le monde de cette manière n'est en effet possible que si l'on s'autorise à négliger trois événements majeurs et déterminants de l'histoire de la physique du vingtième siècle ou que l'on s'obstine à tenter d'exprimer en langage commun les résultats auxquels ont conduits les développements qu'ils ont engendrés et à taire les difficultés d'interprétation qu'ils ont soulevées. Nous voulons évidemment parler de la double révolution relativiste entamée par Albert Einstein en 1905, de la révolution quantique opérée quelques années plus tard par Niels Bohr, Louis de Broglie, Erwin Schrödinger, Werner Heisenberg et Max Born, et de la découverte par Alain Aspect, plusieurs fois confirmée depuis 1982, de la violation expérimentale de ce qui est désormais connu sous le nom d'«inégalité de Bell»; événements qui ont notamment imposé de reconnaître que la matière est susceptible de se transformer en énergie et donc de changer de nature, que l'espace et le temps ne sont nullement absolus mais relatifs au référentiel dans lequel on les considère et composent en fait cette seule entité qu'est l'«espace-temps», que l'espace n'est pas davantage le pur réceptacle que l'on croit mais que cette nouvelle entité et la matière s'affectent au contraire mutuellement, que celle-ci semble en outre se comporter de manière irréductiblement probabiliste ou – pour le dire autrement – qu'il est apparemment impossible de la décrire complètement, et enfin, qu'en dépit du fait que rien ne se déplace jamais dans ce monde à une vitesse supérieure à celle de la lumière, il arrive néanmoins que des événements se produisant à des endroits différents y soient corrélés comme si les lieux de leurs occurrences étaient confondus, c'est-à-dire comme si la distance qui les sépare se trouvait purement et simplement abolie; constatations pour le moins surprenantes et dont chacune suffirait amplement à convaincre de la nécessité d'amender considérablement cette image mais qui, mises ensemble, paraissent tout simplement contraindre à la tenir pour irrémédiablement irrécupérable et donc à reconnaître qu'il s'agit de l'abandonner définitivement, peut-être même – si l'on en croit certains – à désespérer d'un jour réussir à lui en substituer une qui soit adéquate, c'est-à-dire tout à la fois exacte et complète, voire à douter sérieusement – comme d'autres le conseillent déjà – de la légitimité d'une attitude réaliste.

Si bien qu'aujourd'hui, pour qui tient avant tout à la vérité, se refuse à tout idéalisme et ne veut cesser de croire en la possibilité de se représenter le monde, il est désormais totalement impossible de ne pas au moins essayer de répondre à la question de savoir si cette image newtonienne du monde, dont nous avons tant de mal à nous défaire, est la seule possible ou s'il existe des images alternatives éventuellement acceptables et, parmi elles, l'une ou l'autre qui soit réellement adéquate.

Contrairement à ce que nous aimerions croire, nous traversons ainsi depuis quelques décennies ce que l'on pourrait appeler une «crise de la représentation»; laquelle contraste singulièrement avec le sentiment qu'a fait naître en nous la puissance manifeste des technosciences. Or – cela peut surprendre mais ne saurait être nié, et s'explique d'ailleurs peut-être partiellement par le sentiment susdit – la démarche généralement préconisée pour tenter de surmonter cette crise consiste à simplifier la question précédente, ou – si l'on préfère – à l'aborder de front, en essayant d'une part de déterminer si le sens commun ne nous trompe pas en nous invitant à faire nôtre cette représentation désormais traditionnelle et en faisant d'autre part effort pour en imaginer d'autres, plus adéquates, en s'inspirant des indications fournies par la physique la plus récente. Comme une littérature extrêmement abondante en témoigne, pour les auteurs préoccupés par cette problématique, il s'agit en effet le plus souvent ni plus ni moins que de reprendre à nouveaux frais l'antique question de savoir comment se figurer le monde correctement, sans aucunement se préoccuper des réponses qui y ont été préalablement apportées et sans douter un seul instant qu'il soit possible de se soustraire à l'attrait qu'exerce l'image, désormais classique, d'un monde fait de corps indépendants les uns des autres, mais répartis dans un seul et même espace et soumis à de multiples interactions.

Les pages qui suivent peuvent être lues comme le résultat d'une tentative radicalement différente, mais que nous espérons – bien entendu – complémentaire, visant au contraire à répondre à cette même question sans la simplifier et s'appuyant sur l'hypothèse exactement inverse, à savoir qu'on ne saurait sérieusement négliger le poids de l'histoire et que l'on aurait tout à perdre à sous-estimer la puissance de l'image à laquelle nous nous sommes accoutumés. Pour être plus précis: elles constituent l'aboutissement d'une démarche consistant à aborder cette question indirectement, par le biais de l'histoire, en déterminant les origines de cette fameuse image, en relevant les diverses étapes de sa construction ainsi que les nombreuses hésitations qui l'ont accompagnée, et en reconstituant quelques images radicalement différentes, contemporaines de celle-là, mais qui se sont vues quant à elles rapidement rejetées; l'espoir étant évidemment de trouver, par ce retour à l'époque où cette image s'élaborait et ne s'était donc pas encore imposée, et l'inspiration et la force nécessaires pour en suggérer une qui puisse un jour lui être substituée parce que bel et bien adéquate.

Il n'est nullement nécessaire cependant, pour lire ce livre, de garder constamment à l'esprit cet objectif lointain; le lecteur l'aura compris. Puisqu'il s'agissait d'essayer de comprendre comment d'autres avant nous avaient conçu le monde et pourquoi ils se l'étaient ainsi représenté, c'est-à-dire de réapprendre, selon le cas, à voir ce que nous ne voyons plus ou à ne plus voir ce que nous croyons voir depuis longtemps, il s'agissait tout simplement de travailler en historien et, pour ce faire, de commencer par se souvenir du conseil d'Alexandre Koyré qui soulignait que «ce qu'il y a de plus difficile – et de plus nécessaire – lorsque nous abordons l'étude d'une pensée qui n'est plus la nôtre, c'est [...] moins d'apprendre ce que l'on ne sait pas, et ce que savait le penseur en question, que d'oublier ce que nous savons ou croyons savoir»[II]; recommandation qui imposait, en l'occurrence, que l'on s'emploie à oublier délibérément jusqu'à la crise contemporaine que nous avons évoquée et l'objectif effectivement poursuivi. Bref, ce livre est un livre d'histoire, et peut être lu comme tel.

Conformément à la loi du genre dont il relève, ce livre ne contient donc aucune allusion, directe ou indirecte, à la problématique qui est à l'origine du travail dont il résulte. Mais cela ne signifie évidemment pas que celle-ci ne s'y laisse deviner. Bien au contraire ! Et c'est la raison pour laquelle il nous a paru nécessaire de ne pas choisir un titre qui la dissimule totalement et d'au moins l'évoquer ici. Car l'histoire n'était bien pour nous qu'un moyen et, pour le dire plus clairement encore, presque tout dans ce livre – à supposer même qu'il ait pu alors exister – aurait été fort différent si l'intention initiale n'avait effectivement été d'essayer de surmonter cette crise de la représentation : la période étudiée, délibérément limitée à cette portion de l'histoire qui précéda le moment où la science moderne prit définitivement son essor et qui fut donc aussi la dernière durant laquelle coexistèrent en Europe des conceptions du monde si profondément différentes; le choix des auteurs retenus, motivé par le souci de n'opposer au grand Newton que des

---

II KOYRÉ 1971. p. 77.

auteurs à sa mesure, ayant de surcroît composé du monde une image originale et cohérente, digne d'être confrontée à la sienne; la méthode utilisée pour aborder ces différents penseurs, qui visait à les comprendre vraiment et qui consista tout simplement à relire une grande partie de leurs écrits pour y retrouver le fil que chacun suivit, reconstituer son itinéraire et le voir progressivement dessiner l'image qu'il jugea finalement adéquate ou qu'il aurait voulu pouvoir considérer comme telle; ce que nous avons décidé de présenter, enfin, à savoir ces longs processus précisément, généralement lents et toujours extrêmement précautionneux, plutôt que leurs seuls derniers termes, ces images du monde, pour la plupart oubliées et forcément bien incapables de convaincre d'elles-mêmes de la pertinence et de la légitimité des démarches dont elles avaient procédé.

Ceci précisé, la structure du livre devrait paraître sans surprise. Résultat d'un travail relevant d'un projet plus large qui vient d'être présenté et doit être poursuivi, il ne contient ni introduction ni conclusion. Pour plus de commodité et pour mieux souligner l'alternative mise en évidence, nous avons simplement regroupé sous trois titres principaux les différents chapitres, généralement consacrés à un auteur particulier. La première partie est dévolue à l'effort que fit Descartes pour construire ce qu'il appelait son *Monde*, au phénomène qui paraît l'avoir suscité, c'est-à-dire à la déconstruction du cosmos aristotélicien entamée dès la fin du treizième siècle, ainsi qu'à cette tentative moins achevée mais néanmoins essentielle que fut celle de Gassendi. La deuxième est exclusivement consacrée au patient travail newtonien. Et la troisième présente ces trois tentatives à connotation clairement métaphysique que menèrent respectivement Spinoza, Malebranche et Leibniz. Comme annoncé, chacun des chapitres consacrés à un auteur particulier offre une reconstitution du parcours que celui-ci semble avoir effectué et s'ouvre, lorsque c'était nécessaire, sur un tableau présentant une chronologie des œuvres à partir desquelles nous avons cru pouvoir l'opérer. Afin que le lecteur puisse à tout moment juger de la fidélité de cette reconstitution sans devoir retourner aux textes, et donc refaire le travail que nous avons nous-même effectué, nous avons partout privilégié la citation, quitte à rendre la lecture plus laborieuse. Et nous avons multiplié les notes, dont certaines, trop longues pour figurer en bas de page, ont même dû être partiellement reléguées en fin de volume sous le titre de *Compléments*; outre les références de ces nombreuses citations, le lecteur y trouvera celles d'études dont nous nous sommes servi, des citations supplémentaires des auteurs étudiés ou de certains de leurs commentateurs, le détail de certains raisonnements qu'ils paraissent avoir tenus ou qu'ils ont manifestement empruntés à d'autres, la justification de certains de nos choix et de certaines de nos affirmations qui auraient pu paraître un peu rapides, l'explicitation d'arguments, l'expression de quelques doutes, l'aveu de certaines hésitations, et quantité d'autres informations que nous jugions intéressant de fournir – voire même parfois indispensable – mais qu'il fallait absolument éviter de donner dans le cours du texte sous peine d'y faire disparaître sous une masse de détails ces *quelques images du monde à l'Age classique* qu'il était destiné à faire redécouvrir.

B. H.
Louvain-la-Neuve, novembre 2002

Première partie

La déconstruction du cosmos aristotélicien et la formation du *monde* cartésien

1 La déconstruction du cosmos aristotélicien

1.1 Le cosmos du Philosophe

Le monde aristotélicien, que redécouvre l'Europe au début du XIIIe siècle, est un cosmos, un tout ordonné[1]; mais bien différent de celui qu'avait imaginé Platon. Il n'est plus ce monde, harmonieux et vivant, que le Démiurge a formé au sein de l'étendue (χώρα) en prenant pour modèle le monde des idées et qu'Il a doté d'une Ame, mathématiquement organisée, obtenue en mélangeant à leur propre combinaison ce qui participe du Même et ce qui participe de l'Autre[2]. Le monde d'Aristote est un cosmos parce que chaque chose y possède par nature un lieu, parce que toute chose y a une place propre. Et c'est le lieu naturel de la Terre qui en constitue le centre. Sphérique et immobile, celle-ci y est entourée de huit sphères concentriques qui emportent, en mouvements circulaires autour d'un axe passant par son centre, la Lune, Mercure, Vénus, le Soleil, Mars, Jupiter, Saturne et les quelque six mille étoiles fixes[3]. Tandis que ces corps sont composés d'un seul élément – αἰθήρ[4] ou *quinta essentia* – immuable, ceux du monde sublunaire sont tous constitués d'au moins deux des quatre éléments, terre, air, eau et feu, aspects corruptibles d'une substance unique – πρώτη ὕλη ou *matiera prima* – qui s'actualisent par l'effet des quatre qualités fondamentales que sont le sec, le froid, l'humide et le chaud[5]. Les lieux naturels de ces

---

1 Aristote le décrit dans le *Traité du ciel* et dans le *De la génération et de la corruption.* Le traité pseudo-aristotélicien *Du monde* en donne une présentation condensée.

2 Cf. le *Timée* et plus particulièrement 48E-52D, ainsi que CORNFORD 1937, pp. 177-197, ARCHER-HIND 1888 pp. 182-185, BRUN 1960 p. 73 et références au bas de cette page, pour l'interprétation du terme χώρα.

3 Comme on peut s'en rendre compte en lisant la *Métaphysique* Λ8, 1073 b 18-1074 a 17, le système est nettement plus complexe que nous ne le laissons croire. Pour une analyse approfondie de ce système, on peut consulter LITT 1963.

4 Pour Aristote, αἰθήρ dérive de ἀίθειν l'éther est ce qui court perpétuellement pendant l'éternité du temps. Cf. *Traité du ciel*, I 3, 270 b 23.

5 Cette théorie des éléments et de leurs diverses compositions est longuement discutée dans le *De la génération et de la corruption.* Dijksterhuis a bien montré que cette théorie est au fondement de la théorie du monde d'Aristote, in DIJKSTERHUIS 1986 pp. 17-42.

éléments sont disposés en couronnes successives et immobiles autour du centre du monde: la sphère lunaire renferme la sphère du feu, qui contient celle de l'air qui enclôt à son tour la sphère de l'eau. Si l'ordre du monde sublunaire était aussi parfaitement réalisé que celui des cieux, les divers éléments se trouveraient donc en leurs lieux respectifs entre la Terre et la Lune. Mais ce monde est celui du mouvement (κίνησίς) c'est-à-dire celui des transitions de la potentialité à l'actualité[6]: les corps apparaissent, disparaissent, varient en qualité et quantité, et – comme les corps célestes – changent de place (φορά). A la différence de ceux-ci dont le mouvement local n'est que circulaire, les corps sublunaires se meuvent en outre de deux manières: naturellement en ligne droite vers leur lieu comme lorsque les graves tombent vers le centre du monde, ou de manière forcée sous l'action d'un moteur extérieur en contact direct avec le mobile comme cela arrive quand le milieu ambiant prolonge l'action de l'arc qui a projeté la flèche. Et les mouvements continus de ce monde, où l'infini n'existe que potentiellement et dans lequel ne règne aucun vide[7], sont rythmés par le mouvement périodique des sphères célestes[8] dont la dernière est mue par un premier moteur qui est acte pur[9].

---

6 C'est la définition proposée in DIJKSTERHUIS 1986 p. 21. Comme le note cet auteur, Aristote s'avère beaucoup plus rigoureux; la définition générale qu'il donne du mouvement n'utilise pas la notion de mouvement local, i.e. le mouvement n'est pas défini comme «transition». Très précisément, in *Physique* Γ1, 201 a 11, il écrit: ἡ τοῦ δυνάμει ὄντος ἐντελέχεια, ᾗ τοιοῦτον, κίνησίς ἐστιν, «l'entéléchie de ce qui est en puissance, en tant que tel, voilà le mouvement» (trad. H. Carteron), ou «le mouvement est l'acte de ce qui est en puissance en tant que tel» (trad. P.-H. Michel in TATON 1957 tome I p. 265) si l'on accepte de traduire par un même mot les termes ἐντελέχεια et ἐνέργεια.

7 Cf. *Physique* Γ, *Physique* Λ7 à 9 et *Traité du ciel,* I 9, 279 a 11-17.

8 Cf. *De la génération et de la corruption* II 10, 336 a 31-337 a 16.

9 Cf. *Physique* H1, 242 a 15-242 b 19, *Physique* Θ5 à 10, *Métaphysique* Λ6-7 et *Du monde* 5, 396 a 34-401 a 10.

1.2 L'éclatement de la sphère

En dépit de sa cohérence, l'image de ce monde dans lequel toute chose trouve naturellement place ne tarde pas à s'estomper. Dès la fin de XIIIe siècle, les astronomes préfèrent définitivement le système de Ptolémée au système homocentrique entre lesquels saint Thomas hésitait encore[10]; au siècle suivant, les physiciens sont de plus en plus nombreux à juger insatisfaisante la solution aristotélicienne au problème du jet[11]. Thomas Bradwardine, Richard Swineshead, Nicolas d'Autrecourt, Jean Buridan et Nicole Oresme entre autres, entreprennent la critique de la physique de l'Ecole[12] et préparent ainsi ce démantèlement du cosmos aristotélicien qui sera l'œuvre de la Renaissance.

Nicolas de Cues inaugure la destruction de la hiérarchie aristotélicienne en faisant de la Terre une étoile comme les autres et, le premier, ose proclamer que le monde ne saurait être limité. Copernic, à sa suite, le décentre: les graves ne se meuvent plus vers le centre du monde, mais retournent simplement à la Terre. S'appuyant sur les observations recueillies par Tycho Brahé, Kepler fournit alors l'expression mathématique du mouvement des planètes et substitue à l'ancienne hiérarchie une harmonie platonicienne, en persistant toutefois à défendre la finitude du monde. Giordano Bruno, quant à lui, affirme clairement son infinité, préparant ainsi l'identification de l'espace physique avec celui de la géométrie euclidienne, que pose enfin Galilée. Avec cette mathématisation de l'espace, le mouvement local cesse d'être un processus et devient un état comme l'était le repos chez le Philosophe[13].

Désormais le monde n'est plus une totalité finie et structurée. Les différents lieux sont devenus les points indifférenciés de l'espace euclidien infini; les corps ne se meuvent plus absolument en vertu de leurs natures propres, mais relativement aux autres en suivant des lois mathématiques dont certaines seulement paraissent bien établies. En un mot, «la sphère a éclaté»[14].

---

10 Cf. TATON 1957 tome I p. 545. L'absence de prise de position chez saint Thomas est étudiée in LITT 1963.

11 Cf. KOYRÉ 1939 pp. 24-27.

12 Cf. TATON 1957 tome I pp. 551-560, DIJKSTERHUIS 1986 pp. 164-219.

13 Cf. DIJKSTERHUIS 1986 pp. 225-233, 287-359, COHEN 1987 pp. 24-147, KOYRÉ 1939, KOYRÉ 1966, KOESTLER 1960.

14 Il est d'Alexandre Koyré.

Et le monde s'est dissous. Pour l'homme de cette fin de Renaissance, la pierre tombe encore, mais non plus parce qu'elle est de même nature que la Terre et qu'il est de la nature de cet élément de rejoindre le centre du monde; à proprement parler, ce centre n'existe pas et la pierre tombe avec une vitesse proportionnelle à son temps de chute, tout simplement. Semblablement, Jupiter continue à tourner, mais non plus en un mouvement circulaire parfait comme il sied aux corps quintessentiels dont les lieux enserrent la Terre; elle tourne sur une trajectoire elliptique autour de cet autre corps qu'est le Soleil en respectant les lois de Kepler comme le font toutes les autres planètes. Les corps ont perdu leur nature et la Nature, son unité. Les relations mathématiques établies par Kepler et Galilée expriment bien quelques régularités des mouvements locaux des corps, mais elles laissent ceux-ci indifférents les uns aux autres: rien ne lie la bille qui roule indéfiniment, la flamme qui s'élève, le soleil, les planètes et les comètes qui fendent le ciel. Quant aux autres mouvements, ce ne sont plus désormais que de simples processus et l'Ecole peut bien multiplier les qualités pour tenter de les expliquer, chacun n'en devient que plus particulier, dissocié des autres. A l'évidence, le monde a cessé d'être un cosmos.

1.3 La résistance de la Renaissance

Comme s'ils voulaient se protéger de cette conclusion qui leur paraît fondamentalement incompatible avec leur foi en Dieu créateur de toutes choses, les philosophes de la Renaissance s'opposent cependant au processus de démantèlement qui caractérisera leur époque. Si certains se tournent à nouveau vers Platon, beaucoup d'autres tentent avec l'imagination du désespoir de maintenir l'unité qui leur échappe: ils décrètent l'existence de «sympathies» et d'«antipathies», ou celle d'éléments nouveaux susceptibles de relier le Ciel et la Terre, ils font de la lumière un principe de multiplicité et d'unité, s'obstinent à voir le monde comme un organisme vivant ou défendent l'idée d'une influence directe des astres[15]. D'autres encore

15 On aura reconnu – dans le plus grand désordre – G. Fracastoro, G. Cardano, G. Telesio, F. Patrizzi, T. Campanella. NAMER 1970 contient de nombreux renseignements sur la plupart d'entre eux et Michel Foucault a magnifiquement étudié in FOUCAULT 1966 l'usage systématique qu'ils faisaient des similitudes.

acceptent la thèse selon laquelle Dieu contiendrait toute chose ou vont jusqu'à identifier Dieu à la Nature[16]. Nombreux enfin sont ceux qui se résignent à proclamer purement et simplement l'«unité cosmique» et font leur ce postulat fondamental de la philosophie hermétique[17]. Selon cette doctrine, nourrie de christianisme, de cabale, de paganisme, de mysticisme et de néoplatonisme, il n'y aurait en fait qu'un seul être qui se présenterait sous des formes infiniment variées. «*Omnia ab uno et in unum omnia*»[18]: le macrocosme est à l'image de Dieu et du microcosme qu'est l'Homme; Dieu se réalise tandis que les choses se transforment au sein de la Nature. Il convient donc, pour ces philosophes, de retrouver l'unité primordiale de Dieu, de la Nature et de l'Homme, en aidant à la réalisation de la Nature par l'accélération artificielle de transformations naturelles. Aussi leur but se confond-il à celui de l'alchimie dont ils reprennent les techniques, le symbolisme et les méthodes[19]. Tandis que Galilée achève de défaire le cosmos aristotélicien, bon nombre de philosophes se détournent ainsi du monde qui leur est donné à voir et se réfugient auprès de l'athanor pour y mélanger soufre, mercure et sel, dans l'espoir de reconstituer physiquement cette harmonie dont ils ne peuvent douter et que concrétiserait la Pierre Philosophale.

---

16 Nicolas de Cues et G. Bruno, p. ex. Selon le premier, Dieu est *omnia complicans*, pour le second Il est à la fois *Natura naturans* et *Natura naturata*.

17 C'est indisctutablement le choix que firent A. von Nettesheim, Paracelse, V. Weigel et J.-B. Van Helmont. Cf. KOYRÉ 1971.

18 C'est encore cette devise qui orne le frontispice choisi par E. Canseliet pour ouvrir l'édition de 1964 du *Mystère des Cathédrales* de Fulcanelli. On trouve le même genre d'affirmation dans la *Table d'Emeraude* attribuée à Hermès – d'ailleurs soigneusement étudiée par Newton (cf. DOBBS 1975) – («Et de même que toutes choses ont été et sont venues d'Un, ainsi toutes ces choses sont nées de cette chose unique, par adaptation») et chez Zozime au IIIe siècle («Tout dans Un»). Nous avons extrait les citations de HUTIN 1951.

19 Mircea Eliade a tenté de retrouver les origines de cette pratique in ELIADE 1956, et Carl G. Jung a essayé d'en interpréter le symbolisme in JUNG 1944.

1.4 L'atomisme de Gassendi

L'un des premiers à se libérer de l'esprit renaissant et à tenter de recomposer un système du monde sur base des données de la science nouvelle est le futur chanoine de Digne.

Philosophe, astronome et physicien soucieux d'expérimenter[20], Pierre Gassendi ne se sent guère attiré par les mystères de la doctrine secrète et prendra vigoureusement position en 1629 contre Robert Fludd, l'un de ses principaux représentants. Jugeant impossible de détrôner le prince de l'Ecole encore toute puissante[21], il choisit pour sa part «de lui susciter un rival»[22] en reprenant dans une perspective chrétienne l'image du monde qu'avait forgée Epicure sur le modèle atomiste de Démocrite: le monde est constitué d'atomes qui se meuvent dans le vide. Dieu a créé ces atomes en nombre fini; ils sont invisibles, étendus, mathématiquement divisibles mais physiquement indivisibles, fermes et impénétrables c'est-à-dire solides; ils diffèrent en taille, en forme et en «poids». Ce «poids» est une force mouvante intrinsèque, un *impetus,* imprimé par Dieu à chaque atome lors de la création et qui reste inchangé jusqu'à la fin des temps. Groupés, les atomes composent les différents corps dont les propriétés résultent des leurs et de leur arrangement spatial. Les vides, indispensables aux mouvements des atomes, sont de trois types: il y a le vide dans lequel Dieu a créé le monde, ceux qui subsistent entre les atomes et ceux que l'on peut produire artificiellement. Quant aux mouvements, ils sont en permanence contrôlés par l'intervention de Dieu qui veille à maintenir constant l'*impetus* de chaque

---

20 Il organisa notamment à Marseille en 1641 l'expérience qui consistait à lâcher une pierre du sommet du mât d'un bâteau et permettait de constater qu'elle touchait le pont au même endroit, que le bateau soit à quai ou qu'il se déplace à vitesse constante par rapport à celui-ci.

21 Un exemple, qui allait impressionner Gassendi, fut la condamnation par la Cour de Paris en 1624 de Jean Bitaud qui, le 25 août, avait osé défendre publiquement des thèses opposées à celles d'Aristote, du médecin Etienne de Clave qui l'y avait aidé et d'Antoine de Villon qui les avait jugées. Il interrompit la publication de ses *Exercitationes paradoxicae adversus Aristoteleos*, dont le premier livre – particulièrement critique à l'égard de l'œuvre du Stagirite – venait de paraître.

22 Cette expression est de Bernard Rochot in ROCHOT 1944 p. 28. La plupart de nos informations proviennent de ce petit livre; les autres sont tirées de DIJKSTERHUIS 1986 pp. 425-431, KOYRÉ 1939 pp. 304-317, KOYRÉ 1966 pp. 320-333, KOYRÉ 1968 pp. 213-216 et 221-223, DUGAS 1954 pp. 103-116.

atome dont seule varie la direction lors des chocs. La cohésion des corps est simplement due à la forme des atomes qui les composent et à la pression qu'exercent les atomes extérieurs. La lumière est un flux d'atomes particuliers émis par le corps lumineux, et la chute des corps – comme la gravitation d'ailleurs – s'explique par les actions combinées des atomes d'air qui pressent ces corps et d'un flux d'atomes émis par la Terre qui, en raison de leurs formes, finissent par constituer une chaîne d'autant moins ténue que les corps s'approchent de la surface terrestre.

2 Le *monde* de Descartes

2.1 L'existence du monde et la méthode

Pour Descartes, son contemporain, la tentative de Gassendi est vouée à l'échec et l'image du monde qu'il propose, totalement inacceptable : nous ne pouvons espérer fonder la science certaine qui manquait à la Renaissance sur les seules données sensibles, car nos sens nous trompent[23]. Il faut d'ailleurs reconnaître que, même si nous pouvions mettre en eux la confiance qu'on leur accorde trop souvent, nous ne serions de toute façon jamais certains d'atteindre la vérité. Il arrive en effet que nous raisonnions erronément, et parfois même que nous conférions l'existence à ce qui nous apparaît en rêve. Plutôt que de nous efforcer de corriger la vision du monde défendue par les scolastiques, nous devons donc commencer par douter radicalement de tout, c'est-à-dire par imaginer qu'un malin génie s'emploie à nous tromper[24], et par rejeter comme faux ce qui est l'objet du moindre doute[25]. Et ce n'est qu'ensuite, lorsque nous aurons découvert un fait absolument indubitable, que nous pourrons tenter de bâtir un *monde* qui, cette fois, sera vrai et dont nous serons certains qu'il l'est.

Ce *monde* qu'il entend substituer au cosmos d'Aristote, Descartes l'ébauche dans *Le Monde ou Traité de la lumière* et le détaille complètement, après lui avoir donné une fondation stable et justifié la méthode qui en règle l'élaboration, dans ses *Principes de la philosophie*[26].

---

23 Cf. *Résumé des cinquièmes objections faites par Gassendi* et *Réponses de l'auteur aux cinquièmes objections faites par Gassendi* in *Œuvres philosophiques* II pp. 705-838. Chaque fois que cela s'avèrera possible, nous citerons les textes établis par F. Alquié dans son édition des *Œuvres Philosophiques* en trois volumes, mais nous renverrons néanmoins, au moyen des initiales A.T., à l'édition de référence des *Œuvres de Descartes* due à Adam et Tannery si celle-ci contient la version française du texte auquel nous faisons allusion.

24 Cf. *Méditations métaphysiques,* première méditation, A.T. IX (1) p. 17.

25 Cf. *Discours de la méthode,* quatrième partie, A.T. VI pp. 31-32.

26 Bien entendu, nous n'avons pas l'intention de prétendre que le but premier de Descartes était de construire un *monde*, mais il nous semble légitime de le feindre. Nous nous justifions en fin de volume dans le Complément 1 (p. 239).

D'après lui, le fait qui n'offre aucune prise au doute c'est le *cogito*: tandis que nous doutons, nous ne pouvons douter de cette affirmation *je pense, donc je suis*; cette vérité est à la fois première et certaine[27]. C'est donc elle qui doit servir de base à notre construction. Etant évidente par elle-même, elle nous suggère en outre de prendre ses caractéristiques pour celles de la vérité et nous inspire du même coup la méthode que nous devrons suivre pour nous préserver de l'erreur lorsque nous nous éléverons à partir d'elle: ne considérer comme vrai que ce qui, comme elle, se conçoit clairement et distinctement[28].

Mais si elle nous fournit à la fois un point d'appui et une méthode, cette première certitude ne nous assure cependant encore que d'une seule existence, celle de la *res cogitans,* de cette «chose qui pense» que nous sommes. Avant d'entreprendre de construire le *monde,* il faut donc selon Descartes donner une légitimation à notre démarche et prouver qu'il existe bien des choses extérieures à nous. Or ceci nécessite, d'après lui, une démonstration de l'existence de Dieu; seule cette nouvelle certitude nous autorisera en effet à passer la barrière du doute que nous nous sommes imposés.

Ce n'est en effet que lorsque nous serons assurés de l'existence de celui qui, par définition, a toutes les perfections que nous pourrons être certains

> qu'il n'est pas possible qu'il nous trompe, c'est-à-dire qu'il soit directement la cause des erreurs auxquelles nous sommes sujets, et que nous expérimentons en nous-mêmes[29].

Certains que Dieu existe, nous saurons ainsi qu'Il ne nous trompe pas et nous pourrons dès lors affirmer avec certitude que

> La faculté de connaître qu'il nous a donnée, que nous appelons lumière naturelle, n'aperçoit jamais aucun objet qui ne soit vrai en ce qu'elle l'aperçoit, c'est-à-dire en ce qu'elle connaît clairement et distinctement; parce que nous aurions sujet de croire que Dieu serait trompeur, s'il nous l'avait donnée telle que nous prissions le faux pour le vrai lorsque nous en usons bien[30].

---

27 Cf. *Principes de la philosophie,* première partie § 7, A.T. IX (2) p. 27.

28 Cf. *Discours de la méthode,* quatrième partie, A.T. VI p. 33. (Pour Descartes, la connaissance claire est celle «qui est présente et manifeste à un esprit attentif; de même que nous disons voir clairement les objets lorsque étant présents ils agissent assez fort; et que nos yeux sont disposés à les regarder»; et la connaissance distincte «celle qui est tellement précise et différente de toutes les autres, qu'elle ne comprend en soi que ce qui paraît manifestement à celui qui la considère comme il faut». *Principes de la philosophie,* première partie § 45, A.T. IX (2) p. 44).

29 *Principes de la philosophie*, première partie § 29, A.T. IX (2) p. 37.

30 *Principes de la philosophie*, première partie § 30, A.T. IX (2) p. 38.

Nous aurons donc la certitude que la clarté et la distinction sont bien les marques de la vérité. Et, de ce fait,

> [...] même les vérités de mathématique ne nous seront plus suspectes, à cause qu'elles sont très évidentes; et si nous apercevons quelque chose par nos sens, soit en veillant, soit en dormant, pourvu que nous séparions ce qu'il y aura de clair et de distinct en la notion que nous aurons de cette chose de ce qui sera obscur et confus, nous pourrons facilement nous assurer de ce qui sera vrai[31].

Et partant, nous saurons dès lors avec certitude qu'il y a des corps extérieurs à nous, puisque, de notre confiance renouvelée en nos sens et de ce que

> nous expérimentons en nous-mêmes que tout ce que nous sentons vient de quelque autre chose que de notre pensée; parce qu'il n'est pas en notre pouvoir de faire que nous ayons un sentiment plutôt qu'un autre, et que cela dépend de cette chose, selon qu'elle touche nos sens[32],

nous ne pourrons que conclure à l'existence de cette chose.

Heureusement, démontrer l'existence de Dieu ne pose – comme on le sait – aucun problème à Descartes. D'après lui, nous pouvons nous contenter de la preuve classique, dite «ontologique», ou lui substituer celle que nous suggère la constatation de notre doute, ou encore préférer à celles-ci la démonstration que nous pouvons tirer de la considération attentive de la durée de notre propre vie, chacune d'elles suffisant à dissiper tout doute à propos de l'existence du monde.

2.2 La définition du corps

Il y a donc des corps; nous en sommes certains et nous trouvons dès lors en droit de tenter de décrire le monde qu'ils composent. De plus, pour peu que nous nous tenions à notre méthode, nous ne nous tromperons jamais et pourrons prétendre avoir donné de ce monde l'image adéquate.

Toutefois, comme le remarque Descartes, ce serait oublier d'emblée cette méthode que de supposer le monde composé de corps dotés des propriétés que leur a attribuées la tradition. En nous efforçant de dégager ce

---

31 *Ibidem.*

32 *Principes de la philosophie*, deuxième partie § 1, A.T. IX (2) p. 63.

qu'il y a de clair et de distinct dans la notion de corps, nous sommes en effet conduits à reconnaître que ce

> que nous sentons, ou plutôt que nos sens nous excitent souvent à apercevoir clairement et distinctement[33],

n'est rien d'autre qu'

> une matière étendue en longueur, largeur et profondeur, dont les parties ont des figures et des mouvements divers, d'où procèdent les sentiments que nous avons des couleurs, des odeurs, de la douleur, etc.[34]

De fait,

> si nous examinons quelque corps que ce soit, nous pouvons penser qu'il n'a en soi aucune de ces qualités [dureté, pesanteur et chaleur], et cependant nous connaissons clairement et distinctement qu'il a tout ce qui fait le corps, pourvu qu'il ait de l'extension en longueur, largeur et profondeur: d'où il suit aussi que, pour être, il n'a besoin d'elles en aucune façon et que sa nature consiste en cela seul qu'il est une substance qui a de l'extension[35].

Aussi sommes-nous forcés d'affirmer, à l'inverse de ce que l'on pense couramment, que l'espace occupé par un corps et le corps compris en cet espace ne diffèrent pas réellement: les corps qui existent ne sont que des *res extensae*. Et de cela nous devons plus particulièrement conclure, contre Gassendi et les atomistes, qu'il n'existe ni vide ni atomes dans la nature, car tout espace que l'on supposerait vide, c'est-à-dire que l'on supposerait ne contenir aucune substance, aurait néanmoins de l'extension et contiendrait donc malgré tout de la substance[36] et que tout corps, aussi petit qu'on le suppose, aurait tout de même une extension et pourrait par conséquent être divisé – par Dieu tout au moins – et ne serait donc pas indivisible[37]. Contre Aristote et les scolastiques, nous devons par ailleurs affirmer que la terre et les cieux sont faits d'une même matière[38] et, comme nous pouvons imaginer des espaces s'étendant au-delà de toute borne et que Dieu peut faire tout ce que nous pouvons penser, que l'étendue du monde – si elle n'est pas infinie – est à tout le moins «indéfinie»[39].

---

33 *Ibidem.*
34 *Ibidem.*
35 *Principes de la philosophie*, deuxième partie § 4, A.T. IX (2) p. 65.
36 Cf. *Principes de la philosophie*, deuxième partie §§ 16-19, A.T. IX (2), pp. 71-73.
37 Cf. *Principes de la philosophie*, deuxième partie § 20, A.T. IX (2) p. 74.
38 Cf. *Principes de la philosophie*, deuxième partie § 22, A.T. IX (2) p. 75.
39 Cf. *Principes de la philosophie*, deuxième partie § 21, A.T. IX (2) p. 74.

2.3 Les définitions du mouvement et du repos

L'image de ce monde que nous avons commencé à tracer étant ainsi celle d'une monde indéfiniment étendu et pleinement rempli d'une seule et unique matière indéfiniment indivisible, pour la compléter et notamment rendre compte des diverses qualités dont paraissent témoigner nos impressions, il faut oser, selon Descartes, s'opposer encore davantage à l'Ecole et postuler que

> toutes les propriétés que nous apercevons en [cette matière], se rapportent à ce qu'elle peut être divisée et mue selon ses parties, et qu'elle peut recevoir toutes les diverses dispositions que nous remarquons pouvoir arriver par le mouvement de ses parties[40].

Mais il faut bien noter que ce mouvement ne saurait être celui auquel songent les scolastiques, car

> Ils avancent eux-mêmes que la nature du leur est fort peu connue, et pour le rendre en quelque façon intelligible, ils ne l'ont encore su expliquer plus clairement qu'en ces termes: *Motus est actus entis in potentia, prout in potentia est,* lesquels sont pour moi si obscurs, que je suis contraint de les laisser ici en leur langue parce que je ne les saurais interpréter. (Et en effet, ces mots: le mouvement est l'acte d'un Etre en puissance, en tant qu'il est en puissance, ne sont pas plus clairs, pour être français.)[41]

Le seul mouvement que nous puissions considérer est le mouvement local

> qui fait que les corps passent d'un lieu en un autre et occupent successivement tous les espaces qui sont entre eux[42]

et dont la nature

> est si facile à connaître que les géomètres mêmes qui, entre tous les hommes, se sont les plus étudiés à concevoir bien distinctement les choses qu'ils ont considérées, l'ont jugée plus simple et plus intelligible que celle de leurs superficies et de leurs lignes: ainsi qu'il paraît en ce qu'ils ont expliqué la ligne par le mouvement d'un point et la superficie par celui d'une ligne[43].

---

40 *Principes de la philosophie*, deuxième partie § 23, A.T. IX (2) p. 75.

41 *Le Monde ou le Traité de la lumière*, chapitre sept, A.T. XI p. 39. On peut comparer cette traduction de la définition aristotélicienne à l'original grec ainsi qu'aux traductions récemment données par H. Carteron et P.-H. Michel, mentionnés à la note 6 (p. 4).

42 *Le Monde ou Traité de la lumière*, chapitre sept, A.T. IX p. 40.

43 *Le Monde ou Traité de la lumière*, chapitre sept, A.T. XI p. 39.

Cependant, cela ne signifie nullement que l'on puisse prendre le mouvement selon l'usage commun qui, de manière inacceptable, en néglige la relativité. Puisqu'un corps peut être dit en mouvement ou au repos selon que la distance qui le sépare d'un corps de référence varie ou ne varie pas d'instant en instant, le mouvement vrai doit être défini comme

> le transport d'une partie de la matière, ou d'un corps, du voisinage de ceux qui le touchent immédiatement, et que nous considérons comme au repos, dans le voisinage de quelques autres[44]

et réciproquement un corps doit être défini comme

> tout ce qui est transporté ensemble[45].

Quant au repos, il ne peut être considéré comme simple privation de mouvement. L'expérience courante qui consiste à arrêter un objet en mouvement l'atteste :

> le repos est aussi bien une qualité qui doit être attribuée à la matière pendant qu'elle demeure en une place, comme le mouvement en est une qui lui est attribuée, pendant qu'elle en change[46].

Aussi, clairement et distinctement entendus, le mouvement et le repos ne sont-ils pas davantage que «deux modes divers» du corps[47].

2.4 La conservation de la quantité de mouvement

Ayant supposé que le monde n'est constitué que d'espace, de repos et de mouvement local, il nous reste à voir quels mouvements peuvent y prendre place avant de tenter de montrer quels sont, parmi ceux-ci, ceux qui produisent toute cette variété que nous observons. Or, dans un tel monde, parfaitement plein, pour qu'un corps puisse être mû, il faut manifestement que, *dans l'instant*, c'est-à-dire à l'instant même où ce corps quitte le voisinage des corps

---

44 *Principes de la philosophie*, deuxième partie § 25, A.T. IX (2) p. 76.

45 *Ibidem.*

46 *Le Monde ou Traité de la lumière*, chapitre sept, A.T. XI p. 40.

47 Alors que le texte latin dit «motus et quies nihil aliud in eo sint, quàm duo diversi modi», la traduction française parle de «deux diverses façons». Cf. *Principia Philosophiae* et *Principes de la philosophie*, respectivement A.T. VIII p. 55 et A.T. IX (2) p. 78.

auxquels il est contigu, un autre corps quitte le voisinage des corps auprès duquel le premier se trouve transporté, et ainsi de suite indéfiniment. En d'autres termes, un mouvement n'est jamais seul. Les seuls mouvements possibles s'intègrent à une série de mouvements qui se referme sur elle-même:

> *en chaque mouvement, il doit y avoir un cercle, ou anneau, de corps qui se meuvent ensemble*[48].

Mais s'il est important de constater que dans le plein chaque mouvement participe d'un «tourbillon» (fig. 1A), il convient aussi de remarquer que, contrairement à ce que l'on serait naturellement porté à croire, la chaîne des corps qui se chassent ainsi dans l'instant ne doit pas forcément être parfaitement circulaire; qu'elle soit fermée suffira pour peu qu'en tous les points du circuit

> la vitesse du mouvement compense la petitesse du lieu[49]

En effet (fig. 1B),

> toute la matière qui est comprise en l'espace EFGH, peut se mouvoir circulairement, et sa partie qui est vers E, passer vers G, et celle qui est vers G, passer en même temps vers E, sans qu'il faille supposer de condensation ou de vide, pourvu que, comme on suppose l'espace G quatre fois plus grand que l'espace E, et deux fois plus grand que les espaces F et H, on suppose aussi que son mouvement est quatre fois plus vite vers E que vers G et deux fois plus que vers F ou vers H[50].

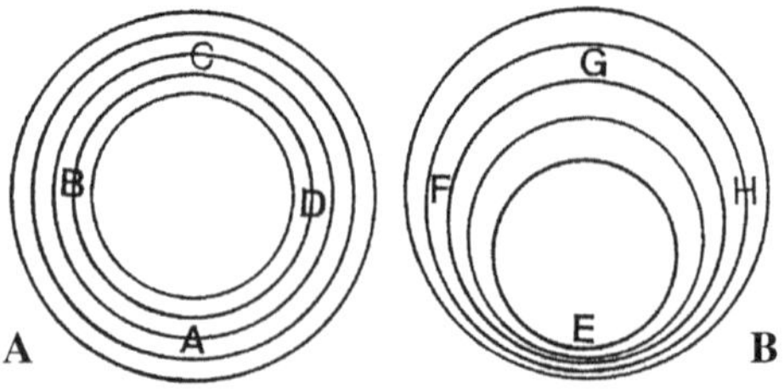

Figure 1

Dans un tourbillon, la place qu'abandonne un corps ne doit donc pas être obligatoirement occupée par un corps de même grandeur, elle peut l'être par plusieurs corps de grandeurs moindres mais de vitesses supérieures inversement

48 *Principes de la philosophie,* deuxième partie, titre du § 33, A.T. IX (2) p. 81.
49 *Principes de la philosophie*, deuxième partie § 33, A.T. IX (2) p. 82.
50 *Ibidem.*

proportionnelles à celles-ci. Il suffit, en d'autres termes, que lorsqu'un corps de grandeur g quitte à la vitesse v le lieu qu'il occupe, celui-ci soit instantanément occupé par d'autres corps dont les grandeurs et vitesses respectives, g_i et v_i, sont telles que la quantité de mouvement en ce lieu reste constante, c'est-à-dire telles que

$$\sum_i g_i v_i = gv$$

Et cette constation – annexe en apparence – s'avère capitale. Elle permet tout d'abord de comprendre comment, dans un monde plein tel que celui que nous avons été amenés à postuler, peuvent se former des corps de grandeurs et de figures variées. Pour que cela puisse se produire, il faut en effet que la matière puisse se subdiviser indéfiniment, et c'est précisément ce qu'autorise l'existence de tourbillons de formes quelconques[51]. Cette même remarque nous rend ensuite intelligible l'acte créateur[52]. Créant le monde, Dieu créa tout à la fois l'espace, et le mouvement et le repos, sans lesquels le monde n'aurait été qu'un volume homogène indifférencié, et le fit en distribuant au sein de la matière une certaine quantité de mouvement parce que c'était à cette seule condition que le monde pouvait être, c'est-à-dire être à la fois rempli de matière et siège de mouvements. Du même coup, nous saisissons que notre monde est celui qu'il est parce qu'il est complètement caractérisé par une valeur précise de cette quantité, et nous comprenons, au vu de la nature de cette quantité mesurée par le produit d'une grandeur et d'une vitesse, comment la mathématique, science en laquelle la méthode des idées claires et distinctes est la mieux appliquée, peut parvenir à le décrire adéquatement. Enfin, prenant ce fait en considération, nous comprenons que l'histoire du monde est la simple succession des distributions variées de sa quantité de mouvement, distributions telles que le monde soit à chaque instant celui qu'il était à l'instant antérieur, c'est-à-dire telles que cette quantité demeure constante au fil du temps; ce qui s'accorde parfaitement avec l'idée d'être immuable que nous avons de Dieu et avec celle de création que nous venons de former: à chaque instant, Dieu agit de même qu'au premier instant en répartissant d'une certaine manière la même quantité de mouvement totale[53].

---

51 Cf. *Principes de la philosophie*, deuxième partie § 34, A.T. IX (2) p. 82.

52 Cf. *Principes de la philosophie*, deuxième partie § 36, A.T. IX (2) pp. 83-84.

53 Deux remarques nous paraissent ici s'imposer, que nous développons dans le Complément 2 (p. 241).

2.5 Les lois du mouvement et l'expérience

Ayant découvert en quoi l'état du monde à un instant diffère de son état en un autre et en quoi le monde reste celui qu'il est, nous sommes alors à même, selon Descartes, de préciser les lois selon lesquelles le mouvement se répand à travers le monde et devient le mouvement de tel ou tel corps. Comme deux états successifs du monde ne diffèrent que par la distribution de quantité de mouvement et que le monde ne contient que de corps qui sont de simples étendues douées de mouvement et de repos, il est en effet aisé de conclure que ne s'y produisent que des chocs au cours desquels de la quantité de mouvement est échangée. On admettra dès lors qu'il n'y a de variation dans le monde que lorsqu'un choc se produit, c'est-à-dire que

> chaque chose en particulier continue d'être en même état tant qu'il se peut, et que jamais elle ne le change que par la rencontre des autres[54]

Et l'on précisera cette première loi de la nature par celle-ci qui exprime aussi l'immutabilité de Dieu:

> chaque partie de la matière, en son particulier, ne tend jamais à continuer de se mouvoir selon des lignes courbes, mais suivant des lignes droites[55]

Quant à la loi générale à laquelle obéissent les changements de quantité de mouvement lors des chocs, il suffira pour l'établir de se souvenir de la première loi que nous venons de découvrir et du fait que la quantité de mouvement totale dans le monde est une constante. Distinguant les deux cas possibles, on écrira alors que

---

54 *Principes de la philosophie*, deuxième partie § 37, A.T. IX (2) p. 84. Il est bon de remarquer avec F. Alquié qu'ici encore le texte français s'écarte de l'original latin qui dit: «unamquamque rem, quatenus est simplex et indivisa, manere, quantum in se est, in eodem semper statu, nec unquam mutari nisi a causis externis». Cf. *Principia Philosophiae*, deuxième partie § 37, A.T. VIII p. 62. L'énoncé de cette première loi était d'ailleurs encore différente dans *Le Monde*: « [...] chaque partie de la matière, en particulier, continue toujours d'être en un même état, pendant que la rencontre des autres ne la contraint point de changer». Cf. *Le Monde ou Traité de la lumière,* chapitre sept, A.T. XI p. 38.

55 *Principes de la philosophie*, deuxième partie § 39, A.T. IX (2) p. 85. Descartes distinguait donc nettement la vitesse d'un corps et la direction de son mouvement, qu'il appelait sa «détermination». Distinction qui suffit à marquer nettement la distance qui sépare cette quantité de mouvement de la quantité que nous désignons ainsi aujourd'hui. Cf. Complément 3 (p. 242).

> si un corps qui se meut en rencontre un autre plus fort que soi, il ne perd rien de son mouvement, et s'il en rencontre un plus faible qu'il puisse mouvoir, il en perd autant qu'il lui en donne[56]

Et de cette loi nous pourrons déduire les lois particulières auxquelles obéiront rigoureusement les sept types de chocs que nous pouvons imaginer se produire entre deux corps isolés des autres et parfaitement durs[57].

Il va cependant de soi que ces sept lois ne seront que très rarement respectées. Nous savons en effet que chaque corps au monde est entouré de toutes parts par d'autres corps qui peuvent aider ou empêcher son mouvement, et l'expérience nous révèle par ailleurs que tous les corps ne sont pas parfaitement durs[58]. Mais ceci ne nous autorise nullement à douter de ces lois établies par la méthode des idées claires et distinctes: nous nous devons de les postuler et tâcher, à l'inverse, de rendre compte de ce que nous observons à partir d'elles. Et cette réduction, pour improbable qu'elle paraisse, deviendra tout à fait plausible dès que nous aurons reconnu que les corps liquides ne diffèrent des durs que par le mouvement de leurs parties. De fait,

> nos sens [...] ne nous enseignent en ceci autre chose, sinon que les parties des corps liquides cèdent si aisément leur place qu'elles ne font point de résistance à nos mains, lorsqu'elles les rencontrent; et qu'au contraire, les parties des corps durs sont tellement jointes les unes aux autres qu'elles ne peuvent être séparées sans une force qui rompe cette liaison qui est entre elles [...][59]

> Et je ne crois pas qu'on puisse imaginer aucun ciment plus propre à joindre ensemble les parties des corps durs que leur propre repos. Car de quelle nature pourrait-il être? Il ne sera pas une chose qui subsiste de soi-même; car toutes ces petites parties étant des substances pour quelle raison seraient-elles unies par d'autres substances, que par elles-mêmes? Il ne sera pas aussi une qualité différente du repos, parce qu'il n'y a aucune qualité plus contraire au mouvement qui pourrait séparer ces parties, que le repos qui est en elles. Mais, outre les substances, et leurs qualités, nous ne connaissons point qu'il y ait d'autres genres de choses[60].

---

56 *Principes de la philosophie,* deuxième partie, titre du § 40, A.T. IX (2) p. 86. Il faut comprendre que, dans un cas, le corps conserve sa vitesse et inverse sa détermination tandis que, dans l'autre, il conserve sa détermination mais perd sa vitesse en emmenant le corps qui était au repos avant le choc.

57 Cf. *Principes de la philosophie,* deuxième partie §§ 46-52, A.T. IX (2) pp. 89-93.

58 Cf. *Principes de la philosophie,* deuxième partie § 53, A.T. IX (2) pp. 93-94.

59 *Principes de la philosophie,* deuxième partie § 54, A.T. IX (2) p. 94.

60 *Principes de la philosophie,* deuxième partie § 55, A.T. IX (2) p. 94.

Un corps dur n'est donc qu'un corps dont toutes les parties sont au repos les unes par rapport aux autres, et un corps liquide un corps dont les parties se meuvent différemment les unes des autres. Tous les chocs que nous observons, qu'ils paraissent se faire entre corps durs ou mous, sont par conséquent les résultats de multiples chocs entre corps durs plus petits, qui échappent à nos sens mais dont nous connaissons néanmoins les lois.

2.6 La relativité du mouvement, la Terre, le Soleil et les cieux

Certains de connaître les lois de la nature et de ce que tout écart à celles-ci, que nous pourrions observer, résultera de mouvements que nous ne percevons pas, nous pouvons enfin tenter de remonter des causes aux effets, c'est-à-dire d'expliquer mécaniquement tous les phénomènes.

Désormais, nous ne pourrons donc plus nous passer d'observer. Mais nous devrons néanmoins rester fidèles à notre méthode et veiller à n'admettre dans nos descriptions que ce que nous concevons clairement et distinctement, parce qu'en procédant autrement, nous nous tromperions assurément et définitivement. Une manière instructive de s'en convaincre consiste à envisager le faux débat qui opposa Galilée au Saint-Office et à montrer comment notre méthode permet de corriger l'erreur sur laquelle il repose.

Lorsque nous observons le ciel, nous y relevons la présence de nombreux astres, dont l'astronomie nous permet depuis peu d'estimer les dimensions et les distances. Et nous constatons que ces différents corps se répartissent en deux catégories bien distinctes : tandis que le soleil et les étoiles fixes brillent de leur propre lumière, les autres, c'est-à-dire la Lune, Mercure, Vénus, Mars, Jupiter, Saturne et la Terre, ne font que réfléchir la lumière qui leur parvient. Mais les étoiles et les planètes se distinguent aussi par le fait que seules les premières nous paraissent au repos les unes par rapport aux autres. Aussi sommes-nous enclins à considérer celles-ci comme fixes et donc à prétendre, avec Copernic et contre Tycho Brahé, que la Terre est en mouvement autour du Soleil[61]. Or nous devons absolument nous en garder,

61 Cf. *Principes de la philosophie,* troisième partie §§ 5-14, A.T. IX (2) pp. 105-108.

car ce serait oublier la relativité inhérente à tout mouvement. Nous devons en effet nous souvenir que le mouvement n'est pas, comme on le croit communément,

> l'action qui fait qu'un corps passe d'un lieu en un autre[62].

mais simplement

> le transport d'un corps du voisinage de ceux qui le touchent immédiatement, et que nous considérons comme au repos, dans le voisinage de quelques autres[63],

et nous devons donc reconnaître qu'il n'est pas plus sensé d'attribuer à la Terre qu'au Soleil le mouvement que nous observons[64]. Il faut, en d'autres termes, nier la pertinence du débat qui coûta la liberté à Galilée, et affirmer l'équivalence des deux hypothèses.

Seule la reconnaissance explicite de cette équivalence permettra d'ailleurs d'expliquer ce mouvement que les uns attribuent erronément aux planètes et dont les autres préfèrent tout aussi malheureusement doter le Soleil. Sitôt qu'on l'admet, il devient impossible de distinguer les planètes du Soleil en mettant celui-ci au nombre de ces astres fixes que seraient les étoiles, et l'on se trouve contraint de remarquer que la seule caractéristique qui le différencie des planètes est la capacité d'émettre de la lumière. Cependant, il appert qu'on peut néanmoins, à partir de cette simple constatation, parvenir à déterminer de quels types de matière sont constitués les planètes, le Soleil et les cieux, c'est-à-dire quels mouvements agitent leurs parties, et ainsi comprendre pourquoi

> *on ne peut pas proprement dire que la Terre ou les planètes se meuvent, bien qu'elles soient [ainsi] transportées*[65].

Concernant le Soleil, une comparaison paraît en effet s'imposer immédiatement:

> [...] puisque le soleil a cela de conforme avec la flamme et avec les étoiles fixes qu'il sort de lui de la lumière, laquelle il n'emprunte pas d'ailleurs, imaginons qu'il est semblable aussi à la flamme en ce qui est de son mouvement, et aux étoiles fixes en ce qui concerne

---

62 *Principes de la philosophie,* deuxième partie § 24, A.T. IX (2) p. 75.

63 *Principes de la philosophie,* troisième partie § 28, A.T. IX (2) p. 114.

64 Cf. *Principes de la philosophie,* troisième partie § 19, A.T. IX (2) p. 109, dont le titre contient la célèbre déclaration: «*Je nie le mouvement de la Terre avec plus de soin que Copernic et plus de vérité que Tycho*».

65 *Principes de la philosophie,* troisième partie, titre du § 28, A.T. IX (2) p. 113.

> sa situation. Et comme nous ne voyons rien sur la Terre qui soit plus agité que la flamme [...], toutefois, son mouvement ne consiste qu'en ce que chacune de ses parties se meut séparément; car toute la flamme ne passe point pour cela d'un lieu en un autre, si elle n'est transportée par quelque corps auquel elle soit attachée. Ainsi, nous pouvons croire que le Soleil est composé d'une matière fort liquide, et dont les parties sont si extrêmement agitées qu'elles emportent avec elles les parties du ciel qui leur sont voisines et qui les environnent; mais qu'il a cela de commun avec les étoiles fixes, qu'il ne passe point pour cela d'un endroit du ciel en un autre[66].

Et ceci posé, nous en déduisons aussitôt que les cieux, eux aussi, sont liquides puisque, pour pouvoir être emportées par celles du Soleil, les parties qui les composent ne peuvent en aucun cas être au repos les unes par rapport aux autres[67]. Et partant, nous comprenons enfin que la Terre et les autres planètes sont emportées par les cieux comme le sont tous les corps durs lorsque les parties du liquide, dans lesquels ils baignent, se meuvent toutes ensemble:

> [...] puisque nous voyons que la Terre n'est point soutenue par des colonnes, ni suspendue en l'air par des câbles, mais qu'elle est environnée de tous côtés d'un ciel très liquide, pensons qu'elle est au repos et qu'elle n'a point de propension au mouvement, vu que nous n'en remarquons point en elle; mais ne croyons pas aussi que cela puisse empêcher qu'elle ne soit emportée par le cours du ciel et qu'elle ne suive son mouvement, sans pourtant se mouvoir: de même qu'un vaisseau qui n'est point emporté par le vent ni par des rames, et qui n'est point retenu par des ancres, demeure au repos au milieu de la mer, quoique peut-être le flux ou reflux de cette grande masse d'eau l'emporte insensiblement avec soi[68].

2.7 L'équivalence des hypothèses et la distribution initiale du mouvement

S'il nous montre comment il est possible de réduire les phénomènes naturels à des combinaisons de mouvements, cet exemple d'application de la méthode des idées claires et distinctes ne peut toutefois nous faire oublier que, pour rendre compte du détail des phénomènes, c'est d'abord de l'observation que nous devrons partir:

> Nous avons remarqué ci-dessus que tous les corps qui composent l'univers sont faits d'une même matière, qui est divisible en toutes sortes de parties, et déjà divisée en

---

66 *Principes de la philosophie,* troisième partie § 21, A.T. IX (2) pp. 110-111.
67 Cf. *Principes de la philosophie,* troisième partie § 24, A.T. (2) p. 112.
68 *Principes de la philosophie,* troisième partie § 26, A.T. IX (2) p. 113.

plusieurs qui sont mues diversement et dont les mouvements sont en quelque façon circulaires, et qu'il y a toujours une égale quantité de ces mouvements dans le monde; mais nous n'avons pu déterminer en même façon combien sont grandes les parties auxquelles cette matière est divisée, ni quelle est la vitesse dont elles se meuvent, ni quels cercles elles décrivent; car ces choses ayant pu être ordonnées de Dieu en une infinité de diverses façons, c'est par la seule expérience, et non par la force du raisonnement, qu'on peut savoir laquelle de toutes ces façons il a choisie. C'est pourquoi il nous est maintenant libre de supposer celle que nous voudrons, pourvu que toutes les choses qui en seront déduites s'accordent entièrement avec l'expérience[69].

Dorénavant, nous devrons donc nous en remettre totalement à l'expérience et nous contenter d'hypothèses. Cependant, comme le remarque explicitement Descartes, ce recours à l'hypothèse n'altèrera nullement notre certitude en la vérité de notre description. Certains de ce que le monde que nous observons ne contient que de l'espace et du mouvement, nous serons en effet assurés d'avoir atteint la vérité lorsque nous aurons découvert tous les mouvements qu'il recèle aujourd'hui. Et, comme nous sommes par ailleurs certains que d'un instant à l'autre ne varie que la distribution de la quantité de mouvement totale, il nous suffira pour y parvenir de montrer comment la distribution actuelle a été obtenue à partir d'une distribution initiale que nous aurons postulée. Or,

[...] il importe fort peu de quelle façon je suppose ici que la matière ait été disposée au commencement, puisque sa disposition doit par après être changée, suivant les lois de la nature, et qu'à peine en saurait-on imaginer aucune de laquelle on ne puisse prouver que par ces lois elle doit continuellement se changer, jusqu'à ce qu'enfin elle compose un monde entièrement semblable à celui-ci, bien que peut-être cela serait plus long à déduire d'une supposition que d'une autre; car ces lois étant cause que la matière doit prendre successivement toutes les formes dont elle est capable, si on considère par ordre toutes ces formes, on pourra enfin parvenir à celle qui se trouve à présent en ce monde[70].

Autrement dit, toutes les hypothèses que nous pourrions faire sont équivalentes. Et par conséquent, il nous est loisible d'arrêter notre choix sur celle qui nous paraît la plus simple (fig. 2):

Supposons donc, s'il vous plaît, que Dieu a divisé au commencement toute la matière dont il a composé ce monde visible en des parties aussi égales entre elles qu'elles ont pu être, et dont la grandeur était médiocre, c'est-à-dire moyenne entre toutes les diverses grandeurs qui composent maintenant les cieux et les astres; et, enfin, qu'il a fait qu'elles ont toutes commencé à se mouvoir d'égale force en deux diverses façons, à savoir: chacun à part

69 *Principes de la philosophie,* troisième partie § 46, A.T. IX (2) p. 124.
70 *Principes de la philosophie,* troisième partie § 47, A.T. IX (2) p. 126.

autour de son propre centre, au moyen de quoi elles ont composé un corps liquide, tel que je juge être le ciel; et avec cela plusieurs ensemble autour de quelques centres disposés en même façon dans l'univers que nous voyons que sont à présent les centres des étoiles fixes, mais dont le nombre a été plus grand, en sorte qu'il a égalé le leur, joint à celui des planètes et des comètes; et que la vitesse dont il les a ainsi mues était médiocre, c'est-à-dire qu'il a mis en elles toutes autant de mouvement qu'il y en a encore à présent dans le monde. Ainsi, par exemple, on peut penser que Dieu a divisé toute la matière qui est dans l'espace AEI en un très grand nombre de petites parties, qu'il a mues non seulement chacune autour de son centre, mais aussi toutes ensemble autour du centre S, et tout de même qu'il a mû toutes les parties de la matière qui est en l'espace AEV autour du centre F, et ainsi des autres, en sorte qu'elles ont composé autant de différents tourbillons qu'il y a maintenant d'astres dans le monde[71].

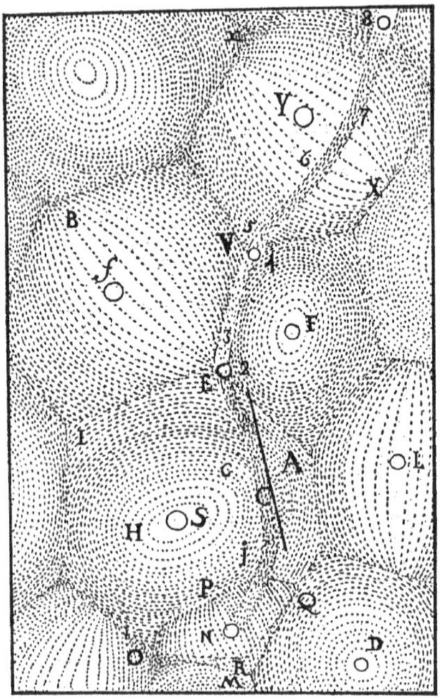

Figure 2

71 *Principes de la philosophie,* troisième partie § 46, A.T. IX (2) p. 125.

2.8 La formation des cieux et des étoiles

En partant de cette hypothèse, il est possible, d'après Descartes, de reconstruire le monde, c'est-à-dire d'en retracer l'évolution jusqu'à l'instant auquel nous l'observons. Lors de notre étude du mouvement apparent de la Terre, nous avons en effet déjà découvert que, si les phénomènes célestes sont tels que nous les observons, c'est parce qu'il existe trois types de matière composant respectivement les corps lumineux, les cieux et les corps opaques, et il n'est guère difficile de montrer qu'il devait en être ainsi si l'état initial du monde était effectivement tel que nous l'avons supposé. Au hasard des chocs nés des multiples mouvements impartis par Dieu aux différentes portions d'espace, ces morceaux ont dû peu à peu s'arrondir et laisser entre eux des parties extrêmement petites, animées de vitesses énormes. Et ces deux éléments ont respectivement formé les cieux transparents et les étoiles lumineuses:

> [...] d'autant que les parties du second élément se sont frottées dès le commencement les unes contre les autres, la matière du premier, qui a dû se faire de la raclure de leurs angles, s'est augmentée peu à peu; et lorsqu'il s'en est trouvé en l'univers plus qu'il n'en fallait pour remplir les recoins que les parties du second, étant rondes, laissent nécessairement entre elles, le reste s'est écoulé vers le centre SFf, et y a composé des corps très subtils et très liquides, à savoir le Soleil dans le centre S, et les étoiles aux autres centres. Car, après que tous les angles des parties qui composent le second élément ont été émoussées, et qu'elles ont été arrondies, elles ont occupé moins d'espace qu'auparavant, et ne se sont plus étendues jusqu'au centre; mais s'en éloignant également de tous côtés, elles y ont laissé des espaces ronds, lesquels ont été incontinent remplis de la matière du premier qui y affluait de tous les endroits d'alentour, parce que les lois de la nature sont telles que tous les corps qui se meuvent en rond doivent continuellement faire quelque effort pour s'éloigner des centres autour desquels ils se meuvent[72].

Outre la formation des étoiles, cet effort, ou tendance, que possède tout corps en mouvement circulaire en vertu de la deuxième loi du mouvement, et que nous qualifierions aujourd'hui de «centrifuge», nous permet d'ailleurs, selon Descartes, d'expliquer bien d'autres phénomènes.

---

72 *Principes de la philosophie*, troisième partie § 54, A.T. IX (2) p. 130.

2.9 La nature de la lumière

Le premier des ces phénomènes n'est autre que la lumière, dont l'observation nous livre sans difficulté les principales propriétés, à savoir :

> 1. qu'elle s'étend en rond de tous côtés autour des corps qu'on nomme lumineux. 2. Et à toute sorte de distance. 3. Et en un instant. 4. Et pour l'ordinaire en lignes droites, qui doivent être prises pour les rayons de la lumière. 5. Et que plusieurs de ces rayons, venant de divers points, peuvent s'assembler en un même point. 6. Ou venant d'un même point peuvent s'aller rendre en divers points. 7. Ou venant de divers points et allant vers divers points, passer par un même point, sans s'empêcher les uns les autres. [...] 9. Et enfin qu'ils peuvent être détournés par réflexion. 10. Ou par réfraction [...][73]

Pour avoir déjà retracé la genèse des étoiles, nous savons en effet qu'elles sont actuellement composées de parties du premier élément qui occupent les centres de différents tourbillons, eux-mêmes composés de parties toutes rondes, caractéristiques du second élement. Tant la matière du premier élément, qui constitue l'étoile proprement dite, que les boules du second élement qui l'environnent doivent donc faire effort pour s'éloigner du centre de l'étoile, comme le font tous les corps en mouvement circulaire qui tendent à garder à chaque instant leur état de mouvement. Une étoile est ainsi source d'une action, ou d'une pression, qui se fait dans toutes les directions à partir de son centre. Et cette pression se fait évidemment sentir à toute distance de l'étoile : les boules les plus proches de l'étoile pressent celles qui leur sont contiguës, celles-ci pressent celles qui leur sont accolées, et ainsi de suite indéfiniment. Il n'est pas moins évident ensuite que cette action passe en l'instant, c'est-à-dire instantanément, des boules les plus proches aux plus éloignées :

> tout de mesme que celle dont on pousse l'un des bouts d'un bâton, passe jusque à l'autre bout au mesme instant. Ou plutost, afin que vous ne fassiez point de difficulté sur ce que ces parties ne sont point attachées l'une à l'autre, ainsi que le sont celles d'un bâton : tout de mesme qu'en la [troisième] figure, la petite boule marquée 50 descendant vers 6, les autres marquées 10 descendent aussi vers là au mesme instant[74].

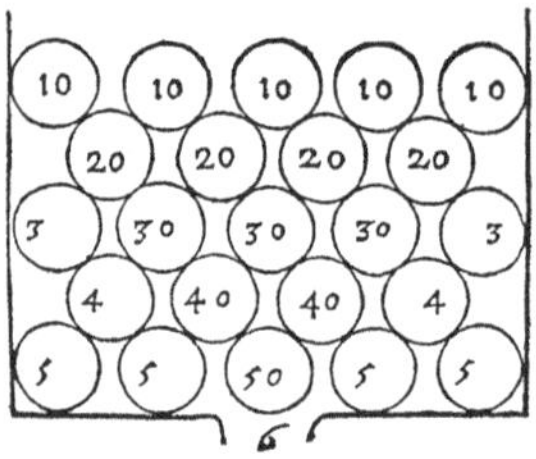

Figure 3

73 *Le Monde ou Traité de la lumière,* chapitre quatorze, A.T. XI p. 98.
74 *Le Monde ou Traité de la lumière,* chapitre quatorze, A.T. XI p. 99.

On peut de plus aisément se convaincre que cette action doit se faire selon des droites issues du centre de l'étoile, en dépit du fait que les parties du second élement ne sont presque jamais exactement alignées (fig. 4):

> Tout de mesme que vous pouvez aisément concevoir que la main A pousse le corps E suivant la ligne droite AE, encore qu'elle ne le pousse que par l'entremise du bâton BCD, qui est tordu. Et tout de mesme aussi que la boule marquée 1, pousse celle qui est marquée 7, par l'entremise des deux marquées 5,5, aussi directement que par l'entremise des autres 2, 3, 4, 6.[75]

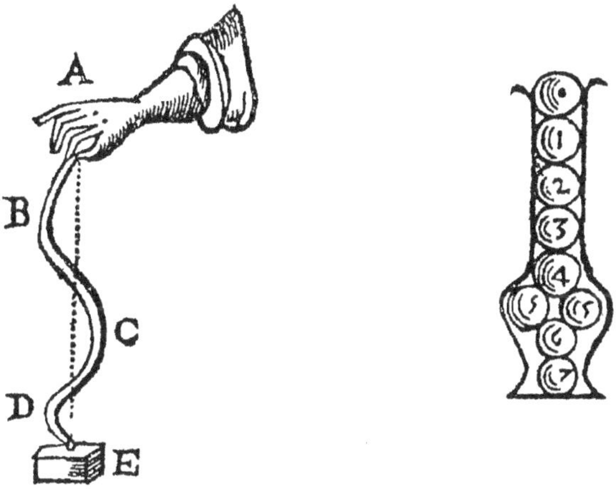

Figure 4

On conçoit en outre sans aucune difficulté que diverses pressions de ce type puissent avoir une même origine, converger vers, ou se croiser en un même point sans se gêner. Enfin, si l'on remarque que

> l'action ou l'inclination à se mouvoir, qui est transmise d'un lieu en un autre, par le moyen de plusieurs corps qui s'entretouchent, & qui se trouvent sans interruption en tout l'espace qui est entre deux, suit exactement la mesme voye, par où cette mesme action pourrait faire mouvoir le premier de ces corps, si les autres n'estoient point en son chemin; sans qu'il y ait aucune autre différence, sinon qu'il faudrait du temps à ce corps pour se mouvoir, au lieu que l'action qui est en luy peut, par l'entremise de ceux qui le touchent, s'estendre à toutes sortes de distances en un instant[76],

75 *Le Monde ou Traité de la lumière,* chapitre quatorze, A.T. XI p. 100.
76 *Le Monde ou Traité de la lumière,* chapitre quatorze, A.T. XI pp. 102-103.

on peut affirmer avec certitude que cette pression, issue du centre d'une étoile, est à même de se réfléchir et de se réfracter

> comme une bale se réfléchit, quand elle donne contre la muraille d'un jeu de paume, & qu'elle souffre réfraction, quand elle entre obliquement dans de l'eau, ou qu'elle en sort[77].

Il ne fait donc aucun doute que la lumière émise par ces corps lumineux, que l'on appelle des «étoiles», doive s'expliquer par cette tendance qu'ont les parties du second élément à s'éloigner des centres autour desquels elles tournent. Mais il n'est pas pour autant légitime d'identifier purement et simplement la lumière à l'action de ce seul élément: celle par laquelle les parties du premier élément tentent de fuir les centres des tourbillons doit également être prise en compte si l'on souhaite comprendre pourquoi les étoiles rayonnent autant vers leurs pôles que dans les plans des écliptiques où se développent leurs tourbillons. Pour que le monde puisse être composé de plusieurs tourbillons, il faut en effet que ceux-ci ne se gênent pas mutuellement. Or ceci n'est possible, selon Descartes, que si ces tourbillons sont de dimensions différentes, si leurs écliptiques sont inclinés les uns par rapport aux autres[78] et si

> chaque tourbillon a ses pôles plus éloignés des pôles de ceux qui sont les plus proches de lui que de leurs écliptiques[79].

Et de cette dernière condition sur l'agencement des différents tourbillons, il suit qu'à l'inverse de ce qui arrive aux parties du second élément,

> *la matière du premier élément entre par les pôles de chaque tourbillon vers son centre, et sort de là par les endroits les plus éloignés des pôles*[80].

La luminosité des étoiles tient donc aux mouvements combinés des parties du premier et du second élément:

> la nature de la lumière consiste en cet effort seul que font ainsi non seulement les petites boules qui composent le second élément, mais aussi toute la matière du premier, pour s'éloigner des centres [...] autour desquels elles tournent[81].

---

77 *Ibidem.*

78 Cf. *Principes de la philosophie,* troisième partie §§ 65-68, A.T. IX (2) pp. 136-139, pour le détail de ces deux conditions.

79 *Principes de la philosophie,* troisième partie § 67, A.T. IX (2) p. 138.

80 *Principes de la philosophie,* troisième partie § 69, A.T. IX (2) p. 139.

81 *Principes de la philosophie,* troisième partie § 55, A.T. IX (2) p. 130.

Pour Descartes, la lumière n'est donc ni substance en mouvement – encore moins substance se déplaçant à vitesse infinie[82] – ni mouvement d'une substance quelconque. Elle est simplement l'effort, la tendance, ou l'inclination, que possède toute partie de matière, à s'éloigner du centre autour duquel elle tourne, c'est-à-dire sa disposition à garder d'un instant à l'autre les mêmes vitesse et détermination.

2.10 La formation des planètes et des comètes

Mais cette tendance à conserver son état de mouvement n'a pas seulement pour effet de former les étoiles et de rendre le monde visible. Elle est aussi à l'origine de la formation des planètes et des comètes. De ce que les parties du premier élément passent sous cette action entre les boules du second élément, on peut en effet tout d'abord déduire qu'elles forment parfois des corps semblables à

> de petites colonnes cannelées, à trois raies ou canaux et tournées comme la coquille d'un limaçon[83],

---

82 Contrairement à ce que paraissent croire de trop nombreux commentateurs, Descartes niait en effet la possibilité d'une vitesse infinie. C'est ainsi qu'il écrivait à Mersenne le 16 octobre 1639 (A.T. II pp. 586-587): «*Vous m'escrivez que M. Mydorge soutient qu'une pierre, ou autre missile meu de quelque mouvement que ce soit, irait d'une vitesse infinie; mais vous avez oublié a dire en quel cas, à sçavoir si c'est in vacuo, ou ailleurs, qu'il entend que cela arriverait: ce que je ne puis deviner, ni par consèquent le rèfuter. Et je puis seulement dire qu'il implique contradiction qu'il y ait une vitesse infinie en la nature, si ce n'est qu'à l'imitation des pensées de Mr des Argues touchant les coniques, on die que la ligne AB, sans mouvement, est la mesme chose qu'un point meu d'une vitesse infinie d'A jusques à B: car, si la vitesse est infinie, ce point se trouvera en mesme instant en toute la ligne, & ainsi la composera*».

Figure A

83 *Principes de la philosophie,* troisième partie § 90, A.T. IX (2) p. 154.

qui se trouvent être orientées différemment selon qu'elles proviennent de l'un ou l'autre pôle d'un tourbillon[84] et qui, une fois arrivées au centre d'une étoile,

> à cause de l'irrégularité de leurs figures, ne peuvent recevoir un mouvement si prompt, sont rejetées par les plus subtiles hors de l'astre qu'elles composent, et, s'attachant facilement les unes aux autres, [elles] nagent sur sa superficie, où, perdant la forme du premier élément, elles acquièrent celles du troisième; et lorsqu'elles y sont en fort grande quantité, [elles] y empêchent l'action de sa lumière, et ainsi composent des taches semblables à celles qu'on a observées sur le Soleil[85].

De l'effort que font les parties des deux premiers éléments résulte ainsi ce troisième élément dont nous sommes portés à croire qu'il constitue la matière de ces corps opaques que sont les planètes. De fait, lorsqu'un corps lumineux est couvert de telles taches,

> pour la même raison, la force en quoi j'ai dit ci-dessus que consiste la lumière des astres doit être en celui-ci entièrement éteinte, ou du moins fort affaiblie. Car, en tant que sa matière se meut autour de l'essieu [fd], toute la force dont elle tend à s'éloigner de cet essieu s'amortit contre la tache et n'agit point contre les parties du second élément qui sont au-delà[86].

Et nous comprenons du même coup l'origine des planètes et des comètes. Parce qu'elles occultent l'astre à la surface duquel elles se forment en empêchant le mouvement de la matière qui le constitue, ces taches affaiblissent le tourbillon dont il occupe le centre et peuvent même l'anéantir complètement si elles se multiplient et s'épaississent suffisamment. Et quand ceci se produit, l'étoile se transforme en comète ou en planète selon la manière dont elle est emportée par un tourbillon voisin. Car ce qui reste alors de l'étoile n'est pas seulement transporté circulairement avec la matière de ce tourbillon: ayant moins d'agitation que cette matière qui l'emporte, il est poussé par celle-ci vers le centre du tourbillon et, comme les parties de cette matière ont des vitesses différentes – d'autant plus grandes qu'elles sont proches du centre ou de la circonférence du tourbillon et minimales quand elles se trouvent en une position intermédiaire bien précise[87] –, il se dirige vers la périphérie du tourbillon ou se maintient à distance constante du centre en fonction du degré d'agitation de ses parties c'est-à-dire en fonction de sa solidité:

---

84 Cf. *Principes de la philosophie,* troisième partie § 91, A.T. IX (2) p. 155.

85 *Principes de la philosophie,* troisième partie § 94, A.T. IX (2) p. 157.

86 *Principes de la philosophie,* troisième partie § 110, A.T. IX (2) p. 165.

87 Cf. *Principes de la philosophie,* troisième partie §§ 82-85, A.T. IX (2) pp. 148-151.

Si cet astre est si solide que, devant que d'être descendu jusqu'à l'endroit où sont les parties du tourbillon qui se meuvent le plus lentement de toutes, il ait acquis autant d'agitation qu'en ont celles entre lesquelles il se trouvera, il ne descendra point plus bas vers le centre ce ce tourbillon, mais, au contraire, il montera vers sa circonférence, puis passera de là dans un autre, et ainsi sera changé en comète. Au lieu que s'il n'est pas assez solide pour acquérir tant d'agitation, et que pour ce sujet il descende plus bas que l'endroit où les parties du tourbillon se meuvent le moins vite, il arrivera jusqu'à quelqu'autre endroit entre celui-ci et le centre, où étant parvenu il ne fera plus que suivre le cours de la matière qui tourne autour de ce centre, sans monter ni descendre davantage, et alors il sera changé en une planète[88].

2.11 La genèse de la Terre et l'explication des phénomènes terrestres

Sachant désormais ce qui distingue une planète d'une comète, nous pouvons déduire en toute certitude la composition initiale de notre Terre et montrer comment se sont formés les différents corps qui nous entourent aujourd'hui.

Etant une planète parmi d'autres, c'est-à-dire un astre opaque et assez peu solide pour se maintenir en orbite autour du Soleil, elle devait être initialement constituée d'un noyau fait de matière du premier élément, mais moins subtile que celle qui composait alors les cieux, entouré d'une matière fort opaque semblable à celle dont sont faites les taches du Soleil. Et, puisqu'allait se former à sa surface toute cette diversité de corps généralement opaques que nous observons aujourd'hui, il est certain que ces deux régions concentriques étaient elles-mêmes au centre d'un nuage de parties du troisième élément peu jointes les unes aux autres. En effet (fig. 5),

[...] quand la Terre, ainsi composée de trois diverses régions, est descendue vers le Soleil, cela n'a pu causer grand changement aux deux plus basses, mais seulement en la plus haute, laquelle a dû premièrement se partager en deux divers corps, puis en trois, et après en quatre, et ensuite en plusieurs autres[89].

Et pour voir comment ceci a pu se faire, il suffit de prendre en considération les quatre types d'actions dont cette dernière région était alors le siège. La première

consiste au mouvement des petites parties de la matière du ciel considéré en général [...] Par [là], j'entends leur agitation continuelle, qui est si grande que non seulement elle

88 *Principes de la philosophie,* troisième partie § 119, A.T. IX (2) p. 173.

89 *Principes de la philosophie,* troisième partie § 119, A.T. IX (2) p. 173.

suffit à leur faire faire un grand tour chaque année autour du Soleil, et un autre chaque jour autour de la Terre, mais aussi à le mouvoir cependant en plusieurs autres façons. Et parce que, lorsqu'elles ont pris leur cours vers quelque côté, elles le continuent toujours autant qu'il se peut en ligne droite, de là vient qu'étant mêlées parmi les parties du troisième élément qui composent tous les corps de cette plus haute région de la Terre, elles produisent plusieurs divers effets [...][90]

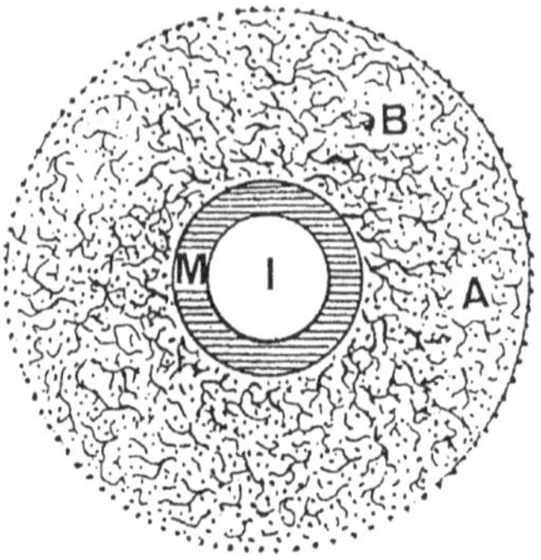

Figure 5

Les principaux effets à mettre au compte de cette action sont, pour Descartes, la transparence des liquides, composés de parties du troisième élément peu pressées les unes contre les autres et dans lesquels les parties du second élément se ménagent aisément sous cette action des passages rectilignes, celle de corps durs, la purification des liqueurs et leurs divisions, ainsi que l'arrondissement des gouttes de liqueur. Ce dernier phénomène se produit en effet

lorsque [les gouttes d'une liqueur] sont entièrement environnées d'air ou d'une autre liqueur dont la nature est si différente de la leur qu'elles ne se mêlent point avec elle [...] Car d'autant que cette matière subtile trouve des pores autrement disposés en une goutte d'eau, par exemple, que dans l'air qui l'environne, et qu'elle tend toujours à se mouvoir suivant des lignes droites ou le moins différentes de la droite qu'il est possible, il est évident que la superficie de la goutte d'eau empêche moins non seulement les parties de la matière subtile qui est en ses pores, mais aussi les parties de celle qui est en l'air qui l'environne, de continuer ainsi leur mouvement suivant des lignes les plus droites qu'elles peuvent être sans passer d'un corps en l'autre, lorsque cette superficie est toute ronde, que si elle avait quelque autre figure; et que lorsqu'elle ne l'est pas, les mouvements de la matière subtile qui est en l'air d'alentour sont plus détournés par les parties de sa superficie qui sont les plus éloignées du centre que par les autres, ce qui est cause

90 *Principes de la philosophie,* quatrième partie § 15, A.T. IX (2) p. 206.

> qu'elle les pousse davantage vers ce centre; et, au contraire, les mouvements de celle qui est dans la goutte d'eau sont plus détournés par les parties de sa superficie qui sont les plus proches du centre, ce qui est cause qu'elle fait effort pour les en éloigner. Et ainsi la matière subtile qui est au dedans de cette goutte, aussi bien que celle qui est au dehors, contribue à faire que toutes les parties de sa superficie soient également distantes de son centre, c'est-à-dire à la rendre ronde ou sphérique[91].

La deuxième action dont nous devons tenir compte n'est autre que la pesanteur qui n'est, de l'avis de Descartes, qu'une manifestation particulière de la première;

> car c'est la même matière subtile qui, par cela seul qu'elle se meut indifféremment de tous côtés autour d'une goutte d'eau, pousse également toutes les parties de sa superficie vers son centre, et qui, par cela seul qu'elle se meut autour de la Terre, pousse aussi vers elle tous les corps qu'on nomme pesants, lesquels en sont les parties[92].

Il faut en effet tout d'abord remarquer que, si l'espace entourant la Terre était vide, celle-ci éclaterait sous l'effet de sa rotation autour de son axe puisque chacune de ses parties pourrait alors continuer à se mouvoir selon la tangente au cercle qu'elle décrit effectivement[93]. Mais une fois ceci noté, il apparaît clairement que la pesanteur a son origine dans le mouvement des parties du ciel:

> [...] à cause qu'il n'y a point de vide autour de la Terre, et qu'elle n'a pas de soi-même la force qui fait qu'elle tourne en vingt-quatre heures sur son essieu, mais qu'elle est emportée par le cours de la matière du ciel qui l'environne et qui pénètre partout en ses pores, on doit la considérer comme un corps qui n'a aucun mouvement, et penser aussi que la matière du ciel ne serait ni légère ni pesante à son regard, si elle n'avait point d'autre agitation que celle qui la fait tourner en vingt-quatre heures avec la Terre; mais que, d'autant qu'elle en a beaucoup plus qu'il ne lui en faut pour cet effet, elle emploie ce qu'elle a de plus, tant à tourner plus vite que la Terre en même sens qu'à faire divers autres mouvements de tous côtés, lesquels ne pouvant être continués en lignes si droites qu'ils seraient si la Terre ne se rencontrait point en leur chemin, non seulement ils font effort pour la rendre ronde ou sphérique, ainsi qu'il a été dit des gouttes d'eau, mais aussi cette matière du ciel a plus de force à s'éloigner du centre autour duquel elle tourne que n'ont aucunes des parties de la Terre, ce qui fait qu'elle est légère à leur égard[94].

La pesanteur résulte donc de la tendance qu'ont les parties du ciel à s'éloigner du centre de la Terre, et il est très facile de comprendre comment cela peut se faire: puisque le monde ne contient pas le moindre espace vide,

91 *Principes de la philosophie,* quatrième partie § 19, A.T. IX (2) pp. 209-210.
92 *Principes de la philosophie,* quatrième partie § 20, A.T. IX (2) p. 210.
93 Cf. *Principes de la philosophie,* quatrième partie § 21, A.T. IX (2) pp. 210-211.
94 *Principes de la philosophie,* quatrième partie § 22, A.T. IX (2) p. 211.

> [...] la force dont la matière du ciel tend à s'éloigner du centre de la Terre ne peut avoir son effet, si ce n'est celles de ses parties qui s'en éloignent montent en la place de quelques parties terrestres qui descendent au même temps en la leur[95].

En d'autres termes,

> [...] chacun des corps qu'on nomme pesants n'est pas poussé vers le centre de la Terre par toute la matière du ciel qui l'environne, mais seulement par les parties de cette matière qui montent en sa place lorsqu'il descend, et qui par conséquent sont toutes ensemble justement aussi grosses que lui[96].

Autrement dit encore, il faut admettre qu'un corps est plus ou moins pesant selon que ceux qui l'entourent sont plus ou moins légers et que, la pesanteur étant donc relative,

> *les corps pesants n'agissent point lorsqu'ils ne sont qu'entre leurs semblables*[97].

Si importants qu'aient été les effets de la pesanteur au moment où la Terre descendait vers le Soleil, ils ne sauraient cependant suffire à expliquer l'apparition de tout ce que nous observons aujourd'hui à sa surface. Pour y parvenir, nous devons encore considérer les effets produits par ces deux autres particularisations de la seule action qu'exerçaient à cette époque les parties de la matière contenue dans la calotte de la Terre, et que l'on a pris l'habitude de désigner par les termes de «lumière» et «chaleur». Comme nous connaissons déjà la nature et les principaux effets de la lumière, il nous reste donc, selon Descartes, à remarquer que la chaleur naît elle-même de cette action qu'est la lumière. En effet (fig. 6),

> [...] bien que tous [les] rayons [de la lumière] viennent en même façon du Soleil et ne fasse autre chose que presser en ligne droite les corps qu'ils rencontrent, ils causent

95 *Principes de la philosophie,* quatrième partie § 23, A.T. IX (2) p. 211. F. Alquié a jugé bon de faire remarquer (cf. *Œuvres philosophiques de Descartes,* III p. 365) que cette explication de la pesanteur est plus proche de celle que l'on trouve dans *Le Monde* (chapitre onze, A.T. XI pp. 72-74) que de celle fournie un peu plus haut (cf. citation correspondant à la note 92 (p. 33)). A notre avis, ceci est inutile: Descartes n'a pas varié sur ce point, et c'est mal comprendre sa première explication, fondée sur l'analogie avec la sphéricité de la goutte d'eau (cf. citation correspondant à la note 91 (p. 33)), que de le croire. Il n'y a pas d'une part une explication purement cinétique, et d'autre part, une explication en termes de «force centrifuge». Au contraire, l'originalité – ou l'erreur – de Descartes consiste précisément ici à identifier ces deux explications, à confondre une explication cinétique et une explication dynamique.

96 *Principes de la philosophie,* quatrième partie § 23, A.T. IX (2) p. 212.

97 *Principes de la philosophie,* quatrième partie, titre du § 26, A.T. IX (2) p. 213.

néanmoins divers mouvements dans les parties du troisième élément dont la plus haute région de la Terre est composée, parce que ces parties, étant mues aussi par d'autres causes, ne se présentent pas toujours de la même sorte. Par exemple, si AB est une de ces parties du troisième élément, appuyée sur une autre marquée C, et qui en a plusieurs autres, comme DEF, au-dessus d'elle, il est aisé à entendre que les rayons du Soleil qui viennent de GG peuvent maintenant être moins empêchés par l'interposition de ces autres de presser celle de ses extrémités qui est marquée A que de presser celle qui est marquée B, de façon qu'ils la doivent faire baisser davantage; et que, incontinent après, ces parties DEF changeant de situation, à cause qu'elles sont mues par la matière du ciel qui coule autour d'elles, il arrivera qu'elles empêcheront moins les rayons du Soleil de presser A que B; ce qui doit donner à cette partie terrestre AB un mouvement tout contraire au précédent. Et il en est de même de toutes les autres, ce qui fait qu'elles sont continuellement agitées çà et là par la lumière du Soleil[98].

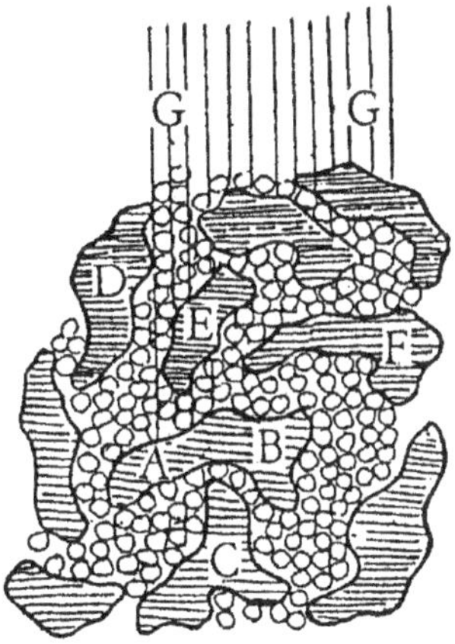

Figure 6

La chaleur n'est donc que l'agitation des parties du troisième élément qui composent tous les corps terrestres. Et c'est ce qui explique qu'ils restent chauds après avoir été chauffés et que certains d'entre eux se dilatent tandis que d'autres se condensent lorsqu'ils sont soumis à l'action du Soleil.

Pourvu que l'on ne néglige aucune de ces quatre actions au moment d'envisager ce qu'il est advenu des plus hautes des trois régions composant la Terre lorsque celle-ci est descendue – comme cela est arrivé à toutes les planètes – à proximité du Soleil, on peut alors montrer, selon Descartes,

98 *Principes de la philosophie,* quatrième partie § 28, A.T. IX (2) p. 215.

comment est apparue la croûte terrestre et comment s'y sont ensuite formées les montagnes, les plaines et les mers[99]. Et de cette connaissance de la genèse de notre planète, nous pouvons enfin déduire avec certitude toutes les propriétés de corps aussi différents que l'air, l'eau, le mercure, le bitume, le soufre, le feu ou le verre, et expliquer clairement des phénomènes aussi mystérieux que les marées et l'attraction des aimants[100]. Tout phénomène naturel paraît ainsi désormais susceptible de recevoir une explication claire.

Nous pouvons même, d'après Descartes, apporter la preuve que tel est bien le cas. Il suffit pour cela de considérer le corps humain comme un corps parmi les autres, c'est-à-dire de reconstruire une physiologie en suivant la méthode qui nous a donné notre physique. Si nous le faisons, nous constaterons en effet

> [...] que notre âme est de telle nature que les divers mouvements de quelques corps suffisent pour lui faire avoir tous les divers sentiments qu'elle a[101].

et serons ainsi amenés à reconnaître

> que nous n'apercevons point [...] en aucune façon que tout ce qui est dans les objets, que nous appelons leur lumière, leurs couleurs, leurs odeurs, leurs goûts, leurs sons, leur chaleur ou froideur, et leurs autres qualités qui se sentent par l'attouchement, et aussi que ce que nous appelons leurs formes substantielles, soit en eux autre chose que les diverses figures, situations, grandeurs et mouvements de leurs parties, qui sont tellement disposées qu'elles peuvent mouvoir nos nerfs en toutes les diverses façons qui sont requises pour exciter en notre âme tous les divers sentiments qu'ils y excitent[102].

Et une fois ceci admis, la conclusion suivra aussitôt puisque

> [...] il n'y a rien qu'on puisse mettre au nombre [des] phénomènes [de la nature], sinon ce que nous pouvons apercevoir par l'entremise des sens; mais excepté le mouvement, la grandeur, la figure ou situation des parties de chaque corps, qui sont des choses que j'ai ici expliquées le plus exactement qu'il m'a été possible[103].

---

99 *Principes de la philosophie,* quatrième partie §§ 32-44, A.T. IX (2) pp. 217-225.
100 *Principes de la philosophie,* quatrième partie §§ 45-183, A.T. IX (2) pp. 225-305.
101 *Principes de la philosophie,* quatrième partie § 198, A.T. IX (2) p. 317.
102 *Ibidem.*
103 *Principes de la philosophie,* quatrième partie § 199, A.T. IX (2) pp. 317-318.

2.12 Le monde et le *monde* cartésien

Le *monde* des *Principes de la philosophie* constitue donc, selon Descartes, l'image tout à fait fidèle de ce monde dans lequel nous vivons et dont l'existence nous paraît à juste titre indubitable; elle-même certifiée par l'existence de l'être parfait qui ne saurait, par définition, nous tromper, la méthode des idées claires et distinctes nous garantit l'adéquation parfaite du modèle et de la représentation que nous nous en sommes donnée.

Le monde et le *monde* coïncident, et en viennent à se confondre. Aucun élément du premier ne fait défaut au second, qui en est ainsi la description complète. Le monde ne contient ni vide ni atomes, et n'est constitué que de mouvement, de repos et d'un espace indéfiniment divisible. En toute rigueur, il n'est même à chaque instant qu'un ensemble de parcelles d'étendue, contiguës les unes aux autres et figées par Dieu dans certains états de mouvement et de repos. Mais cela suffit à produire au fil du temps tous les phénomènes que nous observons: au gré des variations qu'introduit Dieu à chaque instant dans la répartition de ces états, se font et se défont ces «corps» dont les propriétés, que leur accordaient les scolastiques, résultent elles-mêmes des mouvements de leurs parties. Sont ainsi successivement apparus les cieux, les étoiles, les comètes, les planètes et, sur la nôtre, les océans, les montagnes et tous les matériaux que nous connaissons. Et la raison pour laquelle cette évolution a pu – et peut continuer à – se faire est la même que celle qui nous autorise à en donner une description qui soit non seulement complète, mais exacte: immuable, Dieu agit à chaque instant comme au premier; Il recrée le monde d'instant en instant c'est-à-dire qu'Il modifie à tout instant la distribution de la quantité de mouvement que contient le monde tout en maintenant celle-ci constante pour préserver son identité et le conserver dans l'existence. En d'autres termes, le monde passe d'un état à l'autre et reste néanmoins le monde qu'il est grâce à l'action de son créateur qui, conformément à sa nature d'être immuable, soumet ses variations à une loi de nature mathématique et nous permet de ce fait d'en donner la description la plus précise possible.

Cette loi est d'ailleurs telle que notre description peut exclure toute référence explicite à cette intervention continuelle du créateur. A chaque instant, Celui-ci laisse en effet simplement s'exprimer la tendance à conserver son état de mouvement que possède chaque corps en vertu de lois qui ne sont que la forme locale et instantanée de la loi globale de conservation de la quantité de mouvement totale du monde ; et c'est de l'expression de cette seule tendance que le monde tient son unité et que naissent tous les phénomènes qui y apparaissent. Cette tendance s'y manifeste en effet comme une pression qui assure à chaque instant, c'est-à-dire instantanément, la contiguïté de ses parties tout au long de leurs mouvements, et qui produit au fil du temps, sous les noms de «pesanteur», «force centrifuge», «chaleur» ou «lumière», tous les phénomènes que nous observons. Tout se passe donc comme si Dieu n'intervenait plus dans le monde après l'avoir créé; c'est la lumière qui le maintient dans l'existence et produit tout ce que recèle son histoire sans autre contrainte que le respect d'une loi, divine certes, mais édictée au moment de la création. Autrement dit, du point de vue qui est obligatoirement le nôtre, c'est-à-dire de l'intérieur du monde, Dieu paraît étranger au cours des choses et tout semble se faire mécaniquement.

Deuxième partie

Les deux *mondes* de Newton

1 L'achèvement de la déconstruction du cosmos aristotélicien

Le monde qu'entreprend d'étudier Newton vers 1664 n'est plus celui d'Aristote; mais pour qui, comme lui, a étudié à Cambridge où se conjuguent les philosophies d'inspiration néoplatonicienne de Ralph Cudworth et de Henri More et la philosophie expérimentale prônée par Francis Bacon, et y subit les influences directes de Walter Charleton, Robert Boyle et Isaac Barrow, ce monde ne saurait être davantage celui qu'a élaboré Descartes, celui de Gassendi ou celui dont les alchimistes, tels Giovanni della Porta, Michael Sendivogius, Basil Valentine et Michael Maier, prétendaient retrouver l'unité dans l'œuf philosophique[104].

Comme Hooke, Barrow, Fludd, et beaucoup d'autres, Newton reconnaît sans doute aux alchimistes le mérite de mettre en œuvre des techniques éprouvées de transformation des corps, mais il ne peut vraisemblablement s'empêcher de juger, avec Boyle, leurs méthodes par trop imprécises et leur affirmation de l'existence de trois éléments fondamentaux trop peu fondée[105].

S'il y découvre le rôle primordial que pourrait tenir la lumière dans l'organisation du monde et si – comme nous le verrons – il y puise de toute évidence son premier sujet de recherche véritable, ce que retient avant tout Newton des *Principia Philosophiae* c'est assurément la manière dont Descartes est parvenu à mathématiser la nature[106]. Bien que l'on puisse relever que sa mécanique est «une physique mathématique sans mathématiques» et quoique l'on doive dénoncer la fausseté de ses lois du choc sitôt que l'on se refuse à justifier avec lui le désaccord, entre ce qu'elles prédisent et ce que

---

104 On trouvera une belle synthèse des influences subies par le jeune Newton dans la présentation qu'a donnée F. De Gandt du *De gravitatione* et du *De motu*.

105 Nous ne pouvons malheureusement nous attarder ici sur l'apport considérable de l'alchimie à l'œuvre de Newton. Il s'agit fort probablement d'une découverte d'une importance capitale pour la compréhension de la constitution de la science occidentale mais encore trop récente pour que nous soyons en mesure d'y insister. Cf. DOBBS 1975 et p. ex. l'article de J. Golinski in FAUVEL et al. 1988.

106 M.R. Perl a fait fort à propos remarquer que Newton, à la différence de Leibniz par exemple, ne semble s'être réellement intéressé qu'à la partie des *Principia Philosophiae* comprise entre le quatrième article de la deuxième partie et le cent quarantième de la troisième. Cf. PERL 1969 p. 526, note 64.

l'on observe, par l'existence de mouvements inobservables, il faut en effet reconnaître que Descartes a réussi à fournir une explication plausible du fait que les phénomènes naturels peuvent être décrits en termes mathématiques. Or ce progrès – considérable pour le mathématicien qu'est Newton – lui paraît manifestement indépendant de la plupart des hypothèses qui semblent l'avoir suggéré au philosophe : que l'état d'un corps en mouvement s'exprime par une certaine *quantité* de mouvement ne dépend en fait que d'une seule hypothèse, à savoir que cet état ne varie que lorsque le corps en rencontre un autre. Autrement dit, si Descartes est parvenu à traiter mathématiquement tous les phénomènes naturels, c'est qu'il a osé postuler qu'en dépit des relations que doivent entretenir tous les corps de la nature l'état de chacun d'eux peut être défini indépendamment du reste du monde. Aussi Newton juge-t-il indispensable de reprendre cette hypothèse sous la forme la plus générale que Descartes lui a donnée :

> Chaque chose persévère dans l'état où elle se trouve à moins que quelque cause externe ne l'en dérange[107].

Lui semble en revanche inacceptable la subtile distinction entre mouvement «philosophique» et mouvement «commun» qui permettait à Descartes d'affirmer que les planètes sont à la fois en mouvement et au repos puisqu'elles «sont transportées par les cieux liquides mais ne se meuvent pas pour autant au sens propre (i.e. philosophique) de ce terme»[108]. D'après lui, une telle distinction amène Descartes à se contredire :

> Il dit en effet que la Terre et les autres Planètes ne se meuvent pas à proprement parler et au sens philosophique et que celui, qui dit de la Terre qu'elle se meut à cause de sa translation par rapport aux fixes (Articles 26, 27, 28, 29 – Partie 3), parle sans bon sens et de manière vulgaire. Mais cependant, par la suite, il attribue à la Terre et aux Planètes un effort pour s'éloigner du Soleil comme centre autour duquel elles se meuvent, effort par lequel elles sont placées en équilibre à leurs distances respectives du Soleil, au moyen d'un effort semblable du tourbillon en révolution (Article 140 – Partie 3). Qu'en est-il

107 Citation du *Waste Book* de 1664, Cambridge University Library MS. Add. 4004, donnée par A. Koyré in KOYRÉ 1968 p. 224. On notera que Newton reprend ici la locution «a causis externis» utilisée par Descartes dans les *Principia Philosophiae* mais moins précise que celle par laquelle elle avait été remplacée dans la traduction française. Cf. note 54 (p. 18). Signalons encore que l'influence qu'eut la physique cartésienne sur les premiers travaux de Newton a été très soigneusement étudiée par J.W. Herivel in HERIVEL 1988 p. ex.

108 *De gravitatione.* Commentaire de M.-F. Biarnais, p. 95, dont nous utilisons la traduction et l'édition.

> donc ? Cet effort doit-il être tiré du repos vrai et philosophique des Planètes selon Descartes, ou plutôt de leur mouvement vulgaire et non philosophique ?[109].

Or pour Newton, la réponse est claire : s'il convient d'admettre la relativité du mouvement, il faut tout autant reconnaître que «le mouvement qui a des effets vrais et réels – et non celui qui n'en a aucun – est le mouvement vrai et réel; c'est-à-dire que le mouvement *absolu et physique* n'est pas un changement de position par rapport à d'autres corps – ceci n'est qu'une dénomination externe – mais un changement de lieu dans, ou par rapport à, l'espace immobile et immuable qui existe indépendamment de corps»[110]. Du reste, sans un tel espace,

> la vitesse d'un corps se mouvant sans obstacle ne peut être dite uniforme ni la trajectoire de son mouvement, droite[111].

Par conséquent, ne serait-ce que pour éviter les contradictions cartésiennes,

> il est nécessaire de rapporter la détermination des lieux et donc le mouvement local à quelque être immobile telle que l'étendue seule ou l'espace considéré comme quelque chose de réellement distinct des corps[112].

La grande erreur de Descartes est donc d'avoir confondu l'espace et la matière; et cette erreur trouve son origine dans l'obstination qu'il mit à appliquer à l'étendue la division aristotélicienne de l'être en substance et accident alors que, comme l'ont remarqué Gassendi et Charleton, si l'espace – et le temps – ne sont ni substance ni accident, «ils sont néanmoins quelque chose et non pas rien ; ils sont justement le lieu et le temps de toutes les substances et de tous les accidents»[113]. Ceci admis, la négation cartésienne du vide ne tient plus et l'on est autorisé à concevoir

> des espaces vides entre des corpuscules[114];

ce qui par ailleurs rendra encore «plus manifeste» le fait que

> les positions, les distances et les mouvements locaux des corps doivent être rapportés aux parties de l'espace[115].

---

109 *De gravitatione* p. 22.
110 KOYRÉ 1968, p. 30.
111 *De gravitatione* p. 30.
112 *De gravitatione* p. 34.
113 *Animadversiones in decimum librum Diogenis Laertii* de Gassendi. Citation in KOYRÉ 1966 p. 323.
114 *De gravitatione* p. 46.
115 *Ibidem*.

Cet espace, qui n'a le mode d'être ni de la substance ni de l'accident, qui est immobile, immuable, infiniment divisible, et non seulement indéfini mais infini, est pour Newton – comme pour More –

> un effet émanant d'un être qui existe à titre premier, puisque, quel que soit l'être que l'on pose, l'espace est posé par là-même. [Et] on peut produire les mêmes affirmations sur la durée[116].

L'espace et le temps sont donc des émanations de Dieu, et par là s'expliquent leurs qualités. Quant aux mouvements des corps et à ces corps eux-mêmes, il n'est pas très difficile d'imaginer en quoi ils consistent et comment Dieu a pu les produire:

> Puisque tout homme est conscient qu'il peut mouvoir son corps selon sa volonté et croit aussi qu'il y a chez les autres hommes le même pouvoir [...]: il ne faut absolument pas refuser à Dieu, dont la faculté de penser est infiniment plus puissante et plus prompte que la nôtre, le pouvoir de mouvoir n'importe quel corps, selon sa volonté. Par un raisonnement semblable, il faut admettre que Dieu pourrait, par sa seule action de penser ou de vouloir, empêcher des corps de pénétrer en un espace défini par des limites précises [...]. Imaginons donc que sont disséminés à travers le monde des espaces vides dont l'un, défini par des limites précises, est rendu impénétrable aux corps par le pouvoir divin, il est alors évident par hypothèse que cet espace ferait obstacle aux mouvements des corps, pourrait les détourner et revêtirait toutes les propriétés d'une particule corporelle sauf qu'il serait immobile. Mais, si nous imaginons, en outre, que cette impénétrabilité n'est pas toujours conservée au même endroit de l'espace mais peut être transférée, selon des lois déterminées, ici et là, de sorte que cependant ni la quantité d'espace impénétrable ni sa figure ne changent, il n'y aurait aucune propriété des corps qui ne conviendrait à cet espace [...]. Ainsi si notre monde tout entier était constitué d'êtres de cette sorte, il se présenterait, semble-t-il, à peine autrement que le nôtre. Par suite, ces êtres seraient soit des corps soit tout à fait semblables à des corps. S'ils sont des corps, nous pourrons alors définir les corps comme *des quantités déterminées d'étendue que Dieu, omniprésent a pourvu de certaines propriétés* telles: 1° qu'ils sont mobiles [...]. 2° Que deux corps de cette sorte ne peuvent coïncider en quelque point que ce soit ou sont impénétrables et par suite lorsque leurs mouvements les font se rencontrer, ils sont réfléchis selon des lois déterminées. 3° Qu'ils peuvent exciter dans les esprits créés diverses perceptions des sens et de l'imagination et peuvent à leur tour être mus par ces esprits[117].

Soumises à la critique newtonienne, les tentatives cartésienne et gassendiste aboutissent donc au résultat inverse de celui qu'espérait chacun de ces auteurs: le jeu du monde se déroule désormais dans l'espace vide de

---

116 *De gravitatione* p. 44.

117 *De gravitatione* p. 48 et p. 50. Dans le Complément 4 (p. 242), nous renseignons une anecdote qui indique à quel point Newton tenait à ce scénario.

Gassendi entre des corps porteurs d'une *quantité de mouvement* qui s'altère lors de chocs conformément à une loi dont on sait simplement qu'elle n'est pas celle de Descartes; l'espace est non seulement distinct mais indépendant des corps, désormais privés d'un *impetus* immuable. Jamais en fait le monde n'a été si désuni, jamais il n'y a eu aussi peu de cohésion entre ses constituants. Le monde n'est plus qu'un ensemble de vides impénétrables qui se meuvent indépendamment les uns des autres et qui, lorsqu'ils se touchent, s'éloignent aussitôt pour reprendre leurs courses respectives en toute indépendance: à tout instant d'un temps indifférent, chaque corps est seul au monde en un point d'un espace uniforme et infini.

Aux environs de 1664, Newton est ainsi parvenu, grâce à – ou malgré – Descartes et Gassendi, à faire tendre vers sa limite le processus de déconstruction du cosmos aristotélicien, et le monde ressemble alors étrangement à celui de Platon avant que le Démiurge ne le dote d'une âme mathématique[118]: le monde de Newton est, à cette époque, éclaté dans l'espace, disloqué; chaque corps n'y est un *corps* que parce qu'il est *un* corps c'est-à-dire parce qu'il occupe dans l'espace une place qui, de par la nature même de l'espace, est distincte de toute autre. Et l'«on comprend bien que Newton ait [eu] besoin d'un Dieu pour maintenir la liaison entre les éléments constitutifs de son Univers»[119]. Seul Dieu lui permet en effet de le distinguer du chaos; parce que, par le biais de ses émanations que sont l'espace et le temps, Il peut seul offrir le fondement indispensable aux lois mathématiques dont Newton veut croire qu'elles régissent les seuls rapports qui paraissent exister entre les corps au même instant, entre un corps et lui-même à deux instants successifs, et entre les ensembles de rapports qui définissent le monde à différents instants. Ce Dieu n'est donc pas un Dieu «philosophique»: Il n'est ni le Démiurge de Platon, ni la Cause Première des aristotéliciens, ni le Dieu de Descartes. Aux yeux de Newton, ces Dieux sont absents du monde, alors que le Sien est «le Dieu de la Bible, le Maître effectif et le

---

118 BRUN 1960 p. 73 p. ex. Nous n'oserions jamais défendre la thèse de l'identité de ces deux mondes, ne serait-ce qu'en raison des difficultés d'interprétation du *Timée* et du fait que l'espace newtonien paraît être à la fois la χώρα de Platon et le κενον de Leucippe et Démocrite; mais la ressemblance méritait, nous semble-t-il, d'être relevée. Pour un avis similaire, cf. KOYRÉ 1968 p. 114 et la note 1 p. 74 de la présentation du *De gravitatione* et du *De motu* par F. DE GANDT.

119 KOYRÉ 1961 p. 262.

souverain du monde créé par lui»[120]: Il meut le monde comme nous mouvons notre corps, et «c'est donc ‹en lui que nous vivons, nous nous mouvons et sommes›, non pas métaphoriquement ou métaphysiquement comme l'entendait saint Paul, mais dans le sens propre et littéral de ces termes. Nous – c'est-à-dire le monde – sommes en Dieu, dans l'espace de Dieu et dans le temps de Dieu. Et c'est en raison de cette co-présence avec les choses, co-présence douée de l'ubiquité et [de la] sempiternité, que Dieu est en mesure d'exercer sa souveraineté sur elles»[121].

Le génie de Newton consistera, comme on le sait, à transformer ce «chaos en Dieu» en un monde mathématique, à reconstruire un *monde* sur les ruines du cosmos aristotélicien en découvrant la forme précise des lois auxquelles obéissent les mouvements des corps. Et cependant, force est de constater que ce n'est pas à cette tâche qu'il s'attelle à l'approche de l'*annus mirabilis* 1666 mais à l'étude de la lumière, ce phénomène dont Descartes prétendait qu'il maintenait le monde dans l'existence[122].

---

120 KOYRÉ 1957 p. 270. Cf. *Principia. Le scholie général qui clôt le livre III de la 2*e édition.

121 KOYRÉ 1957 p. 272.

122 Nous reconstituons le travail newtonien en suivant la chronologie de la composition de l'*Opticks* présentée dans le Tableau 1 et justifiée dans le Complément 5 (p. 243) et le Complément 6 (p. 244).

Tableau 1: Chronologie de la composition de l'*Opticks*

	L'ordre de composition de la 2e édition de l'*Opticks**	**Autres œuvres**	**Influences**
1661	**Book I Part I** **(à l'exception des définitions VII et du VIII et du commentaire suivant la définition III)**	*Quaestiones quaedam philosophicam* ***De gravitatione***	Lecture des *Principia Philosophiae* de Descartes et peut-être du *Monde ou Traité de la lumière* (qui parut en 1664)
1666	**Book I Part II**		Lecture du livre de Hooke (env. 1666)
	Book II Part I Part II	*Lectiones Opticae*	
1672	**Définitions VII** et VIII du Book I Part I Book III (à l'exception des Queries)	*Lettre à Oldenburg* *Discourse of Observations* ***Hypothesis Explaining The Properties of Light***	Lecture du livre de Fabri (env. 1672)
1676	Commentaire de la définition II du Book I Part I		Lecture de l'article de Roemer (1676)
		De motu (1684) ***Principia Mathematica* (1687)**	
1690	**Book II Part III** Part IV		
1704	Queries I à XVI du Book I	*Opticks* 1re édition	
1706	**Queries XXV à XXXI du Book III**	*Optice* ***Principia Mathematica*** 2e édition.	
1717	**Queries XVII à XXIV du Book III**		

* Sont inscrits en caractères gras les textes de Newton dont nous extrairons certaines citations.

2 Une énigme

2.1 Deux constatations, deux propriétés et la définition de l'optique

Dès qu'il commence à étudier la lumière, Newton délaisse momentanément mathématiques et philosophie et se met à expérimenter : il perce un trou dans le volet fermé de sa chambre afin d'y laisser entrer un faisceau de lumière et – comme ont dû le faire bien d'autres avant lui sans doute – note simplement les faits suivants. On peut d'une part faire disparaître une partie du faisceau ou l'interrompre complètement durant un certain temps en y placant certains objets :

> Vous pouvez au même endroit arrêter [la lumière] qui arrive à un instant, et laisser passer celle qui arrive à l'instant d'après : et vous pouvez au même instant l'arrêter en un endroit et la laisser passer en un autre[123].

On peut d'autre part, selon l'objet que l'on place dans le faisceau, le dévier vers l'extérieur ou vers l'intérieur de l'objet, et ces déviations semblent être les seules modifications que subisse jamais un faisceau de lumière.

De la première de ces constatations, Newton conclut alors,

> Comme cette partie de lumière qui est arrêtée ne peut être la même que celle qu'on laisse passer[124],

que

> [...] la lumière est constituée de parties aussi bien successives que simultanées[125]

---

123 *Opticks* pp. 5-6 ; c'est de cette manière que nous renverrons à la deuxième édition anglaise, la pagination étant celle qu'en a donnée Horsley dans le tome 4 des *Opera quae extant omnia* qu'il publia en 1782. Sauf mention contraire, nous citerons notre traduction que nous avons voulue la plus littérale possible et qui reprend la ponctuation de Horsley et la notation en italiques qu'il a réservée à certains passages ; nous n'utiliserons quasiment jamais la traduction réalisée par J.-P. Marat en 1787 (citée dans le Complément 5 (p. 243) sous l'appellation *Optique*), qui nous semble imprécise et parfois même franchement trompeuse.

124 *Opticks* p. 6. Remarquons que pour faire cette hypothèse Newton devait supposer que la vitesse d'un rayon de lumière n'est pas infinie.

125 *Opticks* p. 5.

et se proposer d'appeler «Rayon de Lumière»

> la moindre Lumière, ou partie de Lumière, qui peut être arrêtée seule sans [que le soit] le reste de la lumière, ou propagée seule, ou [qui peut] agir ou être affectée seule, sans que le reste de la Lumière n'agisse ou ne soit affectée[126];

autrement dit, par «Rayons de Lumière» il faut comprendre

> *ses moindres parties, tant celles qui sont successives dans les mêmes lignes que celles qui sont simultanées dans plusieurs lignes*[127].

La seconde constatation, quant à elle, lui suggère les définitions des deux propriétés de la lumière qu'il convient d'examiner:

> *[La] Réfrangibilité des Rayons de Lumière, est leur disposition à être réfractés ou déviés de leur route, en passant d'un corps, ou Milieu, transparent dans un autre. Et une plus ou moins grande Réfrangibilité des Rayons, est leur disposition à être plus ou moins déviés de leur route lors d'incidences semblables sur le même Milieu [...]*

> [La] Réflexibilité des Rayons, est leur disposition à être réfléchis ou renvoyés dans le même Milieu à partir d'un autre Milieu sur la surface duquel ils tombent. Et des Rayons sont plus ou moins réflexibles, selon qu'ils sont plus ou moins facilement réfléchis[128].

Ces trois définitions posées, Newton – à la différence de tous ses prédécesseurs cette fois – délimite très précisément le domaine de l'optique: les seules propriétés observables des rayons lumineux étant la réfrangibilité et la réflexibilité, il s'agit d'y étudier ces propriétés et celles-là seulement[129].

---

126 *Opticks* p. 6.

127 *Opticks,* Book I, Part I, Défin. I, p. 5.

128 *Opticks,* Book I, Part I, Defin. II et III, p. 6.

129 Cf. Complément 6 (p. 244).

2.2 L'optique : une théorie complète de la lumière ?

Or, comme Newton le découvre rapidement, l'étude de la réfrangibilité des rayons lumineux recouvre en fait celle de leurs couleurs. Regardant à la lumière du jour, puis à celle d'une chandelle, une bande de papier bicolore à travers un prisme d'arrête parallèle au long côté du papier, il remarque que la partie peinte en bleu lui paraît plus haute ou plus basse que celle peinte en rouge selon que le sommet du prisme se trouve au-dessus ou au-dessous de la droite joignant l'œil à la bande de papier (fig. 7). D'où il conclut que la lumière bleue transmise à l'œil à travers le prisme est plus réfractée que la rouge, autrement dit qu'elle est plus réfrangible, et donc que

> *[les] lumières qui diffèrent en couleur, diffèrent aussi en degrés de Refrangibilité.*[130]

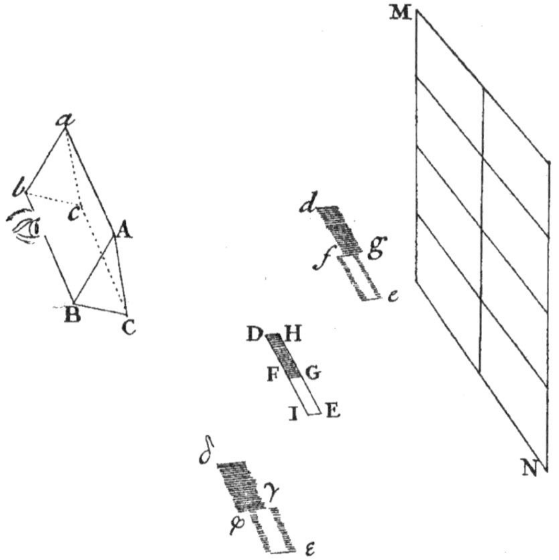

Figure 7

Poursuivant l'expérimentation, il place un prisme dans le faisceau de lumière solaire passant par le trou du volet de sa chambre et observe la tache qui se forme à grande distance sur le mur opposé : à la différence de celle

130 *Opticks,* Book I, Part I, Prop. I, Theor. I, p. 17.

qu'avaient observée Descartes, Hooke et Boyle, sur un écran placé près du prisme, cette zone lumineuse lui paraît oblongue et multicolore, les couleurs variant continûment du rouge au violet. Multipliant alors les expériences[131], il parvient à montrer d'une part que

> La lumière du Soleil est constituée de rayons différemment Réfrangibles[132]

et donc que l'on avait tort de croire que la couleur résultait d'une modification de la lumière du soleil par le milieu qui la reçoit[133]; d'autre part que l'on n'a dorénavant plus aucune raison de penser que toute lumière consiste en un mélange de lumières, de deux couleurs différentes seulement[134] puisque

> *[La] blancheur, et toutes les couleurs Grises entre [le] blanc et [le] noir, peuvent être composées de couleurs, et la blancheur de la lumière du soleil est composée de toutes les couleurs Primaires mélangées en une juste proportion*[135].

Il faut donc, selon Newton, tout d'abord reconnaître qu'il existe deux types, ou espèces, de lumières:

> *La lumière dont les Rayons sont tous semblablement Réfrangibles, je l'appelle Simple, Homogène et Similaire; et celle dont certains Rayons sont plus Réfrangibles que d'autres, je l'appelle Composée, Hétérogène ou Dissimilaire*[136],

les couleurs primaires étant celles des lumières homogènes. Il faut ensuite accepter le fait qu'une lumière quelconque, qu'elle soit simple ou composée, peut – puisqu'il parvient à le faire dans sa théorie des couleurs – être reconstituée au moyen de rayons de réfrangibilités identiques ou différentes bien précises.

Mais il y a plus encore. Aucune expérience ne paraissant susceptible de transformer une lumière homogène donnée en une autre lumière, il convient en outre d'admettre que

---

131 Au nombre de celles-ci, figure l'expérience qu'il présentait en 1675 comme une *Experimentum Crucis* et que nous décrivons sommairement dans le Complément 7 (p. 245)

132 *Opticks,* Book I, Part I, Prop. II, Theor. II, p. 21.

133 C'était la conception qui prévalait alors: réfléchie ou transmise par un objet la lumière acquérait une (nouvelle) couleur. Cf. RONCHI 1956, TATON 1957.

134 Barrow et Pardies pensaient encore, comme Aristote, qu'il n'y avait que deux couleurs fondamentales: le noir et le blanc. Hooke et Huygens partageaient aussi cette opinion, mais pour d'autres raisons, et les deux couleurs fondamentales étaient le bleu et le rouge selon le premier, le jaune et le vert selon le second. Cf. RONCHI 1956, TATON 1957.

135 *Opticks,* Book I, Part II, Prop. V, Theor. IV, p. 86.

136 *Opticks,* Book I, Part I, Defin. VII, p. 7.

> *Toute Lumière Homogène a sa couleur propre correspondant à son degré de réfrangibilité, et cette couleur ne peut être modifiée ni par réflexions ni par réfractions*[137].

Et enfin, puisque d'astucieuses expériences[138] montrent que :

> *ces rayons qui sont les plus réfrangibles sont aussi les plus réflexibles*[139],

il s'agit d'accepter le fait que la réflexibilité ne permet pas de distinguer des lumières de même réfrangibilité.

Ainsi, puisque dans sa théorie des couleurs toute lumière est décrite par l'ensemble des couleurs des rayons qui la composent, qu'à chaque couleur correspond un degré de réfrangibilité, que le degré de réfrangibilité d'une lumière simple ne peut être modifié, que des lumières de même réfrangibilité ont aussi même réflexibilité et que les rayons de lumière n'ont que ces deux propriétés, Newton peut croire quelque temps que cette théorie qu'il vient de bâtir se confond avec l'optique et constitue de ce fait une théorie complète de la lumière.

2.3 Une première observation : la description de la lumière est incomplète

Bien vite cependant, une expérience fort simple l'oblige à reprendre ses recherches :

> [...] Je pris deux objectifs, l'un plan-convexe d'un téléscope de quatorze pieds, et l'autre bi-convexe d'un autre de cinquante pieds environ ; et appliquant la face plane de l'autre sur celui-ci, je les pressai lentement l'un contre l'autre, afin de faire successivement émerger du centre des cercles de toutes les couleurs, et puis je détachai lentement le verre supérieur de l'inférieur afin de les faire tour à tour redisparaître au même endroit. La couleur qui, en pressant les verres l'un sur l'autre, émergeait la dernière au milieu des autres couleurs, paraissait chaque fois à première vue semblable à un cercle de couleur presque uniforme de la circonférence au centre ; et, en compressant davantage les verres, [elle] s'étendait de manière continue jusqu'à ce qu'une nouvelle couleur émerge en son centre, et qu'elle devienne ainsi un anneau entourant cette nouvelle couleur. Et en comprimant encore davantage les verres, le diamètre de cet anneau croissait, et la largeur de son orbite

137 *Opticks,* Book I, Part II, Prop. II, Theor II, p. 78.

138 Nous décrivons dans le Complément 8 (p. 246) celle qui est sans doute la plus élégante de ces expériences.

139 *Opticks,* Book I, Part I, Prop. III, Theor. III, p. 42.

ou périmètre décroissait, jusqu'à ce qu'une nouvelle couleur émerge au centre de la dernière: et ainsi de suite, émergeaient successivement là une troisième, une quatrième, une cinquième et d'autres nouvelles couleurs qui devenaient autant d'anneaux entourant la couleur intérieure dont la moindre était la tache Noire [...]

Leur forme, lorsque les verres sont comprimés au maximum de telle sorte que la tache Noire apparaît au centre, est représentée dans la [fig. 8]; où a, b, c, d, e: f, g, h, i, j, k: l, m, n, o, p: q, r: s, t: v, x: y, z désignent les couleurs comptées à partir du centre; Noir, Bleu, Blanc, Jaune, Rouge: Violet, Bleu, Vert, Jaune, Rouge: Pourpre, Bleu, Vert, Jaune, Rouge: Vert, Rouge: Bleu, Rouge: Bleu verdâtre, Rouge pâle: Bleu verdâtre, Blanc rougeâtre[140].

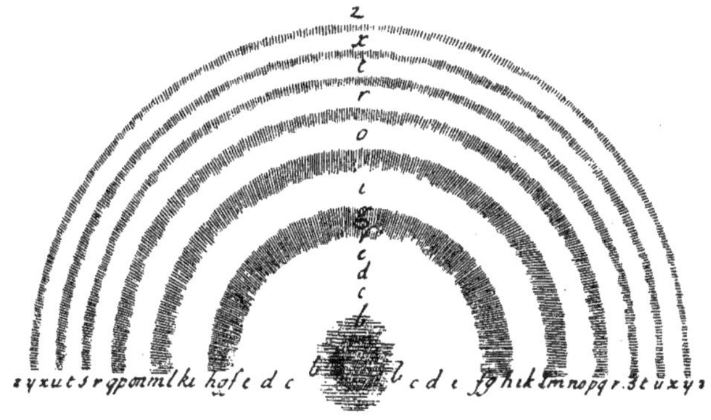

Figure 8

Confronté à ce phénomène qu'avait déjà étudié Hooke, Newton entreprend de déterminer le rapport existant entre les diamètres des anneaux, la direction selon laquelle on les observe et les épaisseurs correspondantes de la couche d'air coincée entre les deux lentilles. Pour ce faire, il mesure tout d'abord les diamètres des anneaux de couleurs et ceux des anneaux sombres qui les séparent, et constate pour les premiers

[...] que leurs carrés étaient en progression arithmétique des nombres impairs 1, 3, 5, 7, 9, 11,[141]

tandis que pour les seconds

[...] leurs carrés étaient en progression arithmétique des nombres pairs, 2, 4, 6, 8, 10, 12.[142]

140 *Opticks* pp. 123-124.
141 *Opticks* p. 124.
142 *Ibidem.*

La géométrie des lentilles lui permettant de déduire les épaisseurs de la couche d'air des diamètres des anneaux colorés[143], il reprend ces mesures pour d'autres lentilles et d'autres directions d'observation, et établit le lien existant entre l'angle d'incidence, l'angle de réfraction et l'épaisseur de la couche d'air. Puis il prend note des couleurs de la lumière transmise à travers les deux objectifs (fig. 9).

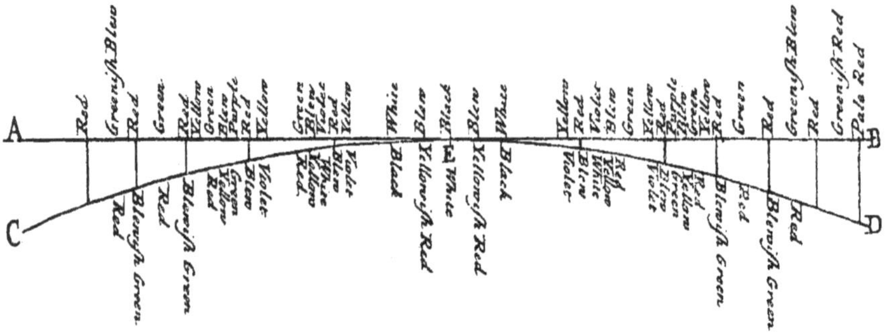

Figure 9

Afin d'améliorer la précision de ses mesures, il décide ensuite d'éclairer les deux lentilles au moyen de la lumière hétérogène issue d'un prisme placé dans un faisceau de lumière solaire:

> Et de cette manière les anneaux devinrent plus distincts et visibles en bien plus grand nombre qu'à l'air libre. J'en ai parfois vu plus de vingt tandis qu'à l'air libre je ne pouvais en discerner plus de huit ou neuf[144].

Enfin, soucieux d'étudier le plus simple possible de ces phénomènes, il songe à ne faire parvenir sur les lentilles qu'une seule des lumières prismatiques et c'est alors qu'il observe ce phénomène qui, de son propre aveu, «l'intrigua tellement»[145]:

> Et en projetant les couleurs Prismatiques immédiatement sur les verres, je trouvai que la lumière qui tombait sur les endroits sombres, qui se trouvaient entre les anneaux colorés, était transmise à travers les verres sans aucune variation de couleur. Car sur un papier

143 Ce calcul élémentaire est présenté dans le Complément 9 (p. 247).

144 *Opticks* p. 130.

145 *An Hypothesis Explaining the Properties of Light* in *Papers and Letters on Natural Philosophy*, p. 185.

blanc placé derrière, elle peignait [chaque fois] des anneaux de la même couleur que celle qui était réfléchie, et de la grandeur de leurs espaces intermédiaires. Et dès lors l'origine de ces anneaux est manifeste ; à savoir, que l'air entre les verres, selon ses différentes épaisseurs, est disposé en certains endroits à réfléchir, et en d'autres à transmettre la lumière d'une couleur quelconque, comme vous pouvez le voir représenté sur la quatrième figure ; et à l'endroit même où elle transmet la lumière d'une certaine couleur, à réfléchir celle d'une autre couleur[146].

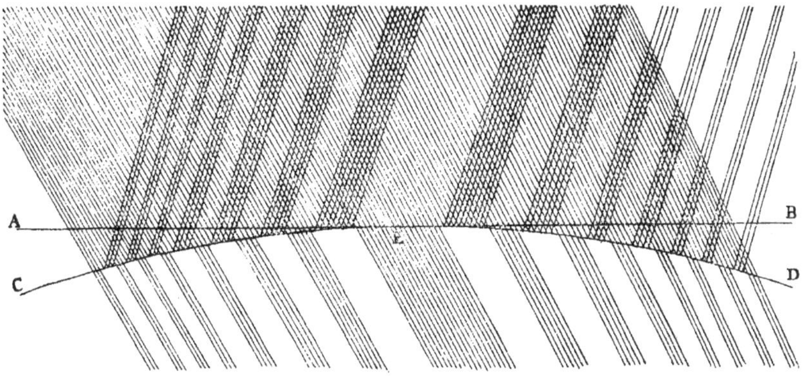

Figure 10

Ce dont Newton se rend compte immédiatement en observant ce phénomène, c'est que de toute évidence il échappe à sa théorie des couleurs : tandis que la description d'une lumière homogène fournie par cette théorie consiste en la donnée de son degré de réfrangibilité, il observe ici que deux lumières de même couleur, c'est-à-dire de même réfrangibilité – et donc identiques du point de vue de cette théorie –, se comportent différemment lorsqu'il place sur leurs trajets deux couches d'air d'épaisseurs différentes : l'une est transmise, l'autre réfléchie. La description de la lumière que fournit sa théorie des couleurs s'avère donc incomplète : brièvement dit, sa théorie des couleurs est incomplète.

146 *Opticks* p. 132.

2.4 Une deuxième observation : la description des rayons de lumière est également incomplète

Mais comme il ne tarde pas à le remarquer, il y a plus étonnant encore :

> Parmi toutes les observations, aucune n'est accompagnée de circonstances aussi singulières que la vingt-quatrième. Parmi celles-ci les principales sont, que la réfraction d'un prisme ferait apparaître des anneaux colorés dans de minces plaques, qui semblent à l'œil nu d'une Blancheur transparente uniforme et égale, [...]; et qu'elle rendrait ces anneaux extrêmement distincts et Blancs, quoiqu'elle rende habituellement les objets confus et colorés. Vous comprendrez la cause de ces choses en considérant, que tous les anneaux de couleur sont réellement dans la plaque, lorsqu'ils sont vus à l'œil nu ; quoique, en raison de la grande épaisseur de leurs circonférences, ils interfèrent et se mélangent tellement qu'ils paraissent constituer une Blancheur uniforme. Mais quand les rayons arrivent à l'œil nu en passant à travers le prisme, les orbites des nombreuses couleurs dans chaque anneau sont réfractées, certaines plus que d'autres, en accord avec leurs degrés de réfrangibilité : par ce moyen les couleurs sur un côté de l'anneau, c'est-à-dire dans la circonférence d'un côté de son centre, se déploient et se dilatent davantage, et ceux sur l'autre côté de l'anneau se concentrent et se contractent davantage. Et aux endroits où par une réfraction appropriée ils sont tant contractés, que les nombreux anneaux deviennent trop étroits pour interférer l'un avec l'autre, ils doivent apparaître distincts, et blancs aussi, si les couleurs constituantes sont à ce point contractées qu'elles coïncident entièrement. Mais, de l'autre côté, où l'orbite de chaque anneau est élargie par l'étalement de ses couleurs, [chacun de ces anneaux] doit plus interférer avec les autres anneaux que précédemment, et ainsi devenir moins distinct[147].

Il faut ainsi admettre – si l'on souhaite conserver la théorie des couleurs – que, lorsque deux lentilles sont comprimées de telle sorte qu'elles réfléchissent une lumière blanche, cette lumière est en fait composée de lumières de toutes les couleurs émises de presque tous les points de la première lentille, c'est-à-dire que, quelle que soit l'épaisseur de la couche d'air coincée entre les deux lentilles ou presque, sont réfléchis de nombreux rayons de couleurs différentes susceptibles de former une lumière blanche. Autrement dit encore, puisque les anneaux formés par différentes lumières homogènes sont décalés les uns par rapport aux autres, il faut admettre que, pour une

---

147 *Opticks* pp. 148-149. S'il n'est pas nécessaire d'entrer dans le détail de l'explication fournie par Newton, il est néanmoins indispensable d'en saisir l'idée générale. C'est pour cette raison que nous avons transcrit ici le résumé qu'il en donnait. Pour qu'il soit compréhensible, il faut cependant se souvenir de l'observation dont il cherchait à rendre compte. Nous la décrivons dans le Complément 10 (p. 247).

épaisseur donnée de la couche d'air sur laquelle ils tombent, les rayons d'une lumière homogène ne sont pas tous réfléchis ou tous transmis: cela n'arrive que pour certaines épaisseurs bien précises; pour toutes les autres, une partie seulement de ces rayons est réfléchie, l'autre partie étant transmise. Deux rayons d'une même et unique lumière, c'est-à-dire deux parties successives de cette lumière, identiques selon la théorie des couleurs, se comportent donc parfois différemment: pour certaines épaisseurs de la couche d'air, l'un est transmis et l'autre est réfléchi. En conclusion, non seulement la description des lumières fournie par la théorie des couleurs est incomplète, mais celle qu'elle propose des rayons de lumière l'est aussi.

2.5 Une première tentative de complément

Comme d'habitude, Newton multiplie alors les mesures et constate que

> Les carrés des diamètres de ces anneaux, faits d'une couleur prismatique quelconque, étaient en progression arithmétique [...][148],

comme c'était le cas lorsque les lentilles étaient éclairées par de la lumière solaire. Et cette observation, qui – répétée pour différentes couleurs – lui permet par ailleurs d'expliquer au moyen de sa théorie des couleurs la présence et la périodicité des anneaux de couleurs différentes réfléchie par la lumière blanche, lui suggère une première manière de compléter sa théorie[149]. Frappé par la périodicité des anneaux, il accepte d'envisager l'hypothèse selon laquelle la lumière consisterait en une vibration d'un éther élastique occupant tout l'espace et pénétrant d'autant plus les corps qu'ils

148 *Opticks* p. 132.

149 C'est exactement le terme utilisé par Newton. Cf. *Opticks* p. 3 traduit dans le Complément 6 (p. 244). Au début du Livre II (*Opticks* p. 120), il écrit encore: «It has been observed by other, that Transparent Substances, as Glas, Water, Air, & etc. when made very thin by being blow into bubbles, or otherwise formed into plates, do exhibit various colours according to their various thinness; although at a greater thickness they appear very clear and colourless. In the former Book I forbore to treat of these colours; because they seemed of a more difficult consideration, and were not necessary for establishing the properties of Light there discoursed of. But because they may conduce to farther discoveries for *compleating* the theory of light, [...]; I have here set down an account of them» (c'est nous qui soulignons).

sont moins denses. Mais cette hypothèse, qui fait de la lumière un phénomène analogue au son qui se propage dans l'air et qu'il a toujours jugée incompatible avec la rectilinéarité des faisceaux lumineux et l'existence de l'ombre projetée derrière la plupart des objets[150], ne lui paraît pas à même d'expliquer le phénomène observé

> Car, quoique la progression arithmétique de ces épaisseurs, qui réfléchissent et transmettent alternativement les rayons, invite à penser qu'il dépend du nombre de vibrations entre les deux surfaces de la plaque que le rayon soit réfléchi ou transmis : je ne vois pourtant pas, comment le nombre serait suivant le cas plus grand ou plus petit, entier ou fractionnaire, à moins que la lumière ne soit supposée être autre chose que ces vibrations[151].

2.6 Une deuxième tentative

Aussi Newton préfère-t-il poser une autre hypothèse : il existerait effectivement un éther mais la lumière ne consisterait pas en ses vibrations, elle serait simplement capable d'en provoquer en certaines circonstances ; et, comme l'expérience ne permet pas de conclure à la valeur infinie de la vitesse de la lumière, ces vibrations pourraient même se déplacer à une vitesse supérieure à celle des rayons. Le phénomène si troublant s'expliquerait alors de la façon suivante :

> [...] Si la lumière est incidente sur une mince couche ou plaque d'un corps transparent quelconque, les ondes, excitées par son passage à travers la première surface, la rattrapant l'une après l'autre, jusqu'à ce qu'elle arrive à la seconde surface, feront qu'elle y soit réfléchie ou réfractée selon que c'est la partie condensée ou [la partie] dilatée de l'onde qui la rattrape à cet endroit. Si la plaque est d'une épaisseur telle que la partie condensée de la première onde rattrape le rayon à la seconde surface, il doit y être réfléchi ; si cette épaisseur double de telle sorte que la partie suivante dilatée de l'onde, c'est-à-dire l'espace entre cette onde et la suivante, le rattrape, il doit y être transmis ; si cette épaisseur triple de telle sorte que la partie condensée de la seconde onde la rattrape, il doit y être réfléchi, et de même où la plaque est égale à cinq, sept ou neuf fois cette épaisseur, il doit être réfléchi parce que la troisième, quatrième ou cinquième onde, le rattrape à la seconde surface ; mais quand la plaque a quatre, six, ou huit fois cette épaisseur, de telle sorte que le rayon peut y être rattrapé par l'intervalle dilaté de ces ondes, il sera transmis,

---

150 La section VIII du Livre II des *Principia* est entièrement consacrée à cette question. Cf. pp. 394-412 du tome 1 de la traduction de Mme du Chastellet.

151 *An Hypothesis Explaining the Properties of Light* in *op. cit.* p. 185.

et ainsi de suite; la seconde surface étant rendue capable ou incapable de réfléchir selon qu'elle est condensée ou dilatée par les ondes[152].

Et le second phénomène se trouverait également expliqué:

Tous les rayons, sans exception, ne doivent pourtant pas être réfléchis ou transmis de cette manière: car parfois un rayon peut être rattrapé à la seconde surface par les vibrations provoquées par un rayon collatéral ou [lui] succédant immédiatement; laquelle vibration, étant aussi forte ou plus forte que la sienne, peut faire qu'il soit réfléchi ou transmis quand sa seule vibration propre ferait le contraire. Et donc quelque petite lumière sera réfléchie des anneaux noirs, qui les rendra plutôt noirs que totalement sombres; et quelque [lumière sera] transmise aux anneaux clairs, qui rendra les anneaux noirs, apparaissant de l'autre côté des verres, pas aussi noirs qu'ils le seraient autrement[153].

2.7 Une troisième tentative

Bien qu'il parvienne de cette manière à rendre compte des deux observations qui ruinaient sa théorie des couleurs et que la mesure par Roemer de la vitesse finie de la lumière accroisse la plausibilité de son hypothèse[154], Newton choisit en fin de compte de ne pas la défendre. La critique qu'il a faite de la physique cartésienne et la difficulté qu'il éprouve à imaginer les propriétés d'un éther susceptible de ne pas ralentir le mouvement des planètes l'invitent en effet à ne prendre cette hypothèse que pour ce qu'elle est[155]. Afin de tenir compte de l'alternance des réflexions et des réfractions et du fait – mis en évidence par la diminution de clarté des anneaux lorsqu'on mouille l'un des deux verres – que cette alternance dépend de deux surfaces à la fois, il propose d'admettre qu'elle

s'effectue à la seconde surface[156],

---

152 *An Hypothesis* [...] in *op. cit.* pp. 193-194.

153 *An Hypothesis* [...] in *op. cit.* pp. 194-195.

154 Newton put lire dans les *Philosophical Transactions* de 1677 la traduction de l'article de Roemer paru un an auparavant dans le *Journal des Savants*.

155 En écrivant cela, nous ne voulons nullement laisser entendre que nous aurions une idée claire de ce qu'était une hypothèse selon Newton; il s'agit là d'une des grandes difficultés que rencontre quiconque se penche sur son œuvre. Nous voulons simplement dire que l'existence d'un éther était assurément une hypothèse pour lui. Cf. KOYRÉ 1968 pp. 51-84 par exemple.

156 *Opticks* p. 177.

tout en étant

> influencée par une quelconque action ou disposition, propagée de la première à la seconde[157],

et il se résout à reconnaître que

> Chaque rayon de lumière, lors de son passage à travers une quelconque surface réfractante, est mis dans une certaine constitution transitoire ou état; qui, dans la progression du rayon, revient à intervalles égaux, et dispose le rayon, à chaque retour, à être transmis facilement à travers la surface réfractante suivante,et, entre les retours, à être facilement réfléchi par elle[158];

sans pour autant décider de

> Quelle sorte d'action ou disposition il s'agit; si elle consiste en un mouvement périodique ou vibration du rayon, ou du milieu, ou de quelque chose d'autre[159]

et en introduisant simplement trois nouvelles définitions:

> *les retours de la disposition d'un Rayon quelconque à être réfléchi je l'appellerai ses* Accès de facile Réflexion; *et ceux de sa disposition à être transmis, ses* Accès de facile Transmission; *et l'espace qu'il parcourt entre chaque retour et le retour suivant,* l'Intervalle de ses accès[160].

Autrement dit, Newton se refuse alors à rechercher le mécanisme par lequel se forment les anneaux colorés vus par réflexion lorsqu'une lumière homogène quelconque est interrompue par deux lentilles différentes comprimées l'une contre l'autre: il

> se contente de cette pure découverte, que les rayons de lumière sont, pour l'une ou l'autre raison, alternativement disposés à être réfléchis ou réfractés à plusieurs reprises[161].

Dès qu'ils atteignent une surface réfractante, les rayons d'une lumière homogène quelconque acquerraient ainsi une nouvelle propriété qui, revenant à intervalles égaux tout au long de leur trajet, expliquerait pourquoi ces

---

157 *Opticks* p. 178.

158 *Opticks,* Book II, Part III, Prop. XII, p. 177.

159 *Opticks* p. 178.

160 Il s'agit des seules définitions que contienne l'*Opticks* en dehors de celles posées dans la première partie du Livre I; elles se trouvent à la page 179 dans la troisième partie du Livre II. Newton emprunte le terme au vocabulaire médical. Cf. WESTFALL 1970. La traduction française, reprise par Marat – qui était médecin –, indique très clairement cette origine.

161 *Opticks* p. 179.

rayons, identiques selon la théorie des couleurs, ont néanmoins des comportements différents lorsqu'ils rencontrent une deuxième surface et pourquoi ces comportements sont déterminés par la distance qui sépare les deux surfaces.

Cette découverte suffit évidemment à rendre compte de l'existence des anneaux colorés, mais en choisissant de s'en contenter Newton se prive du mécanisme qui lui avait permis de trouver une explication au deuxième phénomène[162]; en faisant seulement dépendre la réflexion ou la transmission d'un rayon de l'accès dans lequel se trouve ce rayon quand il atteint la surface, il ne peut plus imaginer qu'un rayon est parfois influencé par un autre pour expliquer qu'une fraction seulement des rayons qui tombent sur une couche d'air d'une épaisseur donnée sont en général transmis. Pour expliquer ce phénomène, qu'illustrent les variations de luminosité qu'il devine dans un anneau d'une même couleur et la réflexion uniformément blanche des corps réfringents épais éclairés par la lumière solaire, Newton se trouve forcé d'admettre que les rayons de la lumière homogène qui tombent sur le système de deux lentilles comprimées ou sur le corps transparent, sont dans des accès différents dès leur arrivée sur la première surface:

> *La raison pour laquelle les surfaces de tous les corps transparents épais, Réfléchissent [une] partie de la lumière incidente, et Réfractent le reste, est, que certains rayons, à leur incidence, sont dans des Accès de facile Réflexion, et d'autres dans des Accès de facile Transmission*[163].

---

162 Si l'on accepte de représenter les accès de facile transmission d'un rayon par des traits pleins de même longueur régulièrement espacés le long de sa trajectoire, on aperçoit de suite la difficulté rencontrée par Newton: l'alternance de ces accès pour les rayons qui arrivent sur le système de lentilles explique la présence des anneaux (fig. B – Cas 1), mais elle ne permet pas d'expliquer que certains rayons seulement soient transmis lorsqu'ils tombent sur un objet limité par deux surfaces parallèles (fig. B – Cas 2).

Figure B

163 *Opticks* p. 179.

Ce n'est donc pas lors de leur passage à travers la première surface réfractante que les rayons d'une lumière homogène acquièrent des dispositions telles qu'ils se réfractent ou se réfléchissent en arrivant à la seconde surface: ils sont dans ces dispositions avant d'atteindre la première surface. Comme il n'y a en outre aucune raison de supposer que l'intervalle d'accès d'un rayon varie tant que ce rayon reste dans le même milieu ou que les intervalles d'accès diffèrent d'un rayon à l'autre d'une même lumière homogène si ces rayons traversent le même milieu, la conclusion est claire:

> [la lumière] est mise dans de tels accès lors de sa première émission par les corps lumineux[164].

Et Newton doit l'accepter[165].

2.8 L'énigme de l'Optique

Ayant choisi d'attribuer à la lumière les deux seules propriétés qu'il avait observées, à savoir la réfrangibilité et la réflexibilité, Newton avait cru

164 *Ibidem.* En choisissant la même représentation qu'à la note 162 (p. 61), on peut illustrer la solution newtonienne de la manière ci-jointe en considérant les différents rayons comme des parties simultanées ou des parties successives d'une même lumière, c'est-à-dire comme des rayons tombant au même instant sur toute la surface du corps ou arrivant en un point de sa surface à différents instants.

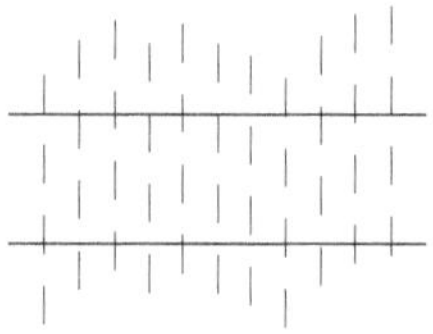

Figure C

165 Le lecteur aura remarqué que, dans ce paragraphe, nous nous sommes quelque peu écarté de la chronologie de la composition de l'*Opticks*, que nous avions annoncé suivre. Si nous nous sommes autorisés à anticiper en citant des passages de ce livre que Newton n'a sans doute rédigés qu'au moment de le publier, c'est que, de toute évidence, il aurait déjà pu les écrire avant d'entamer le travail qui conduira aux *Principia* et qu'il est donc plus que probable qu'ils révèlent effectivement à quelles conclusions il était alors arrivé.

pouvoir montrer que la réfrangibilité suffisait à décrire une lumière quelconque. Une lumière aurait été complètement décrite par la donnée des diverses réfrangibilités des rayons, parties simultanées ou successives, empiriquement isolables, qui la composent. Deux phénomènes lui avaient fait reconnaître qu'une telle description était incomplète : les anneaux colorés que forme une lumière d'une réfrangibilité donnée, lorsqu'elle tombe sur une lentille déposée sur une plaque de verre, indiquent clairement que cette lumière doit posséder une autre propriété pour pouvoir être réfléchie par certaines épaisseurs d'air et transmise par d'autres ; la présence des diverses couleurs, que révèle le prisme, dans une lumière blanche uniforme que réfléchit un corps épais éclairé par la lumière solaire, montre que les rayons, qui composent une lumière d'une réfrangibilité quelconque, doivent avoir une propriété telle que le nombre d'entre eux qui sont réfléchis puisse dépendre de l'épaisseur du milieu qu'ils rencontrent. Il fallait donc compléter la théorie de la lumière, et le moyen le plus simple consistait à imaginer que les rayons d'une réfrangibilité fixée n'acquerraient une propriété qui les différencierait qu'au moment de rencontrer l'une ou l'autre des surfaces limitant le milieu traversé. Or, chacune de ces possibilités avait un inconvénient majeur : supposer que les rayons n'acquièrent la propriété d'être réfléchis ou transmis que lorsqu'ils atteignent la seconde surface revenait à postuler l'existence d'un éther inobservé aux propriétés difficilement imaginables, tandis que supposer qu'ils acquièrent cette propriété dès qu'ils rencontrent la première surface ne permettait pas d'expliquer le second phénomène observé. Newton se trouvait donc contraint de compléter la théorie de la lumière d'une autre manière. Et la seule solution possible s'avérait beaucoup plus radicale. Elle consistait à admettre que les rayons n'acquièrent pas la propriété d'être transmis ou réfléchis. Autrement dit, que cette propriété n'est pas une disposition acquise, mais une véritable propriété que possède chaque rayon dès qu'il est émis. C'est une propriété «originale» ou – mieux encore – «originelle»[166] : de même qu'un rayon est émis avec une certaine réfrangibilité et une certaine réflexibilité, un rayon est émis dans un certain accès.

Un rayon de lumière est donc caractérisé par sa réfrangibilité, sa réflexibilité et l'accès dans lequel il a été émis. Telle est la solution que retient finalement Newton, en dépit des difficultés qu'elle présente et qui ne peuvent lui avoir échappé. La première de celles-ci tient au genre particulier de propriété introduite. Ce n'est pas une propriété permanente ; un rayon ne reste pas tout au long de son parcours dans l'accès où il se trouvait lors de son émission, mais y revient chaque fois qu'il s'est déplacé d'une distance égale à la longueur d'un intervalle d'accès dans le milieu qu'il traverse. Qu'un rayon soit réfléchi dépend ainsi à la fois de l'accès dans lequel il a été émis et de la distance qui sépare le corps réfringent du corps lumineux: connaître l'accès d'un rayon au moment de son émission ne suffit donc pas à prédire son comportement futur. Par conséquent, il est impossible d'admettre que la description d'un rayon de lumière serait complète si l'on fournissait, en plus de sa réfrangibilité et de sa réflexibilité, l'accès dans lequel il a été émis. La solution retenue n'est au mieux qu'une solution partielle. La deuxième difficulté provient du fait que la nouvelle propriété ne paraît pas indépendante des autres propriétés des rayons lumineux, et semble même être celle dont découle les autres: c'est l'accès dans lequel il a été émis et la longueur de son intervalle qui déterminent la réfraction ou la réflexion du rayon. Et de plus, la longueur de cet intervalle paraît dépendre du milieu traversé par le rayon et de l'angle sous lequel il tombe sur une surface. Cette solution, loin d'être simple, se révèle donc extrêmement complexe, et Newton doit entreprendre de déterminer les relations qui existent entre la longueur d'un intervalle d'accès d'une part, le degré de réfrangibilité du rayon, le milieu qu'il traverse et l'angle de sa trajectoire d'autre part[167]. Mais ces difficultés ne sont rien en comparaison de celle-ci, qui semble bien ruiner

---

166 C'est le mot qu'utilise Newton pour qualifier ces propriétés. J.-P. Marat n'a pas hésité à traduire le mot «original» par «essentielle». Bien qu'on puisse le comprendre – dans cette hypothèse un rayon n'en est effectivement un que parce qu'il est dans un accès –, nous avons préféré le traduire littéralement parce qu'il nous a semblé qu'en choisissant de ne pas utiliser le qualificatif «essential», Newton avait le dessein précis d'indiquer qu'il n'était pas légitime de laisser entendre que ces propriétés ne pourraient jamais être expliquées au moyen des propriétés essentielles qu'il admettait en mécanique. Cf. *Principia* Livre III la troisième règle des *Règles nécessaires pour philosopher.* Une autre propriété originelle des rayons est leur flexibilité, à laquelle Newton consacre le Livre III de *l'Opticks*. Cf. également la note 170 (p. 66) ci-après et le Complément 11 (p. 248).

167 Etudier ces relations nous mènerait trop loin. Remarquons simplement que le fait que Newton tente d'établir ces relations apparaît difficilement compatible avec cette remarque de N.R. Hanson: «[...] in a sense Newton's theory of fits is a perfect *petitio principii*, a begging of the question. He explains refraction and reflection in much the way one of Molière's heroes explains why opium puts people to sleep. The latter event is referred to the *virtus dormitiva* of opium, i.e. the soporific properties of that drug» (HANSON 1960 p. 389). L'analyse de R. Westfall nous semble plus correcte. Cf. WESTFALL 1970 et WESTFALL 1980.

purement et simplement le dernier espoir de Newton: si les rayons d'une lumière homogène sont, lors de leurs émissions, uniformément répartis dans des accès de facile transmission et de facile réflexion, il devient impossible de comprendre comment – quelles que puissent être l'épaisseur du milieu et la distance qui le sépare du corps lumineux – la proportion de rayons réfléchis peut être différente de celle des rayons transmis; dans tous les cas, un rayon sur deux devrait être réfléchi.

Newton se sait dans une impasse. La voie qu'il a empruntée l'a mené devant un obstacle insurmontable: découvrir une propriété des rayons lumineux qui permettrait d'expliquer pourquoi le nombre de rayons, qui composent une lumière homogène et sont réfléchis par un certain milieu, varie en fonction de l'épaisseur de ce milieu. Face à cette énigme qu'il a lui-même formulée, Newton abandonne ou – tout au moins – paraît abandonner: il se détourne de l'optique, repousse *sine die* la publication de l'ouvrage qui aurait rassemblé les résultats qu'il a obtenus, et reprend son étude de la théologie, de l'alchimie, des mathématiques et de la mécanique[168].

168 Il va de soi que présenter de cette façon le cheminement newtonien est quelque peu caricatural. Les historiens ont en effet pu démontrer que cet itinéraire fut rarement linéaire, et nous sommes pour notre part d'autant plus porté à l'accepter qu'en l'occurrence – comme nous le suggérerons – Newton ne semble jamais avoir réellement abandonné l'espoir de résoudre cette énigme et que ce que nous présentons ici comme une rupture dans l'enchaînement de ses préoccupations apparaît plutôt comme la conséquence de sa décision d'aborder cette même énigme par un biais différent. Cf. à ce propos les notes 191-193, le Complément 13 (p. 249) et le Complément 14 (p. 250).

3 Les *Principia* et le premier *monde* newtonien

3.1 La force à distance et le *Système du monde*

Abandonnant l'étude des phénomènes optiques après avoir échoué à préciser la nature de la lumière, Newton retrouve le monde dans l'état où l'ont laissé ses premières réflexions: disloqué dans un espace vide étranger aux corpuscules indépendants qui s'y meuvent, sans autre unité que celle que lui confère Dieu. Aussi, revenant à la mécanique, est-ce tout naturellement à contruire un *monde* véritable qu'il s'efforce de parvenir; un *monde* qui serait enfin ce que celui de Descartes était censé être: l'image d'un monde réellement un.

En parfait accord avec sa conviction selon laquelle Dieu est le principe actif du monde et que son action s'y effectue par le biais de l'espace et du temps, Newton pose au fondement même de cette reconstruction un espace et un temps qu'il qualifie désormais d'«absolus»:

> Le temps absolu, vrai et mathématique, qui est sans relation à quoi que ce soit d'extérieur, en lui-même et de par sa nature coule uniformément; on l'appelle aussi «durée». Le temps relatif, apparent et vulgaire est toute mesure sensible et externe – qui est précise ou non – de la durée et dont on se sert couramment à la place du temps vrai [...].
>
> L'espace absolu, qui est sans relation à quoi que ce soit d'extérieur, de par sa nature demeure toujours semblable et immobile. L'espace relatif est toute mesure ou dimension mobile de cet espace, qui est définie d'une manière sensible par sa situation à l'égard des corps et que l'on prend couramment pour l'espace immobile [...][169].

D'autre part, il attribue aux corps une nouvelle propriété «essentielle».[170] Outre la dureté, l'impénétrabilité, l'étendue et la mobilité, les corps possèdent une inertie:

> La «vis insita» d'une matière est la force de résistance par laquelle tout corps, autant qu'il le peut, persévère en son état de repos ou de mouvement rectiligne uniforme.

---

169 *Principia,* Scholie des définitions, p. 30. Sauf exceptions que nous mentionnerons, nous citerons la traduction de M.-F. BIARNAIS.

170 Pour être tout à fait correct, il convient de signaler que Newton ne qualifia jamais explicitement ces propriétés d'«essentielles», même si – comme nous l'expliquons dans le Complément 11 (p. 248) – il laissa clairement entendre qu'elles étaient bien telles.

> Cette force est toujours proportionnelle au corps dont elle est la force et ne diffère de l'inertie de la masse que par la manière dont on la conçoit[171].

Il réussit par ailleurs à dégager des multiples notions mal définies introduites depuis le XIIIe siècle, *puissance*, *vitesse*, *poids*, *résistance*, *tendance*, *sympathie*, *antipathie*, *quantité de mouvement*, *masse*, *force centrifuge*, *force d'impact*, etc., celle qui mesure précisément l'action qu'exerce un corps sur un autre:

> La «vis impressa» est l'action qui s'exerce sur un corps pour en changer l'état de repos ou de mouvement rectiligne uniforme[172].

Puis, à l'aide des notions qu'il vient d'introduire, il pose les deux premiers axiomes, ou lois, du mouvement:

> Loi I. Tout corps persévère en sont état de repos ou de mouvement rectiligne uniforme, sauf si des forces «imprimées» le contraignent d'en changer[173].
>
> Loi II. Le changement de mouvement est proportionnel à la force motrice imprimée et s'effectue suivant la droite par laquelle cette force est imprimée[174].

Tandis qu'il effectue cette axiomatisation de la mécanique, Newton reprend sa lecture de Descartes et soumet la théorie des tourbillons à une critique approfondie. Etudiant le problème général du «mouvement circulaire des fluides», il démontre que l'existence de tourbillons ne saurait en aucun cas rendre compte des régularités observées dans le mouvement des planètes[175]. Fort de cette conclusion, il parvient à se libérer de l'idée cartésienne selon laquelle l'action d'un corps sur un autre ne peut se faire que par contact, c'est-à-dire par choc ou par pression; il ose imaginer les planètes en mouvement rectiligne uniforme dans un espace vide de tout éther et constate que, sous une telle hypothèse, les segments de droites reliant ces planètes au Soleil balaieraient des aires égales en des temps égaux, conformément à la

---

171 *Principia,* Définition III, p. 24. Le Complément 12 (p. 248) contient deux remarques qu'il ne nous paraît pas inutile de faire à propos de cette définition.

172 *Principia*, Définition IV, p. 25.

173 *Principia* p. 40.

174 *Principia* p. 41.

175 A. Koyré n'a pas hésité à écrire: «Nous pourrions, en fait, considérer tout le second livre des *Principia*, qui traite du mouvement des corps dans un *milieu résistant*, comme une critique, une critique positive, des conceptions cartésiennes, et comme l'exécution du programme que le jeune Newton s'était assigné» (KOYRÉ 1968 p. 116).

deuxième loi de Kepler (fig. 11). Si l'on pouvait observer un monde où règne la loi d'inertie, mais dans lequel les corps n'exercent aucune action l'une sur l'autre, on vérifierait donc encore l'une des lois de Kepler.

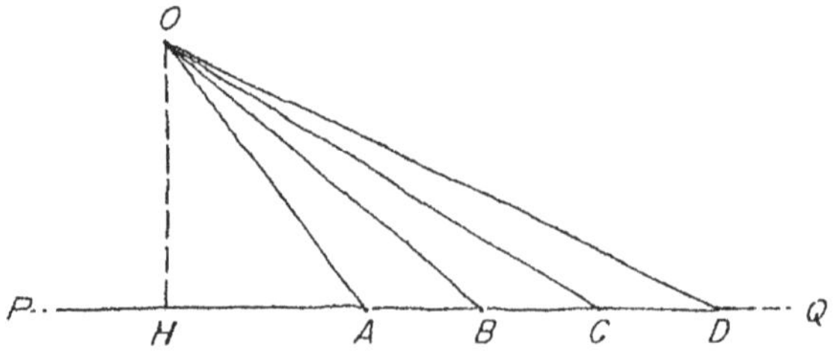

Figure 11

Cette constatation est d'une importance majeure: elle indique que le monde observé par Kepler devrait pouvoir être reconstruit à partir du monde le plus désuni qui se puisse concevoir du moment qu'on impose le principe d'inertie, puisque ces deux mondes ont déjà une loi en commun. Il semble dès lors possible de reconstruire le monde sans préjuger du type d'action qu'exercent les corps, mais en cherchant simplement le rapport existant entre ce monde qu'on observe et celui que l'on imagine à partir de Descartes. Et c'est ce que fait Newton.

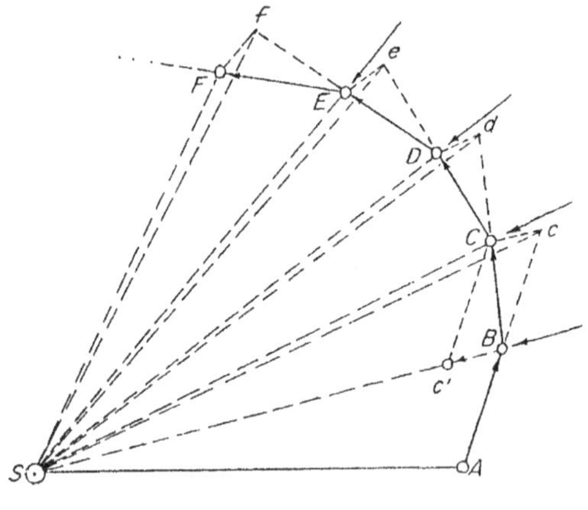

Figure 12

Il n'a aucune peine à montrer au moyen de la deuxième loi du mouvement que la loi des aires reste vérifiée lorsqu'on suppose qu'une planète en mouvement inertial est soumise à intervalles de temps réguliers à une force «imprimée» dirigée vers le Soleil (fig. 12), et que – si l'on fait tendre vers zéro l'intervalle entre deux instants successifs auxquels une telle force est imprimée – la force centrale, ainsi exercée continûment sur la planète à partir du Soleil, a pour effet de lui donner une trajectoire courbe qui respecte la deuxième loi de Kepler[176].

Il n'y a par conséquent aucune raison de s'en tenir aux types d'actions envisagées par Descartes:

> la «vis impressa» a [...] des sources diverses: telles que le choc, la pression, la force centripète[177],

cette dernière force étant

> la force qui attire les corps de toutes parts, les pousse ou leur confère quelque tendance que ce soit, vers un point, comme vers un centre[178].

Et il y a d'autant moins de raison de ne pas accepter l'existence d'une telle force qu'elle permet en outre d'expliquer la première observation de Kepler; une force centripète, variant comme l'inverse du carré de la distance du Soleil à une planète, fait en effet se mouvoir cette planète suivant une section conique, et une ellipse en particulier[179]. La différence entre le monde dont Kepler a observé la régularité et celui de Descartes, débarrassé de l'éther, tiendrait donc à la présence d'une force centripète imprimée à chaque instant.

---

176 Il faut rappeler que Newton disposait alors du calcul différentiel et intégral ou plutôt de «la méthode des fluxions» qu'il avait commencé à élaborer dès 1664 et définitivement mise au point en 1671. Cf. DHOMBRES ET ALII 1987 pp. 171-172 et GRATTAN-GUINNESS 1980 p. 54-60, p. ex.

177 *Principia,* Définition IV, p. 25.

178 *Ibidem.* Définition V.

179 En réalité, la question de savoir si Newton est bel et bien parvenu à démontrer cette proposition est encore toujours débattue (cf. p. ex. la présentation du *De motu* par F. DE GANDT, pp. 86-103). Contentons-nous de signaler que ce problème lui fut posé par Edmund HALLEY aux environs de mai 1684 et qu'il répondit à celui-ci en lui envoyant au mois de novembre de cette même année le *De motu*, petit traité dans lequel il ne démontrait cependant que la réciproque de ce qu'il entendait prouver, et dont on peut donc aujourd'hui estimer qu'il constitue «le noyau initial de l'énorme ouvrage» que seront les *Principia* (op. cit. p. 94).

Newton étend alors ces considérations, et d'autres touchant à la dernière loi de Kepler, au système des satellites de Jupiter, à celui des satellites de Saturne et au système que composent la Terre et la Lune[180]. Puis il acte qu'il n'a effectivement démontré la validité des deux premières lois de Kepler que pour un point massif, initialement en mouvement inertial, soumis à une force centrale issue d'un point immobile, et qu'il a omis de prendre en considération cette troisième loi du mouvement selon laquelle

> la réaction est toujours contraire et égale à l'action: ou encore les actions que deux corps exercent l'un sur l'autre sont toujours égales et dirigées en sens contraire[181].

De ce fait, les lois de Kepler ne peuvent être que des approximations:

> les attractions sont habituellement dirigées vers les corps et – par la troisième loi du mouvement – les actions des corps qui attirent et sont attirés sont toujours réciproques et égales[182].

En d'autres termes,

> s'il y a deux corps, ni celui qui attire ni celui qui est attiré ne peut être au repos[183],

mais

> les deux corps (par le quatrième corollaire des lois) tournent autour d'un centre commun, comme par une attraction réciproque[184].

Dès lors chaque planète est tout autant centre d'une force attractive que corps attiré, et par conséquent non seulement une planète attire le Soleil et est attirée par lui mais elle est attirée par toutes les autres planètes.

Ayant ainsi tiré toutes les conséquences de la loi de l'action et de la réaction, Newton «réalise son coup de maître. Il montre qu'une force universelle unique (a) maintient les planètes sur leurs orbites autour du soleil, (b) maintient les satellites sur leurs orbites, (c) fait descendre conformément à l'observation les objets qui tombent, (d) maintient les objets sur terre et (e)

---

180 Pour une chronologie exacte, Cf. COHEN 1987.

181 *Principia,* Loi III, p. 41.

182 Nous donnons une traduction littérale d'une partie de l'introduction à la section XI du Livre I des *Principia* traduite in COHEN 1987 p. 235. On trouvera l'adaptation française de ce passage à la page 167 du tome I de la traduction de Mme du Chastellet.

183 *Ibidem.*

184 *Ibidem.*

provoque les marées. C'est la force appelée gravité universelle, et sa loi fondamentale peut être écrite

$$F = G\frac{mm'}{D^2}$$

Cette loi dit qu'entre les deux corps quelconques, de masse m et m', où qu'ils puissent être dans l'univers, séparés par une distance D, il y a une force d'attraction qui est réciproque, et chaque corps attire l'autre avec une force de grandeur identique, qui est directement proportionnelle au produit des deux masses et inversement proportionnelle au carré de la distance qui les sépare. G est une constante de proportionnalité, et elle a la même valeur en toutes circonstances – qu'il s'agisse de l'attraction d'une pierre et de la terre, de la terre et de la lune, du Soleil et de Jupiter, d'une étoile et d'une autre, ou de deux cailloux sur une plage»[185].

D'un seul coup, le monde éclaté retrouve alors une cohésion. Cet ensemble de corps, étrangers l'un à l'autre, en mouvement dans l'espace infini, homogène et vide, qu'avait laissé la déconstruction du cosmos d'Aristote, se ressoude. Tout se tient à nouveau: non seulement les corps ont même nature et obéissent aux mêmes lois mais chacun redevient solidaire de tout autre. Qu'il s'agisse de Jupiter, d'un satellite de Saturne, d'une goutte d'eau dans l'océan, d'un morceau de la lune ou d'une pomme qui tombe, ce corps possède dureté, impénétrabilité, étendue, mobilité et inertie, et se trouve soumis aux trois lois du mouvement: qu'une force lui soit imprimée par un autre corps, quel qu'il soit, et il abandonne aussitôt – mais alors seulement – son mouvement rectiligne uniforme pour prendre la direction de cette force et en exercer simultanément une autre, égale et opposée, sur cet autre corps. Les corps sont de même nature, et cette nature est mécanique. De plus, tous les corps s'attirent mutuellement selon une loi invariable: de même que le Soleil attire la Terre, les océans pèsent sur la Lune et chaque satellite de Saturne tombe vers la pomme qui quitte sa branche. Si tout corps a une inertie parce qu'il possède une masse, cette masse suffit en effet à le faire participer aussi au jeu de l'attraction. La gravitation est universelle. Rien n'y échappe, et tout y prend part simultanément. L'attraction se joue de l'espace

185 COHEN 1987 pp. 164-165. Il va de soi que I. Bernard Cohen désigne ici par F la grandeur de la force $\vec{F}$.

et du temps: quelle que soit la position d'un corps, il attire tous les autres et ceux-ci l'attirent également; qu'il en change, et le reste du monde est instantanément modifié. A aucun instant, un corps n'est isolé des autres et ce n'est que par la pensée qu'il peut en être séparé: le monde est redevenu un tout. Plus encore: c'est un système, une totalité mathématiquement organisée; chaque mouvement y est en principe calculable.

3.2 Le premier *monde* newtonien

Pour redonner une cohésion au monde, Descartes avait imaginé un monde si plein que le mouvement s'y était avéré impossible et Gassendi avait décrit un monde constitué d'atomes disséminés dans l'espace vide et dotés d'un *impetus* tellement incompréhensible qu'aucun mouvement n'y paraissait interdit. Newton, lui, vient de réussir l'impossible: concilier la cohésion du monde et l'existence du mouvement. En cette fin de 1686, le monde est constitué d'un espace vide et de corps de même nature, qui s'y meuvent et s'y attirent selon des lois mathématiques universelles et immuables. Platon tient enfin sa revanche sur Aristote: les principes de la philosophie naturelle sont mathématiques.

Se conformant à l'une des règles qu'il s'impose pour philosopher, à savoir que

> [...] il faut assigner les mêmes causes aux effets naturels du même genre, autant que faire se peut[186],

Newton essaie alors d'étendre aux phénomènes qu'il étudie depuis le début de ses recherches l'explication qu'il vient de découvrir. Les phénomènes optiques paraissent en effet du même genre que ceux observés en mécanique. De fait,

> La cause de la réflexion n'est pas le rebondissement de la lumière sur les parties solides ou impénétrables des corps, comme on l'a cru habituellement[187]

car, sous une telle hypothèse, il ne pourrait se faire que lorsque la lumière passe du verre dans le vide la réflexion soit aussi forte – voire plus forte – que lorsqu'elle passe du verre dans l'air, ni que les lames de verre réfléchissent au

186 Cf. *Principia,* Livre III, deuxième règle des *Règles nécessaires pour philosopher.*
187 *Opticks,* Book II, Part III, Prop. VIII, p. 166.

même endroit les rayons d'une couleur et laissent passer les rayons d'une autre, par exemple. Ces phénomènes, ainsi que le phénomène de réflexion totale observé pour une certaine inclinaison de la trajectoire du rayon par rapport à la surface, semblent plutôt dus à l'existence d'une attraction qu'exerceraient les corps sur les rayons, puisqu'ils paraissent tous dépendre des matériaux dont sont faits ces corps et de leurs dimensions[188]. Comme les corps les plus réfringents sont aussi les plus réfléchissants, Newton propose dès lors d'admettre que

> Les corps réfléchissent et réfractent la lumière par une seule et même puissance diversement exercée dans diverses circonstances[189],

et il parvient à montrer que

> si la lumière est plus rapide à l'intérieur des corps que dans le vide, dans la proportion des sinus qui mesurent la réfraction des corps; les forces des corps pour réfléchir et réfracter la lumière, sont quasi proportionnelles aux densités de ces mêmes corps, [...][190]

Si l'on acceptait d'attribuer une densité aux rayons de lumière, c'est-à-dire de les doter d'une masse et d'un volume, la réflexion et la réfraction (fig. 13) s'expliqueraient donc par l'existence d'une force semblable – sinon identique – à la force gravitationnelle[191].

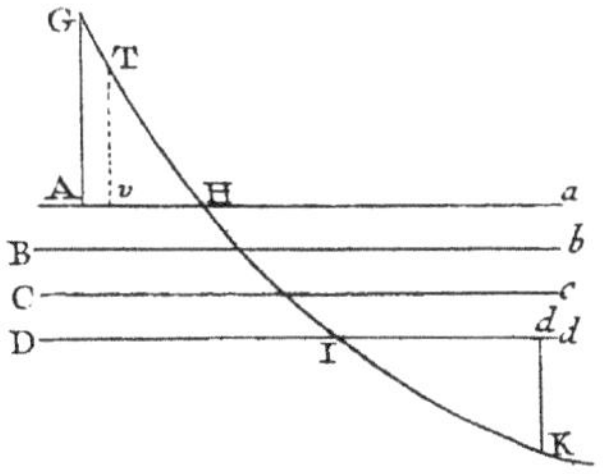

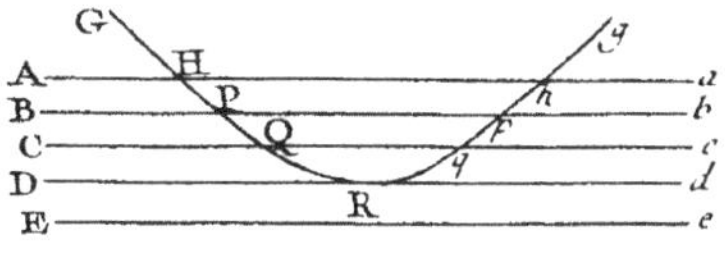

Figure 13

188 Cf. *Opticks,* Book II, Part III, commentaire à la Prop. VIII.

189 *Opticks,* Book II, Part III, Prop. IX, p. 170.

190 *Opticks,* Book II, Part III, Prop. X, p. 171. Comme le rappelle Newton à la Query 29, ce résultat avait été préparé par ceux qu'il avait obtenus à la quatorzième section du Livre I des *Principia.* Cf. pp. 235-243 du tome I de la traduction de Mme du Chastellet.

191 Une maladresse apparente dans la citation précédente montre que, contrairement à ce que l'on pourrait penser, en introduisant l'hypothèse d'une telle force, Newton restait totalement fidèle à son projet initial qui était de découvrir la «nature des corps [...] et celle de la lumière» (*Opticks* p. 176). Cf. le Complément 13 (p. 249).

Et il en irait de même pour le phénomène d'inflexion de la lumière (fig. 14). En effet,

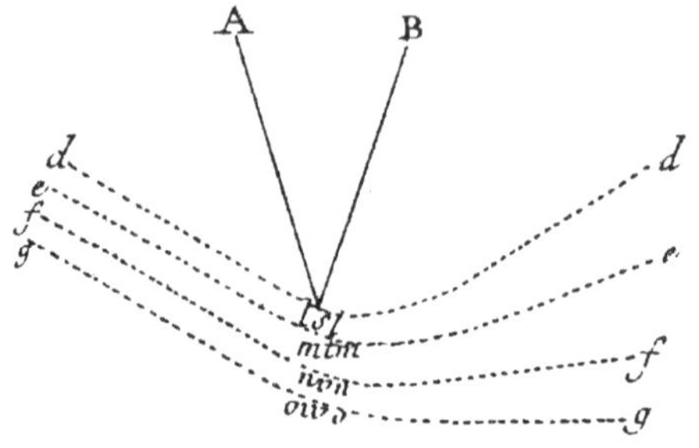

Figure 14

> [...] les rayons en passant près des angles des corps opaques ou transparents tels que l'extrémité d'une lame de couteau, d'une pièce de monnoye, d'un morceau de verre, ou de pierre, &c s'infléchissent autour de ces corps comme s'ils en étoient attirés: c'est ce qu'a découvert Grimaldi il y a longtemps en faisant entrer un rayon de lumière par un trou dans une chambre obscure & ce que j'ai vérifié.
>
> Ceux de ces rayons qui en passant approchent le plus près des corps se courbent davantage, comme s'ils étaient plus attirés, ainsi que je m'en suis assuré par des expériences exactes. Ceux qui passent à de plus grandes distances s'infléchissent moins; [...][192].

Enfin, attribuer des densités de plus en plus grandes aux rayons de différentes couleurs, du rouge au violet, expliquerait de la même manière le phénomène de dispersion chromatique:

> Rien de plus n'est requis pour produire toute la variété des couleurs et des degrés de réfrangibilité, que [de supposer que] les rayons de lumière sont des corps de différentes tailles; dont les moindres peuvent produire le Violet, la plus faible et la plus sombre des couleurs, et être plus facilement déviés de leur course rectiligne par des surfaces Réfractantes; et dont les autres, de grandeurs croissantes, peuvent produire les couleurs les plus fortes et les plus lumineuses, le Bleu, le Vert, le Jaune et le Rouge, et être de plus en plus difficilement déviés».[193]

Selon Newton, l'optique compléterait ainsi le *Système du monde*: tous les phénomènes faisant intervenir la lumière pourraient être décrits par une force réciproque agissant à distance entre les corps et les rayons, et les propriétés

---

192 *Principia* p. 239 du tome I de la traduction de Mme du Chastellet. S'il n'est pas utile de montrer ici comment Newton croyait pouvoir rendre une force à distance responsable des phénomènes aussi variés, il est néanmoins intéressant de se faire une idée du type de force auquel il songeait. Cf. Complément 14 (p. 250).

193 *Opticks*, Query 29, p. 240. Comme nous nous en expliquons dans le Complément 15 (p. 251), ceci nous semble confirmer la suggestion faite au Complément 13 (p. 249) et au Complément 14 (p. 250).

originelles de ces derniers, que sont la réfrangibilité, la réflexibilité et la flexibilité, pourraient être ramenées à l'inertie et à l'étendue[194], propriétés essentielles qu'il juge légitime de leur attribuer puisqu'une autre règle, qu'il a décidé de suivre en philosophie, lui enjoint de considérer

> [...] comme les qualités de tous les corps en général [...] les qualités des corps qui ne peuvent être ni augmentées ni diminuées, et qui appartiennent à tous les corps sur lesquels on peut faire des expériences [...][195].

Comme

> [...] il est bien connu que les corps agissent les uns sur les autres par les attractions de la gravité, du magnétisme et de l'électricité[196],

et qu'il est désormais concevable que les phénomènes optiques s'expliquent par une telle attraction, Newton en arrive alors à croire que

> toute la difficulté de la philosophie semble consister à rechercher les forces de la nature à partir des phénomènes des mouvements qu'elles produisent et à démontrer ensuite d'autres phénomènes à partir de ces forces[197]

et ose suggérer que les nombreux phénomènes, chimiques ou alchimiques, qu'il a longuement observés[198], s'expliquent aussi par l'existence de forces qui agissent à distance entre les parties des corps, mais qui doivent parfois être répulsives;

> Les parties de tous les corps homogènes durs, qui se touchent complètement, collent ensemble très fortement. Et pour expliquer comment cela se peut, certains ont inventé des atomes crochus, ce qui revient à poser ce qui est en question; et d'autres vous disent, que les corps sont collés l'un à l'autre par le Repos; c'est-à-dire, par une qualité occulte, ou plutôt par rien: et d'autres, qu'ils collent ensemble grâce à des mouvements conspirants, c'est-à-dire, par un repos relatif entre eux. J'ai plutôt inféré de leur cohésion, que leurs particules s'attirent mutuellement par une force quelconque, qui lors d'un contact immédiat est excessivement forte, [qui] à petites distances réalise les opérations chimiques susmentionnées, et [qui] ne s'étend pas loin des particules avec un effet sensible [...][199]

---

194 Ceci nous semble justifier les remarques faites en note 166 (p. 64).

195 *Principia,* Livre III, troisième règle des *Règles nécessaires pour philosopher*, p. 76.

196 *Opticks*, Query 31, p. 242.

197 *Principia* p. 21.

198 Cf. DOBBS 1975. Ajoutons que Newton avait déjà été amené par ses études d'optique à étudier la constitution des corps. Etant donné le type de force qu'il supposait agir entre les rayons et les corps (cf. notes 191-193, le Complément 13 (p. 249) et le Complément 14 (p. 250)), il se devait de préciser les propriétés des constituants de ceux-ci.

199 *Opticks,* Query 31, p. 251.

> [...] les petites particules de matière peuvent s'unir par les attractions les plus fortes et composer des particules plus grosses de pouvoir faible; et plusieurs de celles-ci peuvent s'unir et composer des particules plus grosses, dont le pouvoir est encore plus faible; et ainsi de suite pour diverses successions, jusqu'à la fin de la progression dans les plus grosses particules, dont dépendent les opérations de la chimie, et les couleurs des corps Naturels[200] [...]
>
> Puisque des métaux dissous dans des acides n'attirent qu'une petite quantité de l'acide, leur force Attractive ne peut s'étendre qu'à une faible distance d'eux. Et comme en Algèbre, où les quantités positives disparaissent et cessent, là commencent les négatives; de même en Mécanique, où l'Attraction cesse, doit succéder une vertu Répulsive.
>
> [...] Cela semble aussi découler de la production d'air et de vapeur: les particules, lorsqu'elles sont éjectées des corps par chaleur ou fermentation, s'écartent des corps, dès qu'elles sont au-delà de son domaine d'attraction, et [s'écartent] aussi l'une de l'autre, avec une grande force; et se maintiennent à distance, de sorte qu'elles occupent parfois un espace plus d'un million de fois plus grand que celui qu'elles occupaient auparavant, sous la forme d'un corps dense[201].

Les principes exposés dans les *Principia* s'étendraient donc non seulement aux phénomènes optiques mais à tous les phénomènes de la nature, et le troisième livre, le *Système du monde*, ne serait qu'un exemple d'une théorie tout-à-fait générale:

> [...] La nature sera très conforme à elle-même, et très simple; produisant tous les grands mouvements des corps célestes au moyen de l'attraction de la gravité qui relie ces corps; et presque tous les petits [mouvements] de leurs particules, au moyen d'autres puissances Attractives et Répulsives, qui relient les particules[202].

Le monde reconstruit par Newton serait, en dernière analyse, constitué d'un espace vide et de particules de même nature, qui s'y meuvent, s'y attirent et s'y repoussent à distance, selon des lois mathématiques universelles et immuables. La revanche de Platon sur Aristote résulterait d'une alliance avec Démocrite: la philosophie naturelle dont les principes sont mathématiques serait en fait un atomisme renouvelé.

---

200 *Opticks,* Query 31, p. 256. Remarquons qu'ici, comme en beaucoup d'autres endroits, Newton parle de «*pouvoir* des corps» et que cela s'accorde parfaitement à l'interprétation que nous avons donnée à la note 193 (p. 74), au Complément 13 (p. 249) et au Complément 14 (p. 250) laquelle nous paraît en outre être la seule qui permette de donner un sens à ce passage.

201 *Opticks,* Query 31, p. 257.

202 *Opticks,* Query 31, p. 258.

C'est du moins ce que laisse croire Newton malgré l'insatisfaction qu'il ressent, et c'est encore à peu de choses près ce que l'on croit généralement aujourd'hui en dépit des efforts qu'il déploya, dès la parution des *Principia*, pour venir à bout des deux difficultés majeures qui minaient sa tentative[203].

3.3 Une difficulté philosophique et le renversement provisoire de la méthodologie

La première difficulté est d'ordre philosophique : le monde que Newton vient de bâtir doit sa cohésion à un élément nouveau dont il est difficile de préciser la nature. Ce monde ne peut être formé d'atomes localisés dans un espace absolu vide sans être pour autant disloqué que parce que Newton y a introduit des forces agissant à distance. Or, cette caractéristique d'agir sans médiation à travers le vide interdit de faire de ces forces, des forces semblables à celles qu'exercent les corps lorsqu'ils se choquent ou se pressent. Autrement dit, ces forces ne peuvent être physiques. Cette même caractéristique rend par ailleurs impossible de considérer la gravité et ces autres forces comme des propriétés essentielles des corps :

> Que la Gravité soit innée, inhérente et essentielle à la matière, de sorte qu'un corps puisse agir à distance sur un autre à travers un *vide*, sans la médiation de quelque autre chose, par et à travers laquelle leurs action et force puissent être transmises de l'un à l'autre, est pour moi une si grande absurdité, que je crois qu'aucun homme, ayant la faculté de penser avec compétence en matière philosophique, puisse jamais y tomber[204].

---

203 Cela signifie bien entendu que ces difficultés n'étaient pas les seules. Il y en avait en effet au moins deux autres. La première, tout particulièrement relevée par Leibniz, était celle de savoir s'il était légitime de postuler la réalité d'un espace absolu. Newton, comme on le sait, était persuadé d'y avoir répondu affirmativement. Cf. *La correspondance Leibniz-Clarke* et GHINS 1990 p. ex. La seconde était plutôt une faiblesse, qui allait du reste désormais caractériser tous les systèmes du monde, mais qui, selon Newton, aurait dû peu à peu s'estomper: à la différence de ceux d'Aristote et Descartes, le système qu'il proposait ne fournissait aucune raison de l'agencement actuel des corps.

204 Ce passage est extrait de la quatrième, et dernière, lettre qu'écrivit Newton au théologien R. Bentley le 25 février 1693. Assez curieusement, Horsley a considéré cette lettre comme la troisième. Le passage en question se trouve à la p. 438 du tome IV des *Opera quae extant omnia*.

Localisé dans l'espace absolu, un corps ne peut agir où il n'est pas. De plus, si – comme le veut la tradition[205] – est essentiel à une chose ce sans quoi cette chose ne peut ni être ni même être pensée, il est clair que la gravité ne saurait être essentielle aux corps puisque ceux-ci ne cesseraient pas d'être s'ils en étaient privés. En toute rigueur, il paraît même illégitime de concevoir ces attractions et ces répulsions comme des propriétés des différents corps :

> [...] quoique les actions de chacunes des planètes d'une paire sur l'autre peuvent être distinguées l'une de l'autre et peuvent être considérées comme deux actions par lesquelles chacune attire l'autre, comme elles s'exercent entre les deux mêmes corps, elles ne sont pourtant pas deux mais une simple opération entre deux extrémités. Deux corps peuvent être tirés l'un vers l'autre par la contraction d'un corde [lancée] entre eux. La cause de l'action est double, à savoir la disposition de chacun des deux corps; semblablement l'action est double, dans la mesure où elle s'exerce sur deux corps; mais dans la mesure où elle s'établit entre les deux corps, elle est seule et unique. Il n'y a pas, par exemple, une opération par laquelle le Soleil attire Jupiter et une autre opération par laquelle Jupiter attire le soleil, mais une opération par laquelle le Soleil et Jupiter tentent de s'approcher l'un de l'autre[206].

Si la gravité et les autres forces à distance sont réelles, mais qu'elles ne sont ni des forces physiques ni des propriétés des corps, de quelle nature sont-elles ? Pour Newton, la réponse est évidente : ces forces sont de nature divine. Seul Dieu peut agir partout, parce qu'Il est, Lui, omniprésent :

> *[... ces] phénomènes ne rendent-ils pas manifeste qu'il existe un Etre, incorporel, vivant, intelligent, omniprésent, qui dans l'espace infini, comme si c'était dans son sensorium, voit intimement les choses elles-mêmes, et les perçoit par son intermédiaire, et les comprend entièrement par leur présence à lui-même [?]*[207].

Les forces à distance sont donc hyperphysiques, immatérielles ou transmatérielles[208], et c'est l'action de Dieu qui donne au monde sa cohésion. Telle est la conviction de Newton qui, faute d'avoir pu approfondir davantage la

---

205 Tradition de laquelle Newton ne semble effectivement s'être jamais démarqué. Cf. KOYRÉ 1968 pp. 188-202 et 333-334. Cf. également la note 166 (p. 64) et le Complément 11 (p. 248).

206 Ce texte est la traduction française de la traduction anglaise d'un extrait d'un premier brouillon du *Système du monde* réalisée par A. Whitman et I.B. Cohen que l'on peut trouver in COHEN 1987 pp. 237-238.

207 *Opticks,* Query 28, p. 238.

208 KOYRÉ 1957 p. 256 et KOYRÉ 1968 p. 34.

connaissance de cette première Cause, doit cependant se contenter de reconnaître leur nature mathématique:

> J'emploie ainsi indifféremment l'un pour l'autre les termes d'attraction, d'impulsion ou d'inclination vers un centre; il faut considérer ces forces d'un point de vue seulement mathématique et non physique. Par suite, lorsqu'il m'arrive de dire que des centres attirent ou que des forces y sont appliquées, que le lecteur se garde bien de penser que je définisse, en ces termes, la forme, le mode ou encore la cause ou raison physique d'une action, ou que j'attribue à ces centres (qui sont des points mathématiques) des forces véritables et physiques[209].

«Heureusement [...] il n'est pas nécessaire d'avoir une conception claire de la manière dont se produisent certains effets pour être en mesure d'étudier les phénomènes et de les traiter mathématiquement»[210], et considérer les forces d'attraction et de répulsion comme des forces mathématiques suffira à celui qui juge que

> [...] l'entreprise principale de la philosophie naturelle consiste à raisonner à partir des phénomènes sans feindre d'hypothèses, et à déduire les causes des effets [...][211],

suivant la règle selon laquelle

> les causes de ce qui est naturel ne doivent pas être admises en nombre supérieur à celui des causes vraies ou de celles qui suffisent à expliquer les phénomènes de ce qui est naturel[212].

Incapable d'expliquer comment se produisent les attractions et répulsions à distances, Newton se voit ainsi contraint de rabattre momentanément les prétentions de la philosophie naturelle: il ne s'agit plus pour l'instant d'espérer atteindre le but qu'il s'était assigné en entamant ses études d'optique, à savoir déterminer

> la nature des corps [...] et celle de la lumière: car toutes deux doivent être comprises, avant que la raison de leurs actions réciproques puisse être connue[213].

Il semble qu'il faille inverser la procédure et commencer par déterminer exactement, c'est-à-dire mathématiquement, les actions réciproques des

---

209 *Principia* p. 29.
210 KOYRÉ 1957 p. 214.
211 *Opticks,* Query 28, p. 237.
212 *Principia,* Livre III, première règle des *Règles nécessaires pour philosopher,* p. 76.
213 *Opticks* p. 176.

corps, pour découvrir ensuite – si c'est possible – la raison de ces actions et la nature des corps:

> Quant à la raison de ces propriétés de la gravité, je n'ai pu encore la déduire des phénomènes, et je ne forge pas d'hypothèses. En effet, tout ce qui n'est pas déduit des phénomènes doit être appelé hypothèse et les hypothèses, qu'elles soient métaphysiques, physiques, se rapportent aux qualités occultes ou mécaniques, n'ont pas de place en *philosophie expérimentale*. En cette philosophie, les propositions sont déduites des phénomènes et rendues générales par induction. C'est ainsi que l'impénétrabilité, la mobilité, l'«impetus» des corps et des [sic] lois des mouvements et de la gravité se sont fait connaître. Et il suffit que la gravité existe réellement et agisse selon les lois que nous avons exposées, et soit suffisante pour expliquer tous les mouvements des corps célestes et de notre mer[214].

Face à la difficulté signalée, Newton adopte donc une position de repli; il en postpose purement et simplement la résolution en renversant la méthodologie héritée de la tradition. Mais il ne nie aucunement cette difficulté et ne la prétend pas davantage insurmontable. Si «l'entreprise principale de la philosophie naturelle consiste à raisonner à partir des phénomènes sans feindre d'hypothèses», c'est bien en effet que la philosophie naturelle ne se réduit pas à cette seule entreprise qu'est la philosophie expérimentale et qu'en dépit du titre qu'il leur a donné les *Principia Mathematica Philosophiae Naturalis* n'apportent aucune solution à certains problèmes de philosophie naturelle tels que celui de la nature des forces à distance.

214 *Principia,* Scholie général qui clôt la deuxième édition, pp. 117-118. Il faut évidemment lire «les lois des mouvements» au lieu de «des lois des mouvements».

4 L'*Opticks* et le second *monde* newtonien

4.1 Une difficulté expérimentale et l'abandon du premier *monde*

Pour que Newton évoque ouvertement l'hypothèse qu'il a forgée dans le but d'expliquer les attractions et répulsions qui maintiennent la cohésion du monde, il faudra attendre que paraisse en 1717 la deuxième édition de *l'Opticks* et qu'il accepte d'affronter une difficulté d'un autre genre.

Cette difficulté n'est pas nouvelle. Afin que le monde puisse être constitué de particules de même nature qui se meuvent dans le vide et s'attirent et se repoussent à distance, il faut en effet admettre que les rayons de lumière sont des corps comme les autres. Or si, dans cette hypothèse, il n'est guère difficile – selon Newton – d'expliquer les phénomènes de réflexion, de réfraction, d'inflexion, de dispersion chromatique, et même d'émission de la lumière, en dotant les particules lumineuses d'une taille qui serait fonction de leur couleur et en postulant l'existence d'attractions et de répulsions entre celles-ci et les autres corps, il en va tout autrement du phénomène qui l'avait déjà forcé à imaginer que ces particules étaient dans certains accès dès leur émission.

A première vue pourtant, il semblerait même que vouloir expliquer ce phénomène soit une raison supplémentaire pour accepter l'hypothèse des forces à distance. En effet,

> Les rayons de lumière, en passant du verre dans le vide, sont pliés vers le verre; et s'ils tombent trop obliquement sur le vide, ils sont pliés vers l'arrière dans le verre, et totalement réfléchis; et cette réflexion ne peut être attribuée à la résistance d'un vide absolu, mais doit être causée par la puissance du verre qui attire les rayons à leur sortie vers le vide, et les ramène en arrière. Car si la surface la plus éloignée du verre est mouillée avec de l'eau, de l'huile claire, ou du miel clair et liquide, les rayons, qui autrement seraient réfléchis, passeront dans l'eau, l'huile, ou le miel; et par conséquent ne sont pas réfléchis, avant d'arriver à la surface la plus éloignée du verre, et de commencer à en sortir. S'ils en sortent [et passent] dans l'eau, l'huile ou le miel, ils continuent, parce que l'attraction du verre est presque contrebalancée, et rendue ineffective par l'attraction contraire de la liqueur. Mais s'ils en sortent [et passent] dans un vide, qui n'a aucune attraction pour contrebalancer celle du verre, l'attraction du verre les plie et les réfracte, ou les ramène vers l'arrière et les réfléchit. Et ceci est encore plus évident lorsqu'on maintient ensemble deux prismes de verre, ou deux lentilles de très longs téléscopes, l'une plane, l'autre légèrement convexe, et lorsqu'on les

> comprime de sorte qu'ils ne se touchent pas complètement mais ne soient pas trop écartés. Car la lumière, qui tombe sur la surface la plus éloignée du premier verre, où l'intervalle entre les deux verres ne dépasse pas le millionième de pouce, passera à travers cette surface, et à travers l'air ou le vide entre les verres, et entrera dans le second verre; [...] Mais si le second verre est retiré, la lumière, qui passe de la seconde surface du premier verre dans l'air ou le vide, ne continuera pas vers l'avant, mais revient en arrière dans le premier verre, et est réfléchie; et elle est par conséquent tirée vers l'arrière par la puissance du premier verre, puisqu'il n'y a rien d'autre qui puisse la ramener vers l'arrière[215].

L'hypothèse d'une force attractive exercée par les corps sur ces autres corps que seraient les rayons de lumière, et dépendant des masses et de la distance entre ces corps, pourrait donc expliquer que les rayons d'une même lumière homogène traversent une épaisseur d'air coincée entre deux lentilles et sont réfléchis pour d'autres épaisseurs: il suffirait que la force instantanément exercée par la deuxième lentille, combinée à celle qu'exerce la lentille dont elle est séparée par une couche d'air d'épaisseur donnée, soit telle que les rayons d'une lumière d'une seule couleur, c'est-à-dire de même taille, parviennent à atteindre la deuxième lentille tandis que ceux qui composent une lumière d'une autre couleur, et qui possèdent par conséquent une taille différente, ne le puissent pas. En d'autres termes, doter les particules de lumière d'une taille qui serait fonction de leur couleur et postuler l'existence d'une force agissant à distance, analogue[216] à la force de gravitation, pourraient expliquer l'apparition d'anneaux colorés dans la lumière réfléchie par une paire de lentilles différentes comprimées l'une contre l'autre.

Sans doute est-ce en raison de cette convergence manifeste de ses travaux d'optique et de mécanique que Newton consent enfin en 1704 à publier une première fois son traité d'optique et même à en donner deux ans plus tard une version latine. Et cependant, comme il le sait pertinemment, pour remarquable qu'elle soit, cette convergence n'est pas parfaite. Pour la bonne et simple raison

---

215 *Opticks,* Query 29, pp. 239-240.

216 Pour noter à quel point cette analogie doit être lâche, il suffit de remarquer que, à l'inverse de la force de gravitation, cette force ne peut être simplement proportionnelle à la masse des rayons. Si c'était le cas, même après accélération dans la première lentille, deux rayons de masses différentes auraient en effet toujours le même mouvement quelle que soit la distance entre les deux lentilles. De fait, si $F = k \cdot m$ où k est une constante, puisque par ailleurs $F = m \cdot a$ où a désigne l'accélération, les vitesses de ces deux rayons à la sortie de la première lentille seraient égales (pour peu qu'elles l'aient été à leur entrée) et pour la même raison le resteraient en tout point de leur trajet entre les deux lentilles.

que rendre compte de la présence d'anneaux de différentes couleurs dans la lumière réfléchie par deux lentilles n'est pas encore expliquer le phénomène qu'avait observé Hooke. Comme il l'a lui-même noté, ce phénomène est en effet caractérisé par une variation de la luminosité à l'intérieur de chaque anneau et par une répétition d'anneaux de même couleur pour diverses valeurs de l'épaisseur de la couche d'air coincée entre les deux lentilles. Pour l'expliquer, Newton doit donc rendre compte d'une double périodicité: celle avec laquelle les rayons de même couleur tombant successivement en un endroit donné de la première lentille passent vers la seconde et celle avec laquelle les rayons d'une même couleur arrivant au même instant en tous les points de la surface de la première lentille passent vers l'autre. Or, en admettant même que les forces exercées par les deux lentilles sur un rayon de couleur donnée puissent être telles que ce rayon traverse la couche d'air qui les sépare lorsque celle-ci est d'une épaisseur bien précise, comment imaginer que ces forces puissent aussi faire traverser d'autres rayons, de cette même couleur, lorsque ceux-ci tombent en des endroits où l'épaisseur de la couche d'air est égale à 2, 3, 4, 5 ou 6 fois celle de la couche que traverse le premier rayon? Et si l'on y parvient, comment comprendre alors que l'effet combiné de ces forces sur des rayons de même couleur, arrivant en un même point de la première lentille, puisse varier d'un rayon à l'autre? Pour qui veut faire des rayons des corps comme les autres, et dès lors soumis au même type de forces et dotés des seules propriétés attribuées aux corps, il ne semble donc plus y avoir d'autre solution que celle qui consiste à postuler que l'effet ressenti par un rayon au moment de traverser la couche d'air est le résultat des forces qu'exercent sur la première lentille les rayons qui le suivent ou le cotoyent, mais que l'effet de celles-ci ne se fait pas sentir instantanément. Et c'est bien ce que doit suggérer Newton:

> Rien de plus n'est requis pour mettre les rayons de lumière dans des accès de facile Réflexion et de facile Transmission, que [de supposer qu'] ils sont des petits corps, qui par leur puissance attractive, ou une quelconque autre force, excitent des vibrations dans les milieux sur lesquels ils tombent; vibrations qui, plus rapides que les rayons, les rattrapent successivement, et les agitent; de sorte qu'elles accroissent et diminuent tout à tour leurs vitesses et les mettent par là-même dans ces accès»[217]

En d'autres termes, la simple hypothèse d'une force à distance, qui s'exercerait entre les rayons lumineux et les autres corps, ne suffit pas à expliquer tous les phénomènes optiques.

---

217 *Opticks,* Query 29, p. 240.

A l'inverse de la précédente, cette nouvelle difficulté relève de la philosophie expérimentale. Aucun choix méthodologique ne permet cette fois de l'éviter. La grandeur de Newton sera de le reconnaître et d'en tirer la conséquence: l'expérience le prouve, le *monde* ne saurait être celui qu'il a bâti. Le monde n'est pas – ou pas seulement – un ensemble de corps doués de dureté, d'impénétrabilité, d'étendue, de mobilité et d'inertie, qui se meuvent dans un espace vide et interagissent instantanément les uns avec les autres. S'il l'était, la lumière renvoyée par deux lentilles différentes ne formeraient pas d'anneaux multicolores et les corps minces éclairés par la lumière solaire ne nous paraîtraient pas uniformément blancs. Etendu aux interactions entre les corps et la lumière, le *Système du monde* n'est donc – au mieux – qu'une approximation du système du monde.

4.2 L'éther et le nouveau *monde*

Incapable de se contenter d'une telle approximation, Newton décide alors de revoir la description qu'il avait proposée. Mais, comme d'une part il ne peut ni remettre en question la nature corpusculaire de la lumière ni douter de l'existence des effets qu'il avait attribués aux actions instantanées exercées par les corps, et qu'il a d'autre part constaté que doter les rayons lumineux d'une propriété supplémentaire ne permet d'expliquer tous les phénomènes optiques qu'à la condition d'admettre que les rayons n'acquièrent cette propriété qu'au moment d'atteindre la deuxième surface du corps qu'ils traversent, il choisit de rompre sciemment avec le principe qui voulait que l'on «raisonne à partir des phénomènes sans feindre d'hypothèses» en osant postuler l'existence d'une substance supplémentaire: le monde ne serait pas seulement constitué de corps durs, impénétrables, étendus et massifs, et de l'espace dans lequel ils se meuvent, il serait en outre formé d'un «milieu extrêmement plus rare et plus subtil que l'air, et extrêmement plus élastique et plus actif»[218], répandu à travers l'espace et de densité variable.

218 *Opticks,* Query 18, p. 223.

Le premier mérite d'une telle hypothèse serait, selon Newton, de nous dispenser de postuler l'existence d'actions à distance pour expliquer les mouvements célestes :

> Ce milieu n'est-il pas beaucoup plus rare à l'intérieur de ces corps denses que sont le Soleil, les étoiles, les planètes et les comètes, que dans les espaces célestes vides qui les séparent ? Et en s'éloignant à grandes distances de ces corps, ne devient-il pas continuellement plus dense; et de cette manière ne produit-il pas la Gravité réciproque de ces grands corps, et celle de leurs parties vers ces corps; chaque corps s'efforçant d'aller des parties les plus denses de ce milieu vers les plus rares ? Car si ce milieu est plus rare dans le corps du soleil qu'à sa surface, et plus rare à cet endroit qu'à un centième de pouce de son corps, et plus rare en cet endroit qu'à un cinquième de pouce de son corps, et plus rare en ce dernier endroit que dans l'orbe de *Saturne*; je ne vois aucune raison pour laquelle l'accroissement de densité s'arrêterait quelque part, et ne continuerait pas plutôt à toutes les distances depuis le Soleil jusqu'à *Saturne*, et au-delà. Et quoique cet accroissement de densité puisse être extrêmement lent à grandes distances, si la force Elastique de ce milieu est extrêmement grande, elle peut suffire à pousser les corps des parties denses de ce milieu vers les plus rares, avec cette puissance que nous appelons Gravité[219].

La nature de la force de gravitation se trouverait ainsi précisée : la gravité serait une pression, c'est-à-dire une force physique qu'exerce localement l'éther sur les différents corps, et l'illusion d'actions à distance exercées par les corps célestes naîtrait simplement de l'invisibilité de ce milieu particulier. Et de la même façon, s'expliquerait l'autre action à distance qu'il avait postulée pour rendre compte des phénomènes optiques :

> La réfraction de la lumière ne provient-elle pas de la densité différente de ce milieu en différents endroits, la lumière s'éloignant toujours des parties denses du milieu ? Et sa densité n'est-elle pas plus grande dans les espaces libres et ouverts, vides d'air et d'autres corps plus gros, que dans les pores de l'eau, du verre, du cristal, des pierres précieuses, et des autres corps compacts ? Car lorsque la lumière passe à travers un verre ou un cristal, et, tombant très obliquement sur sa dernière surface, est totalement réfléchie; la réflexion totale doit plutôt provenir de la Densité et de la Vigueur du milieu [qui se trouve] au-delà du verre, que de sa Rareté et de sa Faiblesse[220] [...]
>
> Ce milieu éthéré, en passant de l'eau, du verre, du cristal, et d'autres corps compacts et denses, dans des espaces vides, ne devie-t-il pas les rayons de lumière, non en un point, mais en les pliant graduellement selon des lignes courbes ? Et la condensation graduelle de ce milieu ne s'étend-elle pas à quelque distance des corps; et ne produit-elle pas de cette manière à quelque distance des corps les inflexions des rayons de lumière, qui passent près des extrémités des corps denses ?[221]

---

219 *Opticks,* Query 21, p. 224.
220 *Opticks,* Query 19, pp. 223-224.
221 *Opticks,* Query 20, p. 224.

L'action d'un éther à densité variable pourrait donc produire les phénomènes de réfraction, de réflexion, de réflexion totale et d'inflexion de la lumière. Mais surtout, à la différence de l'hypothèse d'une force entre corps et rayons de lumière à laquelle Newton la substitue, cette hypothèse rendrait compte de la variation de luminosité que l'on peut deviner à l'intérieur d'un anneau d'une seule couleur réfléchie par un système de deux lentilles différentes. Comme il s'en était convaincu de nombreuses années plus tôt, la présence d'un éther à l'intérieur de chaque corps était en effet requise par le seul mécanisme susceptible d'expliquer pourquoi les rayons composant une même lumière ne sont en général pas tous transmis ou réfléchis par la couche d'air sur laquelle ils tombent. Selon ce mécanisme, chaque rayon arrivant sur la première surface d'un corps transparent quelconque y produisait une onde se déplaçant plus vite que lui :

> [...] les ondes, excitées par son passage à travers la première surface, rattrapant [la lumière] l'une après l'autre, jusqu'à ce qu'elle arrive à la seconde surface, feront qu'elle y soit réfléchie ou réfractée selon que c'est la partie condensée ou [la partie] dilatée de l'onde qui la rattrape à cet endroit[222] [...]

> [Mais] parfois un rayon peut être rattrapé à la seconde surface par les vibrations provoquées par un rayon collatéral ou [lui] succédant immédiatement, laquelle vibration, étant aussi forte ou plus forte que la sienne, peut faire qu'il soit réfléchi ou transmis quand sa seule vibration propre ferait le contraire. Et donc quelque petite lumière sera réfléchie des anneaux noirs, qui les rendra plutôt noirs que totalement sombres; et quelque [lumière sera] transmise aux anneaux clairs, qui rendra les anneaux noirs, apparaissant de l'autre côté des verres, pas aussi noirs qu'ils le seraient autrement[223].

Parvenu à suggérer une explication des phénomènes gravitationnels et des principaux phénomènes optiques en postulant l'existence d'un éther, Newton peut désormais reconsidérer ce mécanisme auquel il avait précédemment dû préférer l'hypothèse insatisfaisante des accès de facile réflexion et de facile transmission dans lesquels se seraient trouvés les rayons dès leur émission. Et il se sent d'autant plus autorisé à le faire que l'action de l'éther serait identique dans tous les cas : de même que les planètes seraient poussées des régions à haute densité d'éther vers celles à plus faible densité, les rayons de lumière, lors de leurs impacts sur la première surface du corps qu'ils traversent, produiraient des variations momentanées de la densité

222 *An Hypothesis Explaining the Properties of Light* in *Papers and Letters on Natural Philosophy* pp. 193-194.
223 *An Hypothesis Explaining the Properties of Light* in *op.cit.* pp. 194-195.

d'éther qui se propageraient jusqu'à la seconde surface où cette densité serait alternativement élevée ou faible et où les rayons seraient en conséquence poussés vers l'extérieur ou l'intérieur du corps:

> [...] lorsqu'un rayon de lumière tombe sur la surface d'un corps translucide quelconque, et y est réfracté ou réfléchi: des ondes de vibrations, ou de tremblements, ne peuvent-elles pas de ce fait être excitées dans le milieu réfractant ou réfléchissant au point d'incidence; et continuer à y apparaître, et à être propagées à partir de là, aussi longtemps qu'elles continuent à apparaître et à être propagées, lorsqu'elles sont excitées au fond de l'œil par la pression ou le mouvement du doigt [...] Et ces vibrations ne sont-elles pas propagées du point d'incidence à de grande distances? Et ne rattrapent-elles pas les rayons de lumière, et en les rattrapant successivement, ne les mettent-elles pas dans les accès de facile Réflexion et de facile Transmission décrits ci-dessus? Car si les rayons de lumière font effort pour s'éloigner de la partie la plus dense de la vibration, ils peuvent être alternativement accélérés ou retardés par les vibrations qui les rattrapent[224].

Outre une explication commune des mouvements célestes, de la réfraction, de la réflexion et de l'inflexion de la lumière, l'hypothèse d'un éther inhomogène répandu dans l'espace et pénétrant tous les corps offrirait donc une solution purement mécanique de l'énigme qui rendait inacceptable une explication des phénomènes optiques en termes de forces à distance: il serait inutile d'attribuer de nouvelles propriétés aux rayons de lumière; des rayons de lumière qui auraient les mêmes propriétés essentielles pourraient néanmoins avoir des comportements différents lorsqu'ils tombent sur un même corps transparent parce que leurs mouvements dépendraient non seulement de ces propriétés et de celles du corps mais aussi, par l'intermédiaire de l'éther, des rayons qui tombent sur ce même corps à d'autres endroits ou à d'autres instants.

De plus, il n'est pas difficile de voir comment la présence d'un éther pourrait produire cet autre phénomène optique qu'est la dispersion chromatique, les phénomènes chimiques, électriques et magnétiques pour l'explication desquels de nouvelles forces attractives et répulsives avaient été postulées, et des phénomènes aussi différents que la chaleur, les actes de perception et les mouvements musculaires, qui étaient restés inexpliqués:

> Et ce milieu n'est-il pas le même que le milieu grâce auquel la lumière est réfractée ou réfléchie, et par les vibrations duquel la lumière communique de la chaleur aux corps, et se trouve mise dans des accès de facile Réflexion et de facile Transmission? Et les vibrations de ce milieu, dans les corps chauds, ne contribuent-elles pas à l'intensité et à l'entretien de leur chaleur? Et les corps chauds ne communiquent-ils pas leur chaleur aux

224 *Opticks,* Query 17, pp. 222-223.

> [corps] froids [qui leur sont] contigus, par les vibrations de ce milieu propagées à partir d'eux vers ceux qui sont froids ?[225] [...]
>
> La Vision n'est-elle pas principalement produite par les vibrations de ce milieu, excitées au fond de l'œil par les rayons de lumière, et propagées jusqu'au lieu de la sensation par l'intermédiaire des fibrilles solides, diaphanes et homogènes des nerfs optiques ? Et l'Audition n'est-elle pas produite par les vibrations de l'un ou l'autre milieu, excitées dans les nerfs Auditifs par les tremblements de l'air, et propagées jusqu'au lieu de la sensation par l'intermédiaire des fibrilles solides, diaphanes et homogènes de ces nerfs ? Et de même pour les autres sens[226] [...]
>
> Le mouvement Animal n'est-il pas produit pas les vibrations de ce milieu, excitées dans le cerveau par la puissance de la volonté, et propagées de là à travers les fibrilles nerveuses solides, diaphanes et homogènes, jusqu'aux muscles, pour les contracter et les dilater[227].

Mais, pour que la présence d'un tel milieu puisse être responsable de l'étrange comportement des rayons de lumière qui avait forcé Newton à les mettre dans des accès de facile transmission et de facile réflexion, il faut que ce milieu soit doué d'une résistance tellement faible qu'aucun des mouvements planétaires n'en serait altéré. Contrairement à ce qu'il a longtemps pensé, ceci ne fait toutefois aucune difficulté. En effet,

> Les sons parcourent environ 1140 pieds *Anglais* en une seconde; et en sept ou huit minutes, ils parcourent une centaine de miles *Anglais*. La lumière nous arrive du soleil en sept ou huit minutes environ; c'est-à-dire qu'elle parcourt alors une distance d'environ 70.000.000 miles *Anglais*, si l'on suppose que la parallaxe horizontale du Soleil est d'environ 12″. Et les vibrations ou pulsations de ce milieu, pour qu'elles puissent causer les accès alternés de facile Transmission et de facile Réflexion, doivent être plus rapides que la lumière; et en conséquence plus de 700.000 fois plus rapides que les sons. Et donc la force Elastique de ce milieu, en proportion de sa densité, doit être plus de 700.000 x 700.000 (c'est-à-dire, plus de 490.000.000.000) fois plus grande que la force Elastique de l'air ne l'est en proportion de sa densité. Car les vitesses de pulsations des milieux élastiques sont en *raison* sous-doublées des élasticités et des raretés des milieux pris ensemble[228] [...]
>
> Si cet *éther* (car c'est ainsi que je l'appellerai) était posé 700.000 fois plus Elastique que notre air, et plus de 700.000 fois plus rare; sa résistance serait plus de 600.000.000 fois

---

225 *Opticks,* Query 18, p. 223.

226 *Opticks,* Query 23, p. 226.

227 *Opticks,* Query 24, p. 226.

228 *Opticks,* Query 21, pp. 224-225. Newton avait établi cette relation dans les *Principia* en résolvant le Problème XI de la huitième section du Livre II. (cf. pp. 407-409 du tome I de la traduction de Mme du Chastellet). Nous résumons son raisonnement dans le Complément 16 (p. 252).

> moindre que celle de l'eau. Et une si petite résistance produirait à peine quelque altération sensible au mouvement des planètes en dix mille années[229].

Newton estime donc désormais pouvoir affirmer que tous les phénomènes naturels qu'il a observés seraient susceptibles de se produire dans un monde qui contiendrait un tel éther. Mais cette conclusion est évidemment insuffisante pour prétendre que notre monde se confond avec celui-là; ce qui pousse Newton à le suggérer c'est une nouvelle expérience effectuée sous sa direction par J.T. Desaguliers[230]:

> Si deux petits thermomètres sont suspendus dans deux récipients de verre longs et larges de telle sorte qu'ils ne le touchent pas, et si l'air est retiré de l'un de ces récipients, et si ces récipients, ainsi préparés, sont transportés d'un endroit froid à un endroit chaud; le thermomètre [placé] *dans le Vide* deviendra aussi chaud, et presqu'aussi vite que le thermomètre qui n'est pas *dans le Vide*: et lorsque le récipient est ramené à l'endroit froid, le thermomètre *dans le Vide* deviendra froid, presqu'aussi vite que l'autre thermomètre. La chaleur de la pièce chaude n'est-elle pas transportée à *travers le Vide par les vibrations d'un milieu beaucoup plus subtil que l'air qui, après* que l'air ait été enlevé, reste dans le *Vide*? Et ce milieu n'est-il pas le même que le milieu grâce auquel la lumière est réfractée ou réfléchie, et par les vibrations duquel la lumière communique de la chaleur aux corps, et se trouve mise dans des accès de facile Transmission et de facile Réflexion?[231]

S'estimant contraint par l'expérience, Newton propose donc de substituer à l'hypothèse d'un monde constitué d'un espace vide, d'atomes, de mouvement et de forces à distance, celle d'un monde fait d'atomes qui se déplacent à travers l'espace sous l'action d'un milieu inhomogène omniprésent. Mais afin de présenter – en plus d'un meilleur accord avec les faits – un quelconque avantage philosophique sur l'hypothèse des forces à distance, la nouvelle hypothèse ne peut être celle de l'existence d'une substance spirituelle. Or, si l'éther est un corps, il est étendu et possède donc une structure, et cette structure doit être à même de lui conférer ces propriétés indispensables que sont une densité variable, une grande élasticité et une résistance très faible. Et dès lors que l'on se refuse à doter ce corps de

---

229 *Opticks,* Query 22, pp. 225-226. Notons la prudence dont témoigne la manière d'introduire le terme *éther.* Newton laisse entendre que c'est par commodité qu'il nomme ainsi le milieu dont il postule l'existence, et donc qu'il ne saurait être question de l'identifier à l'un de ces milieux qu'avaient ainsi désignés nombre de philosophes avant lui. (cf. CANTOR and HODGE 1981 pour une histoire de ce concept). Quant au raisonnement proprement dit, nous le schématisons dans le Complément 17 (p. 252)

230 A l'automne 1717 devant la Royal Society. Cf. CANTOR and HODGE 1981, p. 23.

231 *Opticks,* Query 18, p. 223.

propriétés par trop différentes de celles que l'on reconnaît aux autres, il ne reste guère, selon Newton, qu'une seule solution:

> De même que l'attraction est plus forte dans les petits aimants que dans les grands, en proportion de leur volume; et [de même] que la gravité est plus grande aux surfaces des petites planètes qu'à celles des plus grandes, en proportion de leur volume; et [de même] que les petits corps sont beaucoup plus agités par l'Attraction Electrique que les plus grands; la petitesse des rayons de lumière peut beaucoup plus contribuer à la puissance de l'agent, par lequel ils sont réfractés. Et si l'on supposait que *l'éther*, comme notre air, peut contenir des particules qui tendent à s'écarter les unes des autres (car je ne sais ce qu'est cet *éther*) et que ses particules sont extrêmement plus petites que celles de l'air, ou même que celles de la lumière: l'extrême petitesse de ses particules pourrait contribuer à la grandeur de la force, par laquelle ces particules pourraient s'écarter les unes des autres; et de ce fait rendre ce milieu extrêmement plus rare et plus Elastique que l'air, et par conséquent extrêmement moins susceptible de résister aux mouvements des projectiles et extrêmement plus susceptible de presser les corps volumineux, en faisant effort pour s'étendre[232].

Autrement dit, l'éther ne peut exister qu'à la condition qu'existe au moins une force à distance: pour offrir à la fois une très grande élasticité et une très faible résistance, un milieu ne paraît pouvoir être composé que de très petits corps interagissant très intensément par-delà les vides qui les séparent. Il semble par conséquent illusoire d'espérer faire l'économie de toute force à distance si l'on veut donner du monde une image accordée à l'observation.

Du propre aveu de Newton, la deuxième description du monde qu'il propose se révèle donc insatisfaisante: elle ne permet pas d'expliquer tous les phénomènes naturels au moyen des seules propriétés essentielles des corps et de leur arrangement spatial. De plus, elle est vague et rien ne permet d'en vérifier l'exactitude: la nature de l'interaction entre les corps et les particules d'éther n'est pas précisée et la mathématisation, qui faisait la beauté du monde des *Principia* en offrant la possibilité d'en reconnaître l'exactitude, est totalement absente. Mais cette description est la seule qui paraisse susceptible de fournir la solution de l'énigme à laquelle il est confronté depuis cinquante ans. Et cela suffit pour que Newton se doive de la défendre: cette description est l'image du monde la plus complète qu'il ait jamais réussi à tracer[233].

---

232 *Opticks,* Query 21, p. 225. Ceci dit bien à quel point cet *éther* est différent des *milieux éthérés* postulés par les philosophes qui ont précédé Newton (cf. CANTOR and HODGE 1981 et WHITTAKER 1951 ch. 1). Cf. le Complément 18 (p. 252).

233 Bien entendu, nous ne voulons pas prétendre que cette raison était la seule (cf. note 232 (p. 90)); nous pensons simplement qu'elle seule suffisait à contraindre Newton.

5 Les deux *mondes* de Newton

Entre l'année de parution du *Monde* de Descartes et celle de la deuxième édition de l'*Opticks*, de 1664 à 1717, Newton acheva donc la destruction d'un cosmos et bâtit deux *mondes*.

Initié à la méthode expérimentale et aux mathématiques, il mena tout d'abord à son terme l'entreprise de la Renaissance. En empruntant à Descartes le principe grâce auquel celui-ci quantifiait le mouvement, et à Gassendi les conceptions de l'espace et de la matière qui rendaient le mouvement mesurable tout en en garantissant la relativité, il réduisit ce qui restait du cosmos aristotélicien à un ensemble d'atomes indépendants, qui se déplaçaient à vitesse constante à travers un espace vide et ne se déroutaient qu'à l'occasion de chocs instantanés. La Nature avait alors cessé d'être une: les corps se trouvaient privés de nature et il n'y avait plus de lieux; seuls subsistaient des atomes, aux propriétés inconnues et localisés en des points indifférenciés d'un espace absolu, émanation de Dieu et seul élément capable de maintenir un semblant de cohésion à ce qui n'était même plus un monde.

Après avoir tenté de découvrir la nature de la lumière et n'être parvenu qu'à en élaborer une théorie manifestement incomplète, Newton résolut ensuite de mettre au jour la nature des corps et reconnut rapidement qu'en dotant ces corps de dureté, d'impénétrabilité, d'étendue, de mobilité et d'inertie, il était possible de refaire un tout d'un ensemble de tels corps, c'est-à-dire d'en assurer la cohésion, et de concilier celle-ci avec l'existence des mouvements que révèle l'observation du ciel, pourvu que l'on postule l'existence des forces agissant à distance. Espérant qu'une telle hypothèse rendrait également compte de tous les autres phénomènes – chimiques, alchimiques et optiques – qu'il avait observés, Newton proposa donc un monde fait d'atomes de même nature se déplaçant à travers un espace vide et s'influençant instantanément à distance selon des lois éternelles et immuables.

Ce *monde,* constitué d'un espace et d'un temps absolus, de vide, de corpuscules localisés à chaque instant et essentiellement durs, impénétrables, mobiles, étendus et massifs, et de forces grâce auxquelles chacun de ces corpuscules agit instantanément sur tous les autres, est celui des *Principia*, de la première édition de l'*Opticks* et de l'*Optice.* Et c'est encore à ce *monde* que l'on songe aujourd'hui lorsqu'on évoque le nom du fondateur de la physique moderne.

Il est pourtant très difficile de croire que Newton y mit réellement quelque espoir et qu'il n'aperçut pas immédiatement que ce *monde* ne pouvait être qu'une approximation. Il eut tôt fait en tout cas d'essayer de lui en substituer un second; et ce, parce qu'une raison impérieuse l'y contraignait. Que ce *monde* contienne des forces à distance était certes inacceptable, mais ne constituait pas une raison suffisante pour le rejeter: il aurait toujours été possible de tenter ultérieurement d'expliquer comment un objet localisé en un point de l'espace absolu pouvait sembler agir où il n'est pas et, pour l'heure, Newton pouvait se contenter de souligner l'exactitude de la description qu'il proposait et prétendre préférer ne pas forger d'hypothèse. Ce qui était inadmissible en revanche, c'était précisément que ce *monde* était inexact, c'est-à-dire que si le monde avait été tel que Newton le décrivait, les corpuscules de lumière n'auraient pas eu l'étrange comportement que lui avaient montré ses premières expériences. Dans un monde de forces à distance et d'atomes, les rayons de lumière, dotés de tailles caractéristiques de leurs couleurs, pourraient être réfractés, réfléchis et infléchis, comme Newton avait constaté qu'ils l'étaient, mais tous les rayons d'une seule et même lumière homogène seraient soit transmis soit réfléchis lorsqu'ils tombent sur une lame de verre, ce que Newton savait pertinemment ne pas être observé dans la plupart des cas. Dans le *monde* qu'il avait proposé, le phénomène qui «l'intriguait tellement» ne se produisait pas. Il devait donc le rejeter, et pour résoudre l'énigme sur laquelle il avait toujours buté, construire un nouveau *monde*. Ce qu'il fit en substituant un éther aux forces à distance, parce que les propriétés d'un tel corps semblaient pouvoir être rendues responsables des effets qu'il avait précédemment attribués à celles-là et que seule l'existence d'un tel milieu pouvait expliquer le phénomène de réflexion partielle de la lumière.

Ce *monde,* constitué d'un espace et d'un temps absolus, de vide, de corpuscules localisés à chaque instant et essentiellement durs, impénétrables, mobiles, étendus et massifs, et d'un éther, composé de particules de même nature, extrêmement petites et se repoussant très fortement à courte distance, qui pénètre d'autant plus les corps qu'ils sont moins denses, qui les fait se mouvoir de régions à haute densité vers d'autres à plus faible densité et qui est le siège de vibrations longitudinales se propageant à une vitesse supérieure à celle de la lumière, est le *monde* que l'on entrevoit à la fin de la deuxième édition des *Principia* et qui apparaît en pleine lumière dans la seconde édition de l'*Opticks*, c'est-à-dire le *monde* que Newton voulait laisser.

6 L'oubli du second *monde* newtonien

Dire que Newton ne parvint pas à imposer ce nouveau *monde* serait un euphémisme. L'année qui suivit celle de sa mort, Voltaire écrivait ainsi

> Un français qui arrive à Londres trouve les choses bien changées en philosophie comme dans tout le reste. Il a laissé le monde plein; il le trouve vide; à Paris, on voit l'univers composé de tourbillons de matière subtile; à Londres, on ne voit rien de tout cela; chez nous, c'est la pression de la lune qui cause le flux de la mer; chez les Anglais, c'est la mer qui gravite vers la lune; de façon que, quand vous croyez que la lune devrait vous donner marée haute, ces Messieurs croient qu'on doit avoir marée basse; [...]
>
> Vous remarquerez encore que le soleil, qui en France n'entre pour rien dans cette affaire, y contribue ici environ pour son quart. Chez nos cartésiens, tout se fait par une impulsion qu'on ne comprend guère; chez M. Newton, c'est par une attraction dont on ne connaît pas mieux la cause. A Paris, vous vous figurez la terre faite comme un melon; à Londres, elles est aplatie des deux côtés. La lumière, pour un cartésien, existe dans l'air; pour un newtonien, elle vient du soleil en six minutes et demie. Votre chimie fait toutes ses opération avec des acides, des alcalis et de la matière subtile; l'attraction domine jusque dans la chimie anglaise. L'essence même des choses a totalement changé; vous ne vous accordez ni sur la définition de l'âme, ni sur celle de la matière. Descartes assure que l'âme est la même chose que la pensée, et Locke lui prouve assez bien le contraire. Descartes assure encore que l'étendue seule fait la matière; Newton y ajoute la solidité. Voilà de furieuses contrariétés»[234].

Dix ans seulement après que Newton eût décrit ce *monde,* quelqu'un d'aussi averti que Voltaire[235] ne jugeait donc même plus nécessaire de le mentionner et se satisfaisait d'opposer le *Monde* de Descartes à celui des *Principia*, dont Newton lui-même avait pourtant reconnu que l'expérience exigeait de l'abandonner.

234 *Lettres philosophiques,* Lettre XIV, pp. 96-97.

235 Voltaire était un intime de la marquise du Chastellet dont il préfaça la traduction des *Principia* parue en 1756, et à qui il dédicaça ses *Eléments de la philosophie de Newton*, composés chez elle à Cirey où il s'était réfugié en 1734 (cf. BADINTER 1983). On estime généralement qu'il était de ce fait l'un des rares familiers de la physique newtonienne au début du 18e siècle.

Troisième partie

Trois *mondes* de métaphysiciens

1 Transition

S'il est intéressant de noter qu'au début du XVIIIe siècle, Voltaire, évoquant la physique de Newton à l'intention de lecteurs français, se contentait déjà de ne mentionner que le premier des deux *mondes* que celui-ci avait bâtis, il ne l'est pas moins de relever que, dans cette même lettre, il se satisfaisait également d'opposer à ce *monde* newtonien ce qu'il présentait comme la conception du monde des cartésiens, laissant ainsi entendre que, sur le continent, tous ceux qui s'occupaient de physique partageaient une seule et même vision du monde. On peut en effet comprendre qu'à l'occasion d'une correspondance principalement destinée à souligner les différences entre les pensées anglaise et continentale, il n'ait pas jugé bon d'indiquer en quoi les conceptions du monde des Rohault, de Cordemoy, de La Forge, Régis, Pardies, François Lamy, Nicolas Poisson, Bernard Lamy, et autre Desgabets, voire même celle d'Edme Mariotte et Christiaan Huygens, ou encore celles désormais enseignées par les jésuites dans les collèges, se différenciaient les unes des autres et dans quelle mesure elles demeuraient fidèles au *monde* des *Principes*, mais on comprend moins bien en revanche, qu'il n'ait pas estimé nécessaire d'au moins faire allusion aux images du monde qu'avaient offertes Spinoza, Malebranche et Leibniz. Ces philosophes avaient-ils développé des physiques originales mais trop confidentielles pour être signalées ? Ou avaient-ils été, eux aussi, des physiciens cartésiens ? Et dans ce cas, leurs conceptions du monde étaient-elles trop semblables à celles de Descartes pour être évoquées, ou trop spéculatives pour mériter d'être confrontées à celle de Newton ? Bref, peut-on croire, comme semblait le suggérer Voltaire[236], que, voici trois siècles, il n'y avait d'autre alternative au *monde* des *Principia* que le *monde* des *Principes* ?

On pourrait en douter, et l'on aurait raison, même si – comme le montrent les pages qui suivent – ces *mondes* n'étaient pas tous aussi lisibles que ceux de Descartes et Newton.

---

236 L'hypothèse selon laquelle Voltaire aurait alors ignoré jusqu'à l'existence des philosophies de Malebranche, Spinoza et Leibniz, est évidemment intenable.

2 La nature spinoziste

2.1 Introduction

On y insiste rarement, mais le fait ne peut avoir échappé à ses proches, doit avoir été pressenti par les lecteurs attentifs des *Principes de la philosophie de Descartes*, et soigneusement noté par ses correspondants qui l'interrogeaient à ce propos: en matière de philosophie naturelle, Spinoza n'était pas plus cartésien qu'il ne l'était en métaphysique, en épistémologie ou en morale, et il dut, pour parvenir à rédiger *l'Ethique*, progressivement substituer une nouvelle image du monde à celle qu'avait proposée le philosophe français.

L'étude de l'évolution de la pensée spinoziste montre en effet clairement qu'avant d'être ce livre aux allures de traité de géométrie, dont les philosophes se plaisent à souligner la difficulté, l'*Ethique* est l'œuvre d'un homme qui souhaitait partager une expérience singulière; que cette expérience consista à réussir à véritablement comprendre trois convictions qui avaient toujours été siennes, c'est-à-dire à les fonder mutuellement; qu'il n'accéda à cette «science intuitive» qu'au moment où il s'efforçait d'y inviter, c'est-à-dire tandis qu'il rédigeait son texte; et enfin, qu'il ne dut d'atteindre à ce stade ultime de la connaissance, et d'être corrélativement en mesure de convaincre de son existence qu'à la triple condition de renoncer au *monde* cartésien, de découvrir la solution d'un problème de physique qu'induisait cet abandon, et de construire un *monde* original[237].

237 Nous reconstituons le travail spinoziste en suivant la chronologie présentée dans le Tableau 2 et défendue dans le Complément 19 (p. 253).

Tableau 2: Chronologie de la réflexion spinoziste

	Chronologie de la composition des œuvres	**Correspondance (Lettre n°)**	**Evénements**
1656			Excommunication
1657	*Apologie*◇*		Contacts avec des chrétiens libéraux, des juifs hétérodoxes et des quakers.
1658	*Pensées métaphysiques* *Traité de la réforme de l'entendement*		Apprentissage du latin et lecture de Bacon, Descartes et Hobbes
1659	*Petit traité théologico-politique*◇		
1660	*Court Traité*		
1661	*Principes de la philosophie de Descartes* (2e partie) Appendice au *Court Traité*	Première lettre de Oldenburg	Rencontre avec Oldenburg
1662	*Ethique* (1re partie) *Principes de la philosophie de Descartes* (1re partie)		Publication des *Principes* et des *Pensées*
1663	Annotations au *Court Traité*		
avril		Meyer (XII)	Installation à Voorburg Rencontre avec Huygens
été	} *Ethique* (2e et 3e parties, moitié de la 4e) [été 1663 – 1665]		
1664			
1665		Oldenburg (XXVI)	
	Traité sur l'Ecriture◇	Oldenburg (XXVII)	

Tableau 2: Chronologie de la réflexion spinoziste

	Chronologie de la composition des œuvres	**Correspondance (Lettre n°)**	**Evénements**
1666		Bouwmeester (XXVIII)	
	Traité sur l'Arc-en-ciel◇	Oldenburg (XXXII)	
	Traité sur les probabilités◇	Hudde (XXXVI)	
1667			
1670	Reprise de la rédaction de l'*Ethique* *Traité théologico-politique*		Publication de l'*Horologium oscillatorium* de Huygens (1673)
1675	Achèvement de l'*Ethique*		
	Traité politique◇	Schuller (LXIV)	
1676			Rencontre avec Leibniz
		Dernière lettre de Oldenburg	
1677			Publication posthume de l'*Ethique*

* Les œuvres dont les titres sont accompagnés du signe (◇) sont celles qui ne nous sont pas parvenues ou qui ont été incluses à d'autres comme le *Petit traité théologico-politique* et le *Traité sur l'Ecriture* semblent l'avoir été au *Traité théologico-politique*.

2.2 Le salut comme but de la philosophie

Spinoza connaît la physique, et cela se sait. L'attestent à suffisance sa longue correspondance avec Henri Oldenburg, premier secrétaire de la Royal Society, ses échanges épistolaires avec Hudde, Leibniz et Tschirnhaus, les *Principes de la philosophie de Descartes* qu'il accepte de publier en 1663, et le fait qu'il parviendra à gagner sa vie durant plusieurs années en polissant des lentilles, ce qui aurait été totalement impossible sans une connaissance approfondie de l'optique géométrique et de ses développements les plus récents. Mais s'il connaît la physique, Spinoza ne souhaite pas faire œuvre de physicien. Sa préoccupation est d'un autre ordre: elle est celle d'un moraliste. Autrement dit: celle d'un philosophe. Car pour lui, qui se voit exclu de la synagogue d'Amsterdam en 1656, la philosophie a une valeur pratique et une portée sotériologique. C'est une conviction originaire: la philosophie a pour but ultime le salut des hommes; la pratique de la philosophie peut nous mener au salut. Aussi son ambition diffère-t-elle radicalement de celle de Newton et apparaît-elle initialement bien plus modeste que celle de Descartes: il ne s'agit pas de découvrir la nature des corps et celle de la lumière, et moins encore de composer – entre autres choses – un traité qui serait un *Monde*; il s'agit seulement de rédiger une *Ethique*, c'est-à-dire un ouvrage qui enseigne comment accéder au salut, qui indique – comme il l'écrira plus tard – «la voie qui conduit à la Liberté»[238].

2.3 La puissance illimitée de l'esprit

Une fois mis au ban de sa communauté d'origine, c'est tout naturellement vers le cartésianisme que se tourne Spinoza. Il ne peut qu'être séduit, en effet, par cette philosophie, étrangère aux pensées traditionnelles juives et

---

238 *Ethique*, V, préface, p. 291; G.II. p. 277. (Pour ce qui concerne l'*Ethique*, nous renvoyons systématiquement à la traduction de R. Misrahi, parue aux Presses Universitaires de France en 1990, mais nous indiquons également, en les faisant précéder de l'initiale G., les pages de l'édition de référence des œuvres de Spinoza due à Gebhardt). Parmi les textes qui nous ont aidé à retracer cet itinéraire, nous devrions citer – outre ceux auxquels nous renverrons explicitement – DELBOS 1922, FRIEDMANN 1945, JARRETT 1977, MISRAHI 1990, POLLOCK 1880, RIVAUD 1933, SIWEK 1930.

chrétiennes qui lui ont été enseignées, mais dont il admire surtout qu'elle soit un rationalisme. Descartes entend s'élever jusqu'à la vérité par la seule force de la raison et cette prétention lui plaît énormément parce qu'elle semble trahir une deuxième conviction qui l'anime: celle de la puissance de l'esprit. Selon lui, concevoir l'esprit comme limité est une contradiction, et donc une erreur; aucune vérité ne peut en principe lui échapper, et c'est bien ce que paraît affirmer Descartes lorsqu'il s'emploie à élaborer sa méthode des idées claires et distinctes.

Mais Spinoza ne devient pas pour autant cartésien, et ne le deviendra jamais, loin s'en faut. Ses désaccords avec Descartes seront toujours plus nombreux, et il «maniera plutôt le cartésianisme comme un crible, [...] de telle façon qu'il en sorte une nouvelle et prodigieuse scolastique qui n'a plus rien à voir avec l'ancienne, et pas davantage avec le cartésianisme»[239].

Le premier reproche qu'il adresse à Descartes concerne sa théorie de la connaissance. Il lui est précisément dicté par cette conviction que semble partager l'auteur des *Principes de la philosophie*, et le conduit immédiatement au pied de son *Ethique* future. Il juge en effet Descartes coupable d'un excès de prudence, d'une crainte démesurée de l'erreur. Ainsi, après avoir reconnu en la proposition «je pense, donc je suis» – qui lui paraît pourtant indubitable – ces marques de la vérité que sont la clarté et la distinction, celui-ci estime-t-il encore nécessaire de s'assurer, par une démonstration de l'existence de Dieu, qu'il ne se trompera jamais en considérant comme vrai «tout ce qui, comme elle, est clair et distinct»; et ceci parce que, d'après lui, ce n'est que si Dieu existe que nous pouvons être certains de n'être pas trompés en retenant comme critère de vérité celui que nous sommes rationnellement portés à prendre pour tel[240]. Or il s'agit là, pour Spinoza, d'une précaution tout à fait injustifiable. Nulle raison ne s'oppose en effet à ce qu'il en aille exactement de Dieu comme du Triangle par exemple[241]: celui qui en aura l'idée claire et distincte sera contraint d'affirmer qu'il est souverainement véridique, comme celui qui possède l'idée claire et distincte du Triangle est obligé de conclure que ses trois angles sont égaux à deux droits. Il faut donc reconnaître que

239 Deleuze 1981, p. 16. La lecture cartésienne que fait F. Alquié de la philosophie spinoziste, in Alquié 1981 par exemple, permet de prendre la mesure de la distance qui sépare ces deux philosophies.

240 Cf. page 11.

241 Cf. *Traité de la réforme de l'entendement*, § 43, O.1. p. 208; G.II. p. 30.

> nous ne pouvons être certains d'aucune chose, non du tout aussi longtemps que nous ignorons l'existence de Dieu [...], mais aussi longtemps que nous n'avons pas de lui une idée claire et distincte[242].

Et par conséquent, il convient d'admettre que la possibilité même du doute s'évanouira dès que l'on aura montré que nous pouvons avoir une idée claire et distincte de Dieu sans même savoir

> si l'auteur de notre nature ne nous trompe pas[243].

L'exemple du triangle devrait en effet suffire à nous convaincre: il y a plusieurs niveaux de connaissance et le dernier est tel que l'esprit qui l'atteint ne peut plus douter. Ainsi – pour prendre un autre exemple – lorsqu'on choisit trois nombres, il y a plusieurs manières d'en déterminer un quatrième qui soit au troisième comme le second est au premier[244]. «On peut avoir entendu dire qu'il faut pour cela multiplier le second nombre par le troisième et diviser le produit par le premier; cette règle, on ne sait sur quoi elle est fondée, on l'applique aveuglément: c'est la connaissance d'opinion par ouï-dire; ou bien on applique la règle pour l'avoir vérifiée dans certains cas; on en use comme d'un procédé qui a réussi: c'est la connaissance d'opinion par expérience. En second lieu, on peut connaître les principes et les règles de la proportionnalité des nombres, dont l'application à tel cas particulier rend le résultat nécessaire: c'est la connaissance par la vraie foi. Enfin on peut saisir immédiatement par intuition le nombre qui est le quatrième terme de la proportion: c'est la connaissance claire»[245]. Et si, comme le reconnaît Spinoza, il est très rare qu'on y accède[246], cette connaissance

---

242 *Principes de la philosophie de Descartes*, première partie, introduction, O.1. p. 245; G.I. p. 148. (Pour toutes les œuvres de Spinoza, autres que l'*Ethique*, nous renvoyons à l'aide de la lettre O à la traduction qu'en a donnée Charles Appuhn; mais, comme pour l'*Ethique*, nous renvoyons également à l'édition de Gebhardt au moyen de la lettre G.)

243 *Ibidem*.

244 Cf. *Traité de la réforme de l'entendement*, §16. Vu l'importance de cet exemple récurrent pour la compréhension du spinozisme, Alexandre Matheron lui a consacré une étude extrêmement fouillée in MATHERON 1986.

245 DELBOS 1916, p. 94. La classification des genres de connaissance proposée par Spinoza paraît avoir constamment évolué. R. Misrahi présente un résumé de cette évolution à la note 67, relative à la deuxième partie de l'*Ethique*, de sa traduction de l'*Ethique*.

246 En effet, il écrit alors au §15 du *Traité de la réforme de l'entendement*, O.1. p. 187, G.II.: «Très peu nombreuses toutefois sont les choses que j'ai pu jusqu'ici connaître d'une connaissance de cette sorte».

ultime n'en est pas moins indéniable. C'est aussi grâce à elle que nous savons par exemple

> que deux et trois font cinq et que deux lignes parallèles à une troisième sont parallèles entre elles[247],

et rien ne permet de penser que nous ne puissions jamais connaître Dieu de cette façon. Tout au contraire: lorsque nous connaissons de cette manière, tout doute concernant ce que nous connaissons est aboli, une certitude inébranlable s'empare de nous,

> nous savons ce que c'est que de savoir quelque chose[248],

et, puisqu'il est entendu que chacune de ces certitudes ne sera définitivement établie que lorsque nous posséderons une idée claire et distincte de Dieu, cette simple constatation nous est une preuve qu'il doit être possible d'acquérir une telle idée de Dieu tout en ignorant s'il ne nous trompe pas. Car connaître clairement une chose n'est pas différent d'en avoir une idée claire et distincte; pour s'en persuader, il suffit de remarquer que si nous sommes contraints d'affirmer que les trois angles du Triangle sont égaux à deux droits dès que nous le connaissons clairement, c'est précisément parce que nous ne saisissons alors du Triangle que ce sans quoi il ne peut être conçu, que nous le «percevons par sa seule essence»[249], c'est-à-dire que nous en avons l'idée la plus présente et la plus précise que puisse jamais en avoir un esprit attentif, ou – si l'on se souvient de la définition cartésienne[250] – la plus claire et la plus distincte.

Pour Spinoza, Descartes a donc sous-estimé la puissance de l'esprit. Il a omis d'envisager la connaissance claire et s'est de ce fait obstiné à penser qu'il est nécessaire de savoir que l'on dit vrai pour être certain, alors que s'il avait pris cette connaissance en considération, il aurait immanquablement constaté que

> la certitude n'est rien en dehors de l'essence objective elle-même; c'est-à-dire que la manière dont nous sentons l'essence objective est la certitude même[251]

247 *Traité de la réforme de l'entendement*, § 15, O.1. p. 187; G.II. p. 11.
248 *Ibidem.*
249 *Ibidem.*
250 Cf. *Principes de la philosophie*, première partie §45., A.T. IX (2) p. 44.
251 *Traité de la réforme de l'entendement*, §27, O.1. p. 191; G.II. p. 15.

et il en aurait à raison conclu que

> pour avoir la certitude de la vérité, nulle marque n'est nécessaire en dehors de la possession de l'idée vraie[252].

Et ce qu'implique cette correction n'apparaît pas moins nettement: il convient de changer de méthode. Au lieu de commencer par douter radicalement de tout et de ne tenir qu'ensuite pour vrai que ce qui s'avère clair et distinct, comme il le conseillait, il faut tenter de s'élever à cette connaissance de l'essence des choses, dans laquelle la certitude s'empare invinciblement de nous:

> Puis donc que la vérité n'a besoin d'aucune marque et qu'il suffit de posséder les essences objectives ou, ce qui revient au même, les idées des choses pour lever tout doute, il suit de là que la vraie méthode ne consiste pas à chercher la marque à laquelle se reconnaît la vérité après l'acquisition des idées; la vraie méthode est la voie par laquelle la vérité elle-même, ou les essences objectives des choses, ou leurs idées (tous ces termes ont la même signification) sont cherchées dans l'ordre dû[253];

cet ordre étant celui de l'enchaînement de ces idées à partir de l'idée vraie de Dieu, dont la possession éradiquera définitivement le doute. Il faut, en d'autres termes, prioritairement chercher à acquérir l'idée claire et distincte de Dieu.

Arriver au plus vite à l'idée de Dieu. Cette leçon du *Traité de la réforme de l'entendement*, Spinoza l'applique dès 1660 en rédigeant un *Court traité* où il est déjà question «de Dieu, de l'homme et de la santé de son âme»[254], mais qui n'est encore qu'un ébauche de l'*Ethique*. Ce n'est en effet que deux ans plus tard, soit en 1662, qu'il entreprend effectivement l'écriture de celle-ci, au terme d'une fulgurante réflexion qui le conduit à cette idée claire et distincte de Dieu sur laquelle elle doit s'ouvrir.

---

252 *Ibidem.*

253 *Ibidem.*

254 *Court Traité*, O.1. p. 41; G.I. p. 11. C'est à juste titre, nous semble-t-il, que F. Mignini affirme que «le *Court Traité* reste sur le bureau de Spinoza au moins pendant toute la première rédaction géométrique de l'*Ethique* tripartite (jusqu'à l'été 1665)». (MIGNINI 1987 p. 20). Ce texte, qui sera successivement complété par deux appendices et annoté en différents endroits, nous apparaît en effet comme un texte martyre sur lequel Spinoza effectuait le travail préparatoire à la rédaction de l'*Ethique* proprement dite. Cf. notes 267, 268 et 293, ci-après, le Complément 23 (p. 255) et Complément 24 (p. 256).

2.4 L'unité de la Nature

Cette réflexion que mène alors Spinoza est double, les *Principes de la philosophie de Descartes* et les *Pensées métaphysiques* le montrent[255]: elle est à la fois scientifique et métaphysique, et prend appui sur une troisième conviction qui le caractérise: l'impossibilité de nier l'unité de la Nature. Car, pour lui, cette unité est une évidence; une évidence dans laquelle l'ont conforté ses maîtres cabalistes de l'école rabbinique, que n'a cessé de renforcer la lecture de nombreux auteurs juifs du Moyen-Age[256] et que n'a pas altéré l'étude des sciences naissantes[257]. D'après lui, dès que nous parlons de la Nature, nous disons son unité, nous avons de la Nature une intuition telle qu'il nous est impossible de penser qu'elle puisse en être privée; la Nature sans unité est, à proprement parler, inconcevable.

Cette conviction le contraint à refuser l'image du monde qui tend alors à s'imposer en Hollande et qui n'est autre que celle de Descartes. Le monde cartésien ne doit en effet son unité qu'à l'intervention continuelle du créateur: c'est Dieu qui, d'un instant à l'autre, assure la contiguïté de ses parties en redistribuant convenablement la quantité de mouvement et de repos qu'il y a mise en le créant; il fait en sorte que chaque déplacement soit exactement compensé par d'autres, que le mouvement ne fasse apparaître aucun vide[258]. D'après l'auteur des *Principes*, l'unité du monde est donc

---

255 Nous signalons dans le Complément 20 (p. 254) pourquoi il convient d'être prudent lorsqu'on use de ces deux textes pour essayer de déterminer ce que fut cette réflexion.

256 Cf. par exemple LEVY 1987 et YOVEL 1989.

257 On ne sait pas exactement quand Spinoza étudia les sciences, et moins encore où et avec qui. Mais le fait est qu'il les étudia et qu'il était capable de mettre en œuvre la méthode expérimentale. Cf. le début de sa correspondance avec Oldenburg et, tout particulièrement, O.4. Lettre VI, pp. 131-143; G.IV. pp. 15-36.

258 Le scolie qui suit la proposition 15 de la première partie de l'*Ethique* porte la trace de cette réflexion. Cf. *Ethique*, pp. 71-74; G.II. pp. 57-60. A propos de la distance que prend – discrètement – Spinoza vis-à-vis de Descartes sur ce point précis, on peut consulter les articles déjà mentionnés d'A. Lécrivain, et tout particulièrement LÉCRIVAIN 1978 pp. 155-157, qui étudie la présentation spinoziste des premières lois cartésiennes du mouvement dans les propositions XII et XIII de la deuxième partie des *Principes de la philosophie de Descartes*. Relevons simplement ici que, tandis que Descartes parlait le plus souvent de quantité de mouvement, laissant ainsi entendre que l'étendue aurait été inerte sans l'intervention de Dieu, Spinoza parle systématiquement de la conservation de la quantité de mouvement et de repos.

conditionnée: l'intervention divine est nécessaire à sa sauvegarde. Ce qui, selon Spinoza, est totalement impossible, et dès lors inacceptable. Descartes doit donc avoir commis une erreur.

Or, selon Spinoza, l'erreur cartésienne est à nouveau facilement décelable. Hanté par la crainte de l'erreur, Descartes s'y est une nouvelle fois précipité. Se faisant un devoir de douter de tout, il n'a pas osé croire qu'il était possible d'acquérir une idée claire de l'espace et s'est contenté, par excès de prudence, de le dire «indéfiniment» divisible. Or, sur ce point, Henry More avait raison contre lui: l'espace est véritablement divisible à l'infini. Il suffit, pour s'en convaincre, de reconsidérer la situation qu'il avait lui-même envisagée et l'avait conduit à la découverte de la loi de la conservation de la quantité de mouvement (fig. 15). On constate alors que

> [...] la somme des inégalités de distance comprises entre deux cercles AB et CD et celle des variations que la matière en mouvement peut éprouver dans l'espace ainsi délimité, dépasse tout nombre assignable. Cela ne résulte pas de la grandeur excessive de cet espace, car, si petite que soit la partie que nous considérions de l'espace interposé, la somme des inégalités de distance dépassera toujours tout nombre. Cela ne résulte pas non plus, comme il arrive dans d'autres cas, de ce que nous n'avons pas pour ces inégalités de distance de maximum et de minimum car, dans cet exemple, il y a un maximum AB et un minimum CD; cela résulte seulement de ce que la nature de l'espace compris entre deux cercles concentriques n'admet pas un nombre déterminé d'inégalités de distance. Si donc l'on voulait déterminer par le nombre la somme de toutes ces inégalités de distance, il faudrait faire en même temps qu'un cercle ne fût plus un cercle[259].

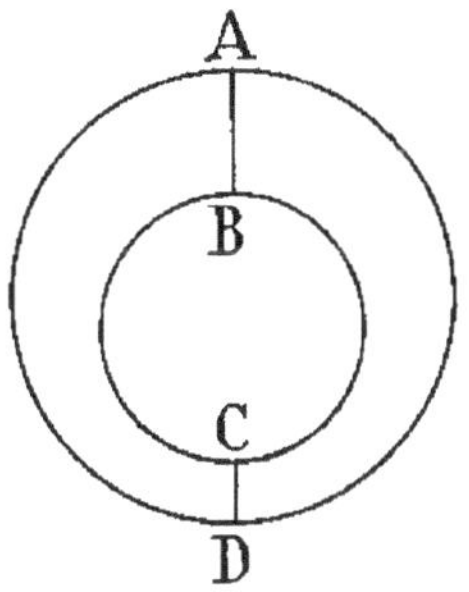

Figure 15

Pourvu qu'on le conçoive clairement, l'espace apparaît donc infiniment divisible. Et de cette divisibilité infinie, l'on doit conclure à celle du temps:

> que l'on suppose en effet, tandis que la roue ABC tourne autour de son centre, qu'à l'aide d'une corde H une autre roue DEF (je la suppose deux fois plus petite) soit elle-même mise en mouvement autour de son centre (fig. 16). Comme la roue DEF est supposée

259 *Lettre à Louis Meyer du 20 avril 1663*, O.4. lettre XII pp. 160-161; G.IV. pp. 59-60. Martial Guéroult a soigneusement étudié cette lettre célèbre in GUÉROULT 1968, appendice n°9, pp. 500-528. Cf. également *Principes de la Philosophie de Descartes*, deuxième partie, proposition VI, scolie, et l'analyse minutieuse qu'en a proposé André Lécrivain in LÉCRIVAIN 1978, pp. 133-144. Notons encore que, dans la traduction proposée, nous prenons en compte les corrections qu'y a apportées M. Guéroult.

deux fois plus petite que ABC, il est clair que cette roue DEF se mouvra deux fois plus vite que la roue ABC et, par conséquent, que le point D se retrouvera dans le lieu d'où il part au bout d'instants deux fois plus petits. Ensuite, si nous attribuons à la roue ABC le mouvement de la roue DEF, alors DEF se mouvra quatre fois plus vite qu'auparavant (ABC); et si de nouveau nous attribuons à ABC cette vitesse de DEF, alors DEF se mouvra huit fois plus vite, et ainsi de suite à l'infini[260].

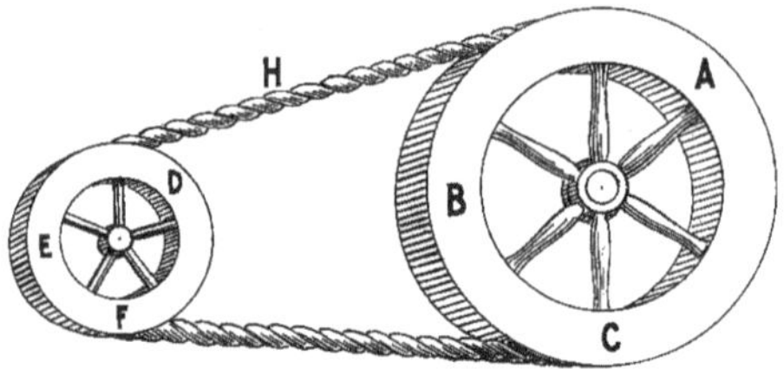

Figure 16

Et l'on doit remarquer que ceci ne résulte que de la définition cartésienne de la matière et de la divisibilité infinie de l'espace. De fait, selon Descartes,

> l'essence de la matière consiste dans l'étendue ou l'espace[261],

et il s'ensuit qu'une même partie de matière ne peut occuper deux espaces au même instant; ce qui suffit à prouver la continuité du temps puisque, comme il n'y a pas de mouvement sans espace,

> si une partie de la matière est en mouvement, elle se meut dans un certain espace et cet espace, si petit qu'on le suppose, sera cependant divisible et par conséquent aussi le temps par lequel cet espace est mesuré; et par suite la durée ou le temps de ce mouvement sera aussi divisible et cela à l'infini[262].

Si la matière est bien telle que la concevait Descartes, il convient donc d'admettre que le temps n'est pas plus composé d'instants que l'espace de points. Contrairement à ce qu'il supposait, il n'y a pas d'atomes temporels, le fil du temps n'est pas rompu entre deux instants, et le monde passe continûment d'un état au suivant. Autrement dit, il n'y a pas place dans l'histoire du monde pour une intervention divine: Dieu ne saurait en aucun cas

260 *Principes de la philosophie de Descartes*, deuxième partie, prop. VI, scolie, O.1. pp. 292-293; G.I. p. 54.

261 *Principes de la philosophie de Descartes*, deuxième partie, prop. VI, scolie, O.1. pp. 293; G.I. p. 54.

262 *Ibidem.*

recréer le monde d'un instant à l'autre, comme le pensait Descartes. Bref, le *monde* qu'il a construit se trouve effectivement privé d'unité.

2.5 Une difficulté

S'il est hors de question d'accepter le *monde* de Descartes, il n'est pas davantage autorisé, selon Spinoza, de copier la démarche de ces savants qui, comme Boyle et tant d'autres désormais, s'obstinent à observer les phénomènes avec l'espoir d'en induire les lois, de découvrir la nature des corps et d'ainsi retrouver l'unité par-delà la diversité qu'ils constatent. Et ce, non parce qu'il serait désespéré de tenter de reconstituer cette unité après l'avoir explicitement niée, mais parce qu'à la lumière de l'intuition que nous avons il paraît tout simplement impossible – quoi que prétendent ces scientifiques – de même feindre cette négation. Clairement entendue, l'intuition de l'unité de la Nature nous enjoint en effet de ne pas nous laisser aller à l'impression de démantèlement du monde, qui naît de l'expérience que nous avons de l'individualité des objets qui peuplent la Nature et de notre méconnaissance de ses lois, mais de poser envers et contre tout que chacune de ses parcelles est dépendante de toutes les autres, et donc qu'«une chose ne peut être réellement connue que si l'intelligence aperçoit comment elle trouve sa place nécessaire dans la totalité des choses»[263]. Elle impose, en d'autres termes, que l'unité soit mise au principe de toute description du monde, et rend du même fait caduques toutes les tentatives basées sur l'étude de fragments de la nature soi-disant isolés.

Mais, s'il faut reconnaître qu'il est impossible de ne pas la postuler, il convient tout autant, selon Spinoza, de remarquer qu'il ne saurait suffire de faire de cette unité un simple postulat. En se satisfaisant de poser sciemment l'unité de la Nature, on se condamnerait en effet à tenter de la retrouver – avec les philosophes allemands et italiens de la Renaissance – sous les formes multiples que lui prêterait notre imagination, ou à rêver d'une science dont l'objet ne serait autre que la Nature toute entière. Nous abandonnerions donc aussitôt la certitude, dont est empreinte l'affirmation que l'on vient de poser, pour l'incertitude la plus complète; ce qui constituerait à l'évidence une régression inacceptable.

---

263 MOREAU 1971 p. 28.

En conséquence, qui est – comme il se doit – réellement convaincu de l'unité de la Nature se trouve à la fois contraint de l'affirmer et forcé de refuser de s'en tenir à cette simple affirmation.

2.6 L'unité de la Nature comme véritable axiome

Face à cette difficulté, l'attitude préconisée par Spinoza consiste à ne pas essayer de l'éviter mais à le reconnaître au contraire explicitement, à l'accepter telle quelle et à rendre compte de cette obligation à laquelle nous sommes astreints. Nous devons nous efforcer de montrer pourquoi cette unité – ou l'idée de cette unité – s'impose à notre esprit:

> pour ce qui est de savoir absolument en quelle manière les choses se lient les unes aux autres, et s'accordent avec leur tout, je n'ai pas cette science; elle requerrait la connaissance de la Nature toute entière et de toutes ses parties. Je m'applique en conséquence à montrer quelle raison m'oblige à affirmer que cet accord et cette liaison existent[264].

Il s'agit, en d'autres termes, de faire de l'unité de la Nature un véritable axiome, un postulat non révisable et compris comme tel.

Si Spinoza choisit cette attitude, c'est qu'il pressent, notamment grâce à l'analyse critique du *monde* cartésien qu'il poursuit, que ce nouveau problème n'est pas insoluble. Il lui apparaît en effet qu'outre la négation radicale de l'intervention divine et son inévitable corollaire, la perte d'unité de ce *monde*, la reconnaissance de la divisibilité infinie de l'espace possède une autre conséquence, non moins remarquable, à savoir qu'il est impossible de définir un corps à la manière cartésienne. Qu'est-ce, en effet, que «ce qui est transporté ensemble» dans un monde où les vitesses – et donc, par la loi de la conservation de la quantité de mouvement, les grandeurs ou volumes – varient en une infinité de degrés? Comment continuer à prétendre qu'un corps n'est rien de plus qu'une certaine portion de l'espace dont les parties se meuvent à vitesses égales constantes, si l'on sait que cela n'arrive quasiment jamais?

On pourrait évidemment – comme songe un moment à le faire Spinoza – tenter de substituer au critère cartésien d'invariance géométrique et cinématique

---

264 *Lettre à Henri Oldenburg du 20 novembre 1665*, O.4. Lettre XXXII pp. 85-86; G.IV. pp. 169-170.

un critère d'invariance géométrique mais dynamique, grâce à une nouvelle définition de la vitesse[265]. Cependant, il semble qu'à procéder ainsi, on repousserait la difficulté plutôt qu'on ne la surmonterait puisqu'une telle solution devrait forcément s'appuyer sur une reformulation, ne faisant aucunement appel à la notion de corps sous peine de circularité, des deux premières lois du mouvement; lois qui apparaissent désormais minées en leur fondement puisque tout, dans le monde, varie continûment et que rien n'y est jamais isolé[266].

Une solution aussi cartésienne n'en serait donc pas une, et la question se pose même de savoir si toute tentative du même genre ne serait pas également vaine. Il est remarquable en effet que ce qu'une telle tentative partagerait avec celle de Descartes c'est l'hypothèse de la substantialité des corps: une fois encore, ce sont des substances que l'on chercherait à définir correctement. Or il s'agit là d'une hypothèse qui paraît en totale contradiction avec ce que l'on sait désormais du monde. Si l'on admet que le monde n'est soutenu dans l'existence par aucune intervention divine et que son histoire consiste seulement en la succession continue des variations d'une distribution de vitesses dont les valeurs varient elles-mêmes continûment dans l'espace, on voit mal en effet comment on pourrait encore prétendre qu'il est nécessaire de concevoir les corps comme des substances, c'est-à-dire «comme des choses créées qui n'ont besoin que du concours ordinaire de Dieu pour exister». A bien y regarder, il semble même plutôt que ce que nous appelons «corps» ne soit en réalité que le résultat du mouvement et du repos que recèle le monde, que ce soit ceux-ci qui «découpent» des corps dans l'espace, que ce soit l'existence du mouvement et du repos qui conditionne celle des corps et non l'inverse, et qu'il faille ainsi revenir sur la décision cartésienne de ne considérer le mouvement et le repos que comme deux façons, ou «modes», des substances corporelles[267]. Mieux, on entrevoit comment l'unité de la

---

265 Nous précisons quelque peu la nature de cette tentative dans le Complément 21 (p. 254).

266 Comme nous le signalons dans le Complément 22 (p. 255), il semble bien en effet que c'était là le principal défaut que trouvait Spinoza à la physique de Descartes et que cela explique vraisemblablement son attitude ultérieure à son égard.

267 Dans la plupart de ses écrits, Spinoza fait montre de la plus grande assurance et son ton est le plus souvent péremptoire. Il s'applique la plupart du temps à énoncer des solutions et se laisse rarement surprendre à en chercher. Ne serait-ce qu'en cela, les textes du *Traité de la réforme de l'entendement* et du *Court traité* sont tout à fait remarquables. Mais, comme nous le montrons dans le Complément 23 (p. 255), ils sont aussi pour une raison bien plus fondamentale liée à l'évolution de sa pensée.

Nature pourrait enfin se trouver véritablement axiomatisée : il suffirait de substituer à la pluralité des substances corporelles posée par Descartes l'unicité de l'espace dans lequel se font et se défont les corps au gré des variations apparaissant dans la répartition spatiale du mouvement et du repos[268].

Une réflexion sur la physique conforte donc Spinoza dans son choix de s'en tenir à l'attitude que lui impose sa conviction, en lui suggérant un moyen de s'y tenir effectivement. Mais elle ne va pas au-delà, et ce moyen qu'elle invite à considérer n'est en rien légitimé. Tout au contraire : l'idée de substituer aux substances cartésiennes une substance unique qui serait l'espace fait manifestement difficulté puisque, à l'inverse de l'espace, la substance corporelle unique qui serait ainsi posée ne pourrait être divisée,

> car si la substance corporelle pouvait être divisée de telle sorte que ses parties fussent réellement distinctes, pourquoi l'une d'elles ne pourrait-elle pas être anéantie tandis que les autres conserveraient leurs liaisons antérieures ? Pourquoi toutes ces parties doivent-elles être ajustées de telle sorte qu'il n'y ait pas de vide ? Car enfin, si des choses sont réellement distinctes l'une de l'autre, l'une peut exister sans l'autre et persister en son état. Mais comme il n'y a pas de vide dans la Nature [...] et que toutes les parties doivent se lier de telle sorte qu'il n'y ait pas de vide, il en résulte qu'elles ne sauraient être réellement distinctes, c'est-à-dire que la substance corporelle, en tant qu'elle est substance, ne peut pas être divisée[269].

Avant de poursuivre dans cette voie, il y a donc lieu de préciser les rapports qu'entretiennent l'espace, les corps, le mouvement et le repos, et donc d'établir définitivement ce qu'il faut entendre par ces termes, et surtout par celui de «substance» car s'il s'avère que Descartes s'est trompé en faisant des corps des substances, du mouvement et du repos des modes de celles-ci, et de l'espace leur essence, cela ne pourra s'expliquer que par son refus de croire en la possibilité d'avoir une connaissance claire de la substance. Pour justifier son choix d'accorder la substantialité aux corps, il s'est en effet

---

268 Que Spinoza ait un temps songé à purement et simplement identifier l'étendue et la substance et que, de surcroît, il y ait songé parce qu'il avait envisagé de faire résulter l'existence des corps de celle du mouvement et du repos, nous paraît attesté par la longue note qu'il croit devoir ajouter au texte du *Court traité* (première partie, chapitre II, O.1. pp. 54-55; G.I. pp. 24-25) pour clarifier la réponse qu'il donne dans le cours du texte à un argument destiné à ruiner la thèse qu'il y défend alors et qui est celle qu'il retiendra effectivement. Nous nous expliquons sur ce point dans le Complément 24 (p. 256).

269 *Ethique*, I, proposition 15, scolie, p. 73; G.II. p. 59. Cf. aussi la suite de l'argument cité dans le Complément 24 (p. 256).

simplement contenté de conclure d'une difficulté à une impossibilité, comme il l'avait fait en niant la divisibilité infinie de l'espace:

> Lorsque nous concevons la substance, nous concevons seulement une chose qui existe en telle façon qu'elle n'a besoin que de soi-même pour exister. En quoi il peut y avoir de l'obscurité touchant l'explication de ce mot, *n'avoir besoin que de soi-même*; car, à proprement parler, il n'y a que Dieu qui soit tel, et il n'y a aucune chose créée qui puisse exister un seul moment sans être soutenue et conservée par sa puissance. C'est pourquoi on a raison dans l'Ecole de dire que le nom de substance n'est pas *univoque* au regard de Dieu et des créatures, c'est-à-dire qu'il n'y a aucune signification de ce mot que nous concevions distinctement[270].

Bref, Spinoza se doit de doubler sa réflexion sur la physique cartésienne d'une réflexion métaphysique qui englobe une critique de la métaphysique de Descartes et prolonge celle initiée dans le *Court traité*.

2.7 La première partie de l'*Ethique*

Tant les détails que les conclusions de cette double réflexion sont bien connus et se trouvent consignés dans la première partie de l'*Ethique*, dont la seule lecture permet de comprendre pourquoi Spinoza s'estime alors enfin en mesure d'en entreprendre la rédaction. Il y démontre en effet que si l'on reconnaît que

> I. Tout ce qui est, est ou bien en soi, ou bien en autre chose.
>
> II. Ce qui ne peut être conçu par autre chose doit être conçu par soi[271].

et si l'on s'accorde pour entendre

> III. Par substance [...] ce qui est en soi et est conçu par soi, c'est-à-dire ce dont le concept n'exige pas le concept d'une autre chose, à partir duquel il devrait être formé [...]
>
> IV. Par attribut [...] ce que l'entendement perçoit d'une substance comme constituant son essence [...]
>
> V. Par modes [...] les affections d'une substance, c'est-à-dire ce qui est en autre chose, par quoi en outre il est conçu [...]

---

270 Descartes, *Principes de la philosophie*, première partie §51 A.T. IX (2) p. 47.
271 *Ethique*, I, axiomes, p. 60; G.II. p. 46.

> VI. Par Dieu [...] un être absolument infini, c'est-à-dire une substance constituée par une infinité d'attributs, chacun d'eux exprimant une essence éternelle et infinie[272],

on doit alors inévitablement reconnaître que

> *Une substance est par nature antérieure à ses affections* [...][273];
>
> *Dans la Nature, il ne peut exister deux ou plusieurs substances ne même nature, c'est-à-dire de même attribut* [...][274]*;*
>
> *A la nature de la substance, il appartient d'exister* [...][275];
>
> *Dieu* [...] *existe nécessairement*[276],

et donc que

> *En dehors de Dieu, aucune substance ne peut ni être donnée ni être conçue* [...][277]; [d'où] il suit très clairement: 1° que Dieu est unique, c'est-à-dire [...] que dans la Nature il n'existe qu'une seule substance et qu'elle est absolument infinie [...][278]; 2° que la chose étendue et la chose pensante sont ou bien des attributs de Dieu, ou bien [...] des affections des attributs de Dieu[279].

Autrement dit, Spinoza se considère désormais en possession de l'idée vraie de Dieu et sait comment y conduire au plus vite un esprit attentif. Plus rien ne lui paraît donc s'opposer à ce qu'il déduise toute vérité avec certitude et

---

272 *Ethique*, I, définitions, p. 59; G.II. p. 45.
273 *Ethique*, I, proposition 1, p. 61; G.II. p. 47.
274 *Ethique*, I, proposition 5, p. 62; G.II. p. 48.
275 *Ethique*, I, proposition 7, p. 63; G.II. p. 49.
276 *Ethique*, I, proposition 11, p. 66; G.II. p. 52.
277 *Ethique*, I, proposition 14, p. 70; G.II. p. 56.
278 *Ethique*, I, proposition 14, corollaire I, pp. 70-71; G.II. p. 56.
279 *Ethique*, I, proposition 14, corollaire II, p. 71; G.II. p. 56. Les principales thèses métaphysiques de cette première partie sont longuement présentées et discutées en ALQUIÉ 1981, BENNETT 1984, GUÉROULT 1968, et MACHEREY 1998, par exemple. Il convient de relever que, dans cette première partie, Spinoza ne démontre pas que l'étendue est un attribut de la substance. Et c'est – nous semble-t-il – un fait extrêmement révélateur: cette démonstration n'est pas nécessaire pour affirmer que «la chose étendue est ou bien un attribut de Dieu ou bien une affection d'un attribut de Dieu»; cela suit en effet de ce que «*en dehors de Dieu, aucune substance ne peut ni être donnée ni être conçue*» (proposition 14, p. 70; G.II. p. 56). Spinoza entend donc avertir d'emblée son lecteur qu'il est hors de question de confondre Dieu, c'est-à-dire la substance, et l'étendue; mise en garde que développe d'ailleurs longuement le scolie qui suit, et duquel nous avons déjà extrait la citation afférente à la note 269 (p. 112).

conduise avec assurance un lecteur éventuel à reconnaître en quoi consistera forcément son salut. En un mot: il peut effectivement commencer à écrire l'*Ethique*.

2.8 Le problème de l'unité des corps

Mais, une fois cette première partie rédigée, Spinoza s'interrompt. Non qu'il se mette soudainement à douter que cette idée de Dieu, qu'il entend aider son lecteur à acquérir, soit bien la plus claire et la plus distincte, ou qu'elle suffise réellement à garantir la certitude, mais parce qu'il se doit à présent d'affronter une difficulté qu'il s'est, en métaphysicien, satisfait d'éviter.

Cette première partie suffirait, en effet, au métaphysicien: Dieu est cette seule et unique substance infinie qu'est la Nature. Et Spinoza n'y reviendra jamais; il considère ce texte comme définitif. Telle est l'idée la plus claire et la plus distincte que nous pouvons, et devons, avoir de Dieu; et nous ne pouvons qu'accepter les conséquences qui s'en déduisent, au nombre desquelles figurent le fait que

> *Dans la Nature, il n'existe rien de contingent; mais tout est déterminé par la nécessité de la nature divine à exister et à agir selon une modalité particulière*[280]

et le fait que le corps et l'esprit

> ne sont rien d'autre que des affections des attributs de Dieu, ou, en d'autres termes, des modes par lesquels les attributs de Dieu sont exprimés d'une manière précise et déterminée[281].

Cependant, l'*Ethique* ne doit pas seulement offrir une métaphysique, elle doit proposer une philosophie pratique; philosophie dont Spinoza devine – s'il ne le sait déjà – qu'elle devra conduire à la connaissance claire, voie d'accès obligée vers cette libération en laquelle, dans ce monde régi par la nécessité, devra forcément consister le salut. Or, s'il est en droit de considérer que la possibilité de cette connaissance est dès à présent établie puisqu'il se trouve désormais en possession de l'idée qui, selon lui, en constitue la

---

280 *Ethique*, I, proposition 29, p. 85; G.II. p. 70.
281 *Ethique*, I, proposition 25, corollaire, pp. 82-83; G.II. p. 68.

condition nécessaire et suffisante, il reste qu'il n'en a encore fourni aucune démonstration. Il se doit donc d'expliquer comment une telle connaissance est effectivement possible. Entendons: comment une telle connaissance est théoriquement et pratiquement possible, car il s'agit d'amener le lecteur à cette connaissance et, pour ce faire, expliquer pourquoi une telle connaissance est en principe possible ne saurait suffire, il faut parvenir à expliquer à ce lecteur – à chaque lecteur – comment il se peut que, lui, y accède. Précisons encore: pourquoi cette connaissance claire lui est accessible et par quels moyens il peut y arriver. Or ce sont là des précisions que, pour l'instant, Spinoza ne peut apporter.

Bien entendu, il est d'ores et déjà en mesure d'expliquer pourquoi il est possible d'avoir des idées claires et distinctes, telles que celle de Dieu qu'il vient de présenter. Comme il le montrera au début de la deuxième partie, il suit presque immédiatement de ce qu'il a prouvé dans la première que la pensée et l'étendue sont deux attributs divins[282], que

> *l'ordre et la connexion des idées sont les mêmes que l'ordre et la connexion des choses*[283],

et par conséquent qu'il est possible d'avoir une idée adéquate, c'est-à-dire

> une idée qui, en tant qu'on la considère en soi, sans relation à l'objet, comporte toutes les propriétés ou dénominations intrinsèques d'une idée vraie[284];

ce qui correspond bien à ce qu'il appelait «une idée claire et distincte» dans le *Traité de la réforme de l'entendement*. Mais, outre qu'il n'a pas démontré

---

282 *Ethique*, II, propositions 1 et 2, p. 103; G.II. p. 86. Le rapport entre la substance et l'étendue est donc définitivement fixé, et ce n'est pas un rapport d'identité. L'étendue est un attribut de la substance, c'est-à-dire ce que l'entendement perçoit de la substance comme constituant son essence, comme «ce sans quoi [la substance], et inversement ce qui sans [la substance] ne peut ni être ni être conçu». (*Ethique*, II, définition II, p. 101; G.II. p. 84). On ne peut donc les confondre même si l'on est porté à le faire en raison même du rapport qui les lie. A se le permettre, on s'interdirait notamment de comprendre que la substance est simple, c'est-à-dire sans parties, alors que l'étendue est divisible. Pour le dire autrement, «l'Etendue appartient donc à Dieu ou encore est une chose qui exprime en une certaine manière la nature de Dieu»: c'est «un genre d'être», ce n'est pas Dieu. (*Lettre à Hudde de la mi-juin 1666*, O.4. Lettre XXXVI pp. 248-249; G. IV. p. 185-186.) Sur la nécessité de faire cette distinction, cf. p. ex. VAN RIET 1968 p. 43 et MOREAU 1971 p. 33.

283 *Ethique*, II, proposition 7, p. 106; G.II. p. 89. A propos de cette thèse dite «du parallélisme de l'étendue et de la pensée», cf. DELEUZE 1981 pp. 92-98.

284 *Ethique*, II, définition IV, p. 102; G.II. p. 85.

ce qu'il y affirmait également par ailleurs, à savoir que former une telle idée c'est précisément connaître clairement, il ne peut aller de l'avant et expliquer comment nous pouvons effectivement parvenir à former de telles idées; et ce pour la raison fort simple qu'il ne sait même pas comment il se peut que nous connaissions.

A ce moment, Spinoza ignore tout en effet du processus par lequel nous en venons à connaître. Il a depuis longtemps relevé l'existence de plusieurs types de connaissance, il sait désormais que les corps sont des modes de la substance en tant qu'elle est étendue, que les idées sont des modes de cette même substance unique en tant que pensée, et il n'a aucune peine à démontrer entre autres que

> l'homme consiste en un Esprit et un Corps[285].

Mais il sait aussi que l'union de cet esprit et de ce corps tient à ceci que

> l'objet de l'idée constituant l'Esprit humain est le Corps[286]

et, de ce fait, il se voit contraint, pour comprendre comment ces hommes que nous sommes peuvent connaître, de comprendre tout d'abord ce qu'est le corps humain, et donc ce qu'est un corps, tout simplement. Or cette question de l'individuation des corps est justement l'une de celles que sa critique de la physique cartésienne a laissé sans réponse positive. Le *monde* auquel l'a conduit cette critique n'est en effet qu'étendue, une étendue infiniment divisible et infiniment divisée par des mouvements infiniment variés, variant continûment sans jamais y faire apparaître le moindre vide; autrement dit, un ensemble de tourbillons minuscules et gigantesques, tournant en tous sens, qui se déplacent ou restent fixes, s'évitent ou se pénètrent, apparaissent ou disparaissent, se transforment ou en forment d'autres, plus petits ou plus grands, plus lents ou plus rapides; un ensemble au sein duquel il est par conséquent extrêmement difficile de repérer un sous-ensemble qui serait effectivement *un* corps.

La possibilité même de l'Ethique se trouve ainsi suspendue à la résolution d'un problème de physique: Spinoza doit impérativement découvrir à quelle condition une partie d'un milieu continu possède une véritable unité et constitue réellement un tout.

---

285 *Ethique*, II, proposition 13, corollaire, p. 113; G.II. p. 96.
286 *Ethique*, II, proposition 13, p. 113; G.II. p. 96.

2.9 Le premier genre de connaissance: l'imagination

Spinoza reprendra la rédaction de son livre dès l'été 1663, après une interruption qui pourra donc sembler relativement brève mais dont il est permis de penser qu'elle aurait été beaucoup plus longue s'il n'avait bénéficié d'une aide exceptionnelle.

Donner de ce problème une solution qui permette d'expliquer pourquoi nous pouvons connaître ne présente en effet, selon Spinoza, aucune difficulté majeure: pourvu que l'on ne perde pas de vue qu'un corps n'est qu'un mode, et non une substance, il est tout à fait légitime d'emprunter celle qu'avait fournie Descartes et d'admettre simplement que si le corps X, par exemple (fig. 17) est bien *un* corps et le corps qu'il est, c'est parce que les mouvements, dont l'étendue est animée, contraignent les portions d'étendues qui le composent à se mouvoir de telle sorte qu'elles demeurent contiguës. Puisque

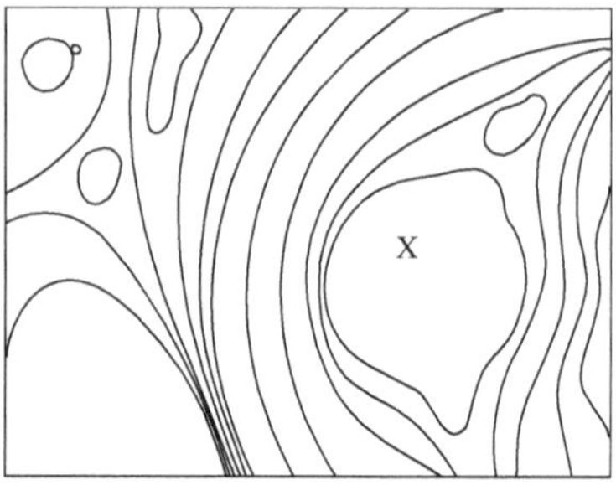

Figure 17

> *Tout ce qui arrive dans l'objet de l'idée constituant l'Esprit humain doit être perçu par l'Esprit humain*[287],

ceci suffit en effet à expliquer qu'étant constitué d'un esprit et d'un corps, en contact permanent avec d'autres et donc constamment «affecté» par eux du fait de leurs mouvements, tout homme puisse percevoir ceux-ci ainsi que son propre corps, et même qu'il puisse se souvenir et imaginer. Mais expliquer pourquoi les hommes peuvent connaître n'est pas encore expliquer pourquoi ils sont à même de connaître clairement et, pour ce faire, la solution retenue est manifestement insuffisante: elle ne permet de rendre compte que des connaissances qui relèvent de ce genre que Spinoza nommait «opinion» et préfère désormais appeler «imagination»[288], et dont aucune n'est jamais claire puisque, toute connaissance reflétant fidèlement dans l'ordre de la Pensée ou – mieux – exprimant exactement en Dieu en tant qu'il est Pensée ce qui arrive

287 *Ethique*, II, proposition 12, p. 112; G.II. p. 95.

288 Cf. *Ethique*, II, proposition 40, scolie II, p. 138; G.II. p. 122.

au corps humain au sein de cet autre attribut divin qu'est l'Etendue, chacune d'elles n'aboutit jamais, en raison de cette explication de l'unité matérielle sur laquelle précisément se fonde leur possibilité, à une idée qui serait simplement «en Dieu en tant qu'il est infini»[289], c'est-à-dire à une idée «adéquate», mais forcément toujours à une idée «qui est en Dieu en tant que l'on considère Dieu comme affecté par l'idée d'une autre chose»[290]. C'est-à-dire qu'en se contentant de faire résulter d'effets extérieurs l'unité d'une portion de l'espace, on se prive d'office de la possibilité de comprendre pourquoi nous sommes capables de connaître autrement que «selon l'ordre commun de la Nature»[291], alors qu'il est démontré que

> [...] chaque fois que l'Esprit humain perçoit les choses selon l'ordre commun de la Nature, il n'a de lui-même, ni de son propre Corps, ni des corps extérieurs, une connaissance adéquate mais seulement une connaissance confuse et mutilée[292].

Rendre compte de la connaissance claire exige par conséquent une autre explication de l'unité des corps.

2.10 Le rapport de mouvement et de repos

Et de toute évidence, cette conclusion met Spinoza dans l'embarras; non seulement parce que cette nouvelle explication devrait effectivement permettre de comprendre la possibilité d'autres genres de connaissance et parce qu'elle devrait être en toute rigueur exclusivement formulée en termes de mouvement et de repos puisque, selon lui, le rapport cartésien entre les corps et ceux-ci doit être inversé, mais aussi, et surtout, parce qu'une telle explication présuppose la résolution d'un problème connu de tous les physiciens de l'époque. Car s'il s'agit d'expliquer autrement l'unité de cette portion de l'espace qui en fait *un* corps X, ou l'*individu* X, réussir à fournir une explication qui soit simplement différente ne saurait suffire. Pour qu'elle convienne, il faut encore que cette explication satisfasse à une triple exigence: il faut tout d'abord que la contrainte, dont elle invoquera forcément l'existence, soit

---

289 *Ethique*, II, proposition 11, corollaire, p. 112; G.II. p. 94.
290 *Ethique*, II, proposition 12, p. 112; G.II. p. 95.
291 *Ethique*, II, proposition 29, corollaire, p. 130; G.II. p. 114.
292 *Ethique*, II, proposition 29, corollaire, p. 130-131; G.II. p. 114.

interne puisqu'il est établi que toute explication reposant sur l'existence d'une contrainte externe ne permettra jamais de rendre compte que de ce seul genre de connaissance qu'est l'imagination; il s'agit ensuite que cette même contrainte soit équivalente à cette contrainte externe sur laquelle s'appuie justement l'explication convaincante de ce premier genre de connaissance; il est indispensable, enfin, que cette explication soit valable pour tous les *individus*, c'est-à-dire pour tous les corps effectivement composés de corps ne faisant qu'un, quels que soient leurs formes et leurs mouvements. Or, une fois cette triple exigence traduite dans le langage de la physique cartésienne et explicitement prise en compte dans l'énoncé du problème, il apparaît aussitôt que si celui-ci admet bien une solution, celle-ci n'est pas pour autant immédiatement acceptable.

Imaginons, en effet, au milieu de l'étendue infinie animée d'une infinité de tourbillons, l'ensemble *X* de corps et supposons que les corps extérieurs contraignent effectivement ceux-ci à rester contigus, et donc à former l'individu X (fig. 18). Le problème consiste à découvrir une autre contrainte qui fasse de l'ensemble *X* l'individu X. Imposer que cette contrainte soit interne revient à exiger que le fait qu'il en est bien ainsi dépende exclusivement des corps appartenant à l'ensemble *X*. Exiger ensuite que cette contrainte soit équivalente à la contrainte externe exercée par les autres corps consiste à imposer que celle-ci ait même effet que celle-là. Or cette contrainte externe n'a d'autre effet que de maintenir la contiguïté de tous les corps de *X*, c'est-à-dire de les maintenir en contact, qu'ils soient au repos ou en mouvement les uns par rapport aux autres. Le problème se ramène donc à celui-ci: découvrir une contrainte, intérieure à *X*, à laquelle sont soumis les corps de *X* lorsqu'ils restent en contact les uns avec les autres. Et, puisqu'il n'y aurait perte de contact entre certains corps de *X* que si des corps extérieurs s'intercalaient entre eux, ce problème est aussi celui-ci: déterminer une contrainte, intérieure à *X*, à laquelle sont soumis les corps de *X* quand aucun corps ne s'intercale entre eux. Problème dont on entrevoit facilement une solution, du moins dans l'hypothèse où tous les corps de *X* sont au repos les uns par rapport aux autres. Car dans ce cas, il est manifeste qu'aucun corps extérieur ne séparera jamais deux corps quelconques de *X* tant que ceux-ci se déplacent tous à la même

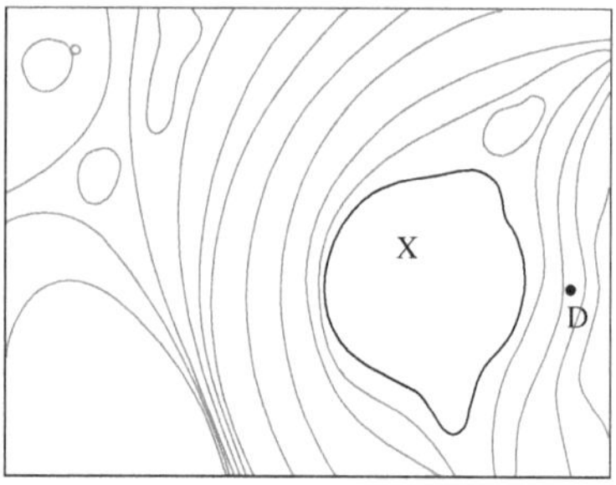

Figure 18

vitesse dans la même direction, c'est-à-dire lorsque l'ensemble *X* est en translation uniforme; et ce parce que, tant dans la direction du mouvement que dans la direction perpendiculaire, les corps de *X* ne laissent occuper aucune place éventuelle entre eux puisque, selon la première, ils se déplacent tous de la même distance au cours d'un intervalle de temps donné et que, selon la seconde, ils ne se déplacent pas du tout. Et cette constatation s'étend presque immédiatement à la situation – que l'on peut dès lors considérer comme plus générale – d'un mouvement de rotation autour d'un centre D quelconque, intérieur ou extérieur à *X*; pourvu que les corps de *X* soient emportés tous ensemble par un seul et même tourbillon autour de ce centre, aucun corps extérieur ne parviendra jamais à s'intercaler entre eux puisque, lorsqu'il en est ainsi, chaque corps de *X* est au repos par rapport à D dans la direction radiale et possède une vitesse tangentielle proportionnelle à la distance qui le sépare de ce même centre, ne laissant donc aucune place pour un quelconque corps extérieur dans aucune de ces directions. Il semble donc qu'il suffise, pour que l'ensemble *X* de corps en repos relatif soit bien l'individu X, que tous ces corps partagent un même rapport de mouvement tangentiel et de repos radial, ou – plus brièvement encore – un même rapport de mouvement et de repos. La solution serait donc celle-ci: l'ensemble *X* de corps en repos relatif est un individu X si tous les corps de *X* ont en commun un certain rapport de mouvement et de repos[293]. Et cette solution pourrait même convenir dans le cas d'un individu Y composé de corps qui ne sont pas au repos les uns par rapport aux autres. Puisque le mouvement relatif de ces corps aurait pour seule conséquence d'éventuellement modifier la forme spatiale de l'ensemble *Y* au cours du temps, il suffirait en effet de considérer à chaque instant t l'ensemble Y_t de corps en repos relatif momentané et de préciser que cet ensemble est bien un seul individu si tous ceux-ci ont en commun un certain rapport de mouvement et de repos, et qu'il s'agit de l'individu Y si ce rapport est égal à celui que partagent ces mêmes corps à tout instant t' immédiatement antérieur ou postérieur à t [294](fig. 19A).

293 Comme nous l'avons déjà remarqué (cf. le Complément 23 (p. 255), c'est à la fin du second appendice du *Court traité*, soit vers 1661, que Spinoza en appella une première fois à cette proportion de mouvement et de repos pour caractériser un corps. Il approfondit ensuite cette idée dans une note à la préface de la deuxième partie de ce même traité, que l'on peut donc considérer comme postérieure et dater du moment où il s'apprêtait à rédiger la deuxième partie de l'*Ethique*, c'est-à-dire du début de 1663. Nous en présentons un long passage dans le Complément 25 (p. 257).

294 Pourvu – bien entendu – que t ne soit pas l'instant auquel, respectivement, l'individu Y commence ou cesse d'exister.

Mais pour qu'une telle extension de la solution entrevue soit acceptable, il faudrait évidemment que celle-ci satisfasse au préalable à l'exigence de généralité jusqu'ici négligée, à savoir d'être valable pour tout ensemble de corps en repos relatif qui, tel *X*, Y_t, $Y_{t'}$ ou *Z* (fig. 19B), serait effectivement un individu, et ce quel que soit son état de mouvement. Autrement dit, il faudrait être certain qu'un tel rapport de mouvement et de repos peut bien être déterminé pour un ensemble, de forme et de mouvement quelconques, de tels corps, lorsque ceux-ci composent un individu. Il conviendrait, en d'autres termes encore, avant d'accepter cette solution, de s'assurer qu'il n'existe aucun individu pour lequel n'existe aucun rapport de mouvement et de repos; bref, que l'existence d'un tel rapport, qui suffit à l'existence des corps de ce type particulier que sont les individus, leur est aussi nécessaire. Mais ceci n'a jamais été démontré.

A 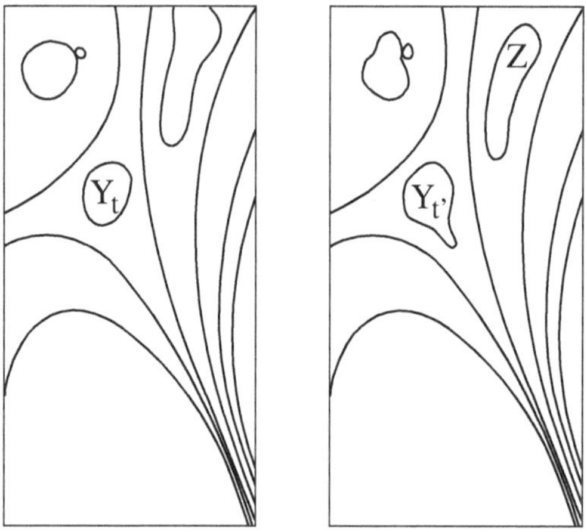 B

Figure 19

Et Spinoza le sait. Car le problème de la détermination de ce rapport pour un individu quelconque se confond avec un problème, alors célèbre: le problème dit «du centre d'oscillation, ou d'agitation, d'un solide»[295]. Ce problème consiste, en effet, à déterminer, pour un solide de dimension et de forme données, suspendu en un point D, le point de ce solide en lequel

295 Cf. par exemple COSTABEL 1951 et DUGAS 1955 pp. 163-165 et 186-193. A notre connaissance, c'est M. Guéroult qui, le premier, à relevé le rapport existant entre ce problème et la problématique spinoziste in GUÉROULT 1974 pp. 554-558.

devrait se trouver l'extrémité d'un pendule simple suspendu en ce même point D, pour que, lâchés simultanément, ce pendule et le solide oscillent en phase; problème qui revient donc à déterminer la distance qui, sur la droite passant par le centre de gravité E du solide et le point de suspension D, sépare celui-ci du centre d'oscillation L (fig. 20), ou – de manière équivalente – à déterminer, pour le pendule simple isochrone, le rapport existant à chaque instant entre la vitesse tangentielle et sa longueur, c'est-à-dire ce rapport de mouvement et de repos dont parle Spinoza et qui, étant identique pour tous les points du solide traduit effectivement cette contrainte à laquelle sont soumis tous les corps du solide et dont l'existence apparaît bien comme une condition suffisante de l'existence de cet individu qu'ils composent puisque, s'ils ne formaient pas cette totalité, ces corps constitueraient des pendules simples caractérisés par des rapports de mouvement et de repos généralement différents. Or, depuis 1646, date à laquelle le Père Mersenne l'a énoncé pour la première fois en le soumettant à Descartes, personne n'a fourni de ce problème une solution correcte. De nombreuses tentatives ont été menées, dont certaines par des esprits aussi fameux que Fabri, Roberval et Descartes lui-même. Mais sans succès. Si bien que, fort légitimement, Spinoza marque une hésitation: il se pourrait que ce rapport commun de mouvement et de repos n'existe que pour certains individus et que, par conséquent, cette explication de l'unité des corps qui lui semble s'imposer n'en soit pas vraiment une.

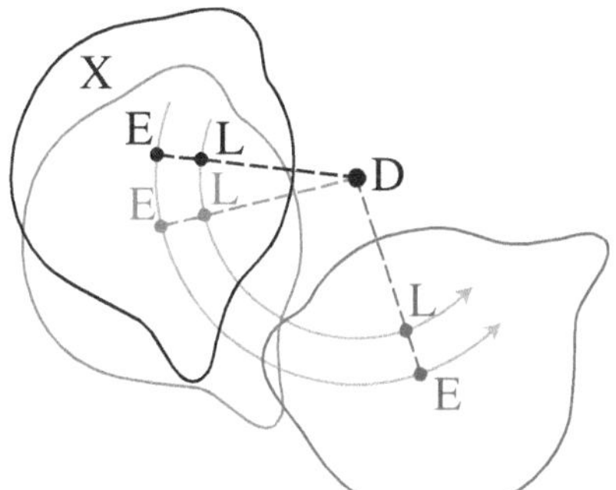

Figure 20

Son hésitation, cependant, est de courte durée. Très vite, Spinoza se voit rassuré par la seule personne qui, à l'époque, en sache assez sur ce problème qui le préoccupe pour lui donner tout apaisement. Au mois d'avril, pour des raisons étrangères à sa philosophie, il s'installe à Voorburg et devient le voisin de Christiaan Huygens; Huygens avec qui il s'entretient d'optique et de mécanique[296] – notamment du polissage des lentilles et des lois du choc –, et dont on ne peut par conséquent sérieusement douter qu'il l'informe de sa découverte récente d'une solution générale du problème du centre d'oscillation. Dix ans plus tôt que les lecteurs de l'*Horologium oscillatorium*, Spinoza apprend ainsi que le centre d'oscillation d'un solide quelconque est séparé de son point de suspension par une distance égale à la somme des produits des masses des corps composant le solide par les carrés de leurs distances à ce même point divisée par la somme des produits des masses de ces mêmes corps et de ces mêmes distances, toutes celles-ci étant prises sur la droite passant par son centre de gravité et son point de suspension; et que cela se démontre aisément pourvu que l'on admette – hypothèse qui peut d'ailleurs être étendue aux liquides – que le «centre commun de gravité d'un nombre quelconque de poids ne peut s'élever à une hauteur supérieure à celle où il se trouvait au début du mouvement» et que l'on se souvienne que la vitesse acquise par un corps tombant d'une certaine hauteur est proportionnelle à la racine carrée de celle-ci, puisqu'il suffit alors d'assimiler le solide à un pendule composé et d'imaginer ce qui arriverait à chacune des masses qui le composent si elle était désolidarisée des autres et réfléchie vers le haut par un choc approprié, pour que la conclusion s'ensuive[297]. Autant d'informations qui, pour Spinoza, confirment pleinement son hypothèse: tout corps, composé d'autres corps, qu'il soit solide ou liquide, quelle que soit sa forme et quel que soit son mouvement, de translation ou de rotation, uniforme ou non uniforme, est bien *un* corps, c'est-à-dire un

---

296 L'attestent la *Lettre à Henri Oldenburg (du mois de mai 1665)*, O.4. Lettre XXVI p. 226; G.IV. p. 159, et la *Lettre à Henri Oldenburg du 20 novembre 1665*, O.4. Lettre XXXII p. 238; G.IV. p. 174. Trois autres lettres témoignent encore de ce que ce membre éminent de la communauté scientifique anglaise qu'était Henri Oldenburg considérait manifestement comme une relation scientifique privilégiée: sa *Lettre de la mi-septembre 1665* et sa *Lettre du 5 décembre 1665* (respectivement O.4. Lettres XXIX et XXXIII, pp. 231 et 240; G.IV. pp. 165 et 177) dans lesquelles il prie Spinoza de le renseigner sur les travaux de Huygens, et sa *Lettre du 14 novembre 1675* (O.4. Lettre LXX pp. 330 et 331) dans laquelle il l'informe que Tschirnhaus, s'étant rendu à Paris, y a – comme convenu – rencontré Huygens en se réclamant de lui et a, de ce fait, obtenu un poste qui l'agréait.

297 Cf. le Complément 26 (p. 258) où nous présentons cette démonstration telle qu'on la trouve formulée par Huygens dans son traité.

individu, si tous ces corps qui le composent ont en commun un même rapport de mouvement et de repos à chaque instant[298]; et, de surcroît, pour le démontrer, aucun élément étranger à une physique d'inspiration cartésienne n'est nécessaire[299].

2.11 Le *monde* spinoziste

Bref, Spinoza tient effectivement la solution du problème de physique qui l'avait contraint à s'interrompre. Il sait ce qui, outre l'effet des corps extérieurs, fait l'unité d'un corps. Avant de reprendre sa rédaction, il lui reste simplement à démontrer que cette explication permet bien de rendre compte, sinon de la connaissance claire, de la possibilité d'une connaissance qui ne soit pas du premier genre, tâche qui se révèle d'une facilité déconcertante tant le *monde* qu'il a désormais sous les yeux diffère de celui que Descartes lui avait donné à voir.

Cette solution, dont Huygens vient de lui fournir confirmation de la validité générale, l'autorise en effet à définir précisément un individu:

> Quand certains corps de même grandeur ou de grandeur différente sont contraints par les autres corps à rester appliqués les uns contre les autres, ou, s'ils se meuvent à la même vitesse ou à une vitesse différente, sont contraints à se communiquer leur mouvement les uns aux autres selon un certain rapport, nous disons que ces corps sont unis entre eux et

---

298 Si nous ne nous trompons pas, on peut donc écrire que, pour Spinoza, l'ensemble *X* de corps X_i est un individu X durant un intervalle de temps T si et seulement si, à chaque instant de cet intervalle, il existe un nombre R auquel est égal, pour chaque corps X_i, le rapport de sa vitesse v_i et de sa distance x_i, celles-ci étant toutes mesurées à partir d'un même point. Conclusion qui appelle plusieurs commentaires: 1° pour qu'un ensemble de corps forme un seul corps, il n'est pas nécessaire que le rapport R de mouvement et de repos conserve la même valeur, il faut seulement qu'il existe à chaque instant et – vraisemblablement – s'il varie, que ce soit continûment (*Court traité*, annotation citée dans le Complément 25 (p. 257)); 2° la proportion de mouvement et de repos caractéristique d'un corps n'est pas, comme le prétend M. Guéroult in GUÉROULT 1970 pp. 563-569 le rapport des quantités de mouvement et de repos des corps dont le corps en question est composé; 3° sans doute y a-t-il un lien entre la quantité de mouvement et de repos des *Principes* et la proportion de mouvement et de repos du *Court traité* et de l'*Ethique*, mais il nous semble qu'il reste à établir malgré les suggestions avancées par A. Lécrivain in LÉCRIVAIN 1978 pp. 176-177.

299 Ceci est en effet tout à fait remarquable. Cf. le Complément 27 (p. 261).

> que tous composent ensemble un seul corps, c'est-à-dire un Individu qui se distingue des autres par cette union des corps[300].

Et cette définition suffit à caractériser la Nature d'une façon nouvelle puisqu'il s'en déduit immédiatement que

> Un individu ainsi composé conserve encore sa nature, qu'il se meuve en totalité ou qu'il soit au repos, qu'il se meuve de tel côté ou de tel autre, pourvu que chaque partie conserve son mouvement et le communique aux autres de la même façon qu'auparavant[301];

ce qui permet de comprendre qu'un individu puisse être affecté par d'autres corps sans cesser aussitôt d'être l'individu qu'il est, et, par suite, de concevoir enfin la Nature comme une véritable totalité:

> Si nous concevons maintenant un autre [Individu], composé de plusieurs Individus de nature différente, nous trouverons de même qu'il peut être affecté selon plusieurs autres modalités, tout en conservant sa nature. Puisque, en effet, chacune de ses parties est composée de plusieurs corps, elle pourra [...], et sans aucun changement de nature, se mouvoir soit plus lentement, soit plus rapidement, et par conséquent communiquer ses mouvements aux autres parties, avec plus ou moins de vitesse. Et si nous concevons en outre un troisième genre d'Individus composés de ces Individus du second genre, nous trouverons encore qu'ils peuvent être affectés selon de nombreuses autres modalités, sans aucun changement de forme. Et si nous poursuivons ce raisonnement à l'infini, nous concevons aisément que la Nature entière est un Individu unique, dont les parties, c'est-à-dire tous les corps, varient d'une infinité de façons, sans aucun changement de l'Individu total[302].

Autrement dit, la physique ratifie la métaphysique: la Nature apparaît bien comme un monde. Plus précisément: comme un ensemble d'individus, plus ou moins complexes, imbriqués les uns dans les autres, composant un seul individu; un ensemble hiérarchisé de corps qui, respectant, à chaque niveau, la loi universelle de la même proportion de mouvement et de repos, forment réellement un corps unique.

Et cette image du monde n'est pas une simple variante du *monde* cartésien, même si cette nouvelle loi se déduit de la loi de la conservation de la quantité de mouvement. Car celle-ci autorise ce que celle-là ne permettait pas[303]. Il suit en effet immédiatement de la définition de l'individu que

---

300 *Ethique*, II, définition, p. 117; G.II. pp. 99-100. Il est facile de voir pourquoi Spinoza traduit ici en termes de communication de mouvement la condition qu'il a découverte. Nous le montrons rapidement dans le Complément 28 (p. 261).

301 *Ethique*, II, lemme VII, p. 118; G.II. p. 101.

302 *Ethique*, II, lemme VII, scolie, p. 119; G.II. pp. 101-102.

303 On se tromperait en jugeant qu'il y a là contradiction. La suite le montrera. Un corps, c'est-à-dire un individu, n'est plus «ce qui est transporté ensemble».

> Si d'un corps, c'est-à-dire d'un Individu, composé de plusieurs corps, certains éléments sont séparés, et qu'en même temps autant d'éléments de même nature remplacent les premiers, l'Individu conservera la même nature qu'auparavant, sans aucun changement dans sa forme[304]; [...]
>
> Si les parties qui composent un Individu s'accroissent ou diminuent dans une proportion telle, cependant, que toutes conservent entre elles le même rapport de mouvement et de repos, l'Individu conservera encore sa nature sans aucun changement de forme[305]; [...]
>
> Si certains corps, composant un Individu, sont contraints d'infléchir vers d'autres parties le mouvement qu'ils avaient vers d'autres parties, mais de telle sorte qu'ils puissent poursuivre leurs mouvements et se les communiquer les uns aux autres suivant le même rapport qu'auparavant, l'Individu conservera là encore sa nature, sans aucun changement de forme[306].

En d'autres termes, un individu n'est nullement défini par les corps qui le composent; ceux-ci peuvent changer de taille et de mouvement, ils peuvent même être remplacés par d'autres, l'individu reste l'individu qu'il est tant que subsiste le même rapport de mouvement et de repos. Un individu n'est donc pas, comme le pensait Descartes, une portion d'étendue se frayant – pour ainsi dire – un passage entre d'autres portions d'étendue, et demeurant ainsi identique à elle-même tant que les parties qui la composent restent elles-mêmes identiques; un individu n'est qu'une modification de l'étendue engendrée par le mouvement et le repos maintenus en un rapport fixé, et s'il peut arriver que les corps qui le composent ne changent pas et conservent leur taille et leur mouvement, cela n'est nullement nécessaire; seule compte, pour que l'individu subsiste, cette proportion précise de mouvement et de repos. Et il doit en aller de même pour les corps qui ne sont pas composés, c'est-à-dire pour «les corps les plus simples». Car le fait qu'ils ne puissent

---

304 *Ethique*, II, lemme IV, p. 117; G.II. p. 100.

305 *Ethique*, II, lemme V, p. 118; G.II. pp. 100-101.

306 *Ethique*, II, lemme VI, p. 118; G.II. p. 101. Il est peut-être intéressant de remarquer que, compte tenu de ce qui a été précisé dans le Complément 28 (p. 261), si l'on note le rapport R de mouvement et de repos caractéristique d'un corps de la matière suivante

$$R = \frac{1}{G}\sum_{i=1}^{n} g_i \frac{v_i}{x_i},$$

où g_i désigne la grandeur du corps i entrant dans sa composition et G sa grandeur totale, les trois propositions précitées épuisent toutes les possibilités de variation des grandeurs, apparaissant dans le membre de droite, qui laissent inchangé celui de gauche; c'est-à-dire que Spinoza exploite effectivement toute la richesse de sa définition.

être caractérisés par un rapport de mouvement et de repos n'autorise nullement à voir en eux autre chose que des modes de l'étendue infiniment divisée; il impose au contraire de ne retenir, les concernant, que les deux seules constatations générales que l'on puisse faire, à savoir que

> Tous les corps sont en mouvement ou au repos [...]
>
> Un corps se meut parfois plus lentement et parfois plus rapidement[307],

et, par conséquent, de reconnaître, pour eux, comme pour tous les autres corps que

> [ils] se distinguent les uns des autres en raison du mouvement et du repos, de la vitesse et de la lenteur, et non pas en raison de la substance[308].

La physique confirme donc pleinement la métaphysique: le monde n'est pas un monde de substances, mais un monde de modes, de modifications de la substance unique en tant qu'elle est étendue. C'est l'ensemble, unifié par la loi de la conservation du rapport de mouvement et de repos, des modifications de la substance, ou – pour le dire exclusivement en termes spinozistes – le «facies totius universi», cet individu unique, ou «mode infini médiat» de la substance, constitué de ses «modes finis médiats» que sont les corps, produits par ses «modes infinis immédiats» que sont le mouvement et le repos[309].

---

307 *Ethique*, II, axiomes 1 et 2, p. 114; G.II. p. 97.

308 *Ethique*, II, lemme I, p. 114; G.II. p. 97.

309 Cf. la *Lettre à Schuller du 29 juillet 1675*, O.4. lettre LXIV p. 315; G.IV. p. 278.

2.12 Le deuxième genre de connaissance: la raison

Comme on le devine, c'est tout naturellement, selon Spinoza, que le corps humain trouve place dans cette hiérarchie de corps qu'est le monde:

> le corps humain est composé d'un très grand nombre d'individus (de nature différente), chacun d'eux étant lui-même extrêmement composé[310].

De sorte que les constatations habituelles faites à son propos deviennent aisément explicables[311]: un corps humain naît, c'est-à-dire devient le corps qu'il est, dès qu'apparaît le rapport de mouvement et de repos qui le caractérise; il grandit de l'enfance à l'âge adulte parce que les dimensions des corps qui le composent s'accroissent sans que ce rapport ne se modifie; il se nourrit en assimilant des corps dont le rapport convient au sien; plus généralement, il se transforme tout en restant lui-même tant que subsiste ce rapport caractéristique, et cesse d'être lui-même, ou meurt, lorsque celui-ci disparaît; et enfin, il agit et subit, c'est-à-dire qu'il affecte les corps extérieurs et est affecté par ceux-ci de multiples manières sans être pour autant forcément transformé au point d'être détruit, parce qu'il est impliqué dans d'innombrables chocs compatibles avec la conservation du rapport qui le définit; ce qui, étant admis ce qu'il est convenu d'appeler le «parallélisme» entre les corps et les esprits[312], permet de comprendre vraiment que tout homme puisse effectivement faire preuve d'imagination, c'est-à-dire percevoir les choses suivant l'ordre commun de la nature, et néanmoins rester lui-même.

Mais cette conception du corps fait bien davantage, pour Spinoza, qu'autoriser une explication des phénomènes physiologiques et une compréhension plus profonde du premier genre de connaissance: elle permet de rendre enfin compte d'un second genre de connaissance. De fait,

---

310 *Ethique*, II, postulat I, p. 119; G.II. p. 102.

311 L'idée de caractériser le corps humain par une proportion de mouvement et de repos est exprimée une première fois dans le second appendice au *Court traité* (O.1. p. 165; G.I. p. 120) et celle d'expliquer par ce biais ses modifications, le maintien ou la disparition de son identité, dans une longue note à la préface de la deuxième partie de ce même livre (O.1. pp. 86-87; G.I. p. 52; citation en Complément 25 (p. 257)). Cette dernière idée se trouve explicitée en de nombreux endroits de l'*Ethique*. Plutôt que d'y renvoyer, nous nous permettons de renvoyer à DELEUZE 1981, où cette idée nous paraît heureusement soulignée.

312 Sur la question de savoir si cette convention est judicieuse, cf. note 26 de R. Misrahi à la page 373 de sa traduction de l'*Ethique* et DELEUZE 1981 pp. 92-98.

> ce qui est commun à toutes choses et se trouve également dans la partie et dans le tout ne peut être conçu qu'adéquatement[313].

Cela se démontre facilement:

> soit A une chose commune à tous les corps et se trouvant dans la partie aussi bien que dans le tout d'un corps quelconque. Je dis que A ne peut être conçu qu'adéquatement. L'idée de A, en effet, sera nécessairement adéquate en Dieu, aussi bien en tant qu'il a l'idée du Corps humain qu'en tant qu'il a les idées des affections de ce corps, idées qui enveloppent partiellement aussi bien la nature du Corps humain que celle des corps extérieurs; c'est-à-dire que cette idée A sera nécessairement en Dieu en tant qu'il constitue l'Esprit humain; c'est-à-dire en tant qu'il a les idées qui sont dans l'Esprit humain; l'Esprit perçoit donc nécessairement A d'une manière adéquate, et cela aussi bien en tant qu'il se perçoit lui-même, qu'en tant qu'il perçoit son propre Corps ou un corps extérieur quelconque, et A ne peut être perçu d'une autre manière[314].

Or tous les corps, qu'ils soient simples ou composés, «ont quelque chose de commun»[315]: ils ont en commun d'être des modes d'un seul et même attribut de la substance, de se mouvoir plus vite ou plus lentement, et, plus généralement, de se mouvoir ou se trouver au repos. C'est-à-dire que

> tous les corps s'accordent en certaines choses qui [...] doivent être perçues par tous d'une manière adéquate, c'est-à-dire claire et distincte[316].

Par conséquent,

> il existe certaines idées, autrement dit certaines notions communes à tous les hommes[317]

qui se trouvent être forcément adéquates. Il est donc établi que nous ne sommes nullement condamnés à n'avoir comme idées que ces idées inadéquates, mutilées et confuses, qui relèvent de l'imagination, mais que chaque homme est capable d'accéder à cet autre genre de connaissance que l'on nomme «raison» et qui consiste au contraire à ne former et n'enchaîner que des idées adéquates[318].

Ainsi, à considérer les leçons de la physique, nous nous voyons assurés de ne pas nous trouver immédiatement astreints à l'erreur. Mais la physique offre bien plus encore que ces quelques notions communes les plus universelles que

---

313 *Ethique*, II, proposition 38, p. 135; G.II. p. 118.

314 *Ibidem.*

315 *Ethique*, II, lemme II, p. 115; G.II. p. 98.

316 *Ethique*, II, proposition 38, corollaire, p. 135; G.II. p. 119.

317 *Ibidem.*

318 Cf. *Ethique*, II, proposition 40, scolie II, p. 139; G.II. p. 122.

sont le mouvement et le repos, la vitesse et la lenteur, et l'étendue, dont la réalité suffit à démontrer celle du second genre de connaissance. Elle nous permet en outre de comprendre comment nous formons ces notions communes, et de le comprendre dans le détail, en nous autorisant à préciser ce qui apparaît, au vu des démonstrations déjà disponibles, comme une conséquence immédiate du fait que le corps humain est un corps, à savoir que

> De toute propriété commune au corps humain et aux corps extérieurs par lesquels il est habituellement affecté, propriété se trouvant dans une partie de l'un de ces corps aussi bien que dans le tout, il existera aussi dans l'Esprit une idée adéquate[319].

Elle nous apprend en effet qu'étant un corps composé, le corps humain est caractérisé par un rapport précis de mouvement et de repos, et qu'il peut donc, comme tel, se composer avec des corps extérieurs pour former un tout lorsque les rapports caractéristiques de ceux-ci se composent avec le sien; ce qui se produit en de multiples occasions comme, par exemple, lorsque nous mangeons, c'est-à-dire quand notre corps se compose avec cet autre corps qu'est l'aliment[320]. Or il est patent que lorsque cela se produit, outre que nous éprouvons de la joie, nous formons, en lieu et place des idées distinctes qui correspondaient au préalable à notre corps et au corps extérieur, une idée qui représente à la fois la composition de ces deux corps et l'unité de cette composition, une idée qui, bien qu'elle exprime ce que ces deux corps ont en commun, «ne se ramène ni à l'essence de l'une ou l'autre de ces parties ni à l'essence du tout»[321], c'est-à-dire une idée qui remplit très précisément à l'égard de ces deux corps la même fonction que la notion d'étendue à l'égard de la totalité des corps et qui, par conséquent, peut être en définitive identifiée comme une «notion commune» à ces deux seuls corps. Il apparaît donc que c'est lorsque le corps humain rencontre des corps extérieurs, dont les rapports de mouvement et de repos se composent au sien, que se forment dans l'esprit les notions communes les moins universelles. Et il est facile de voir que les autres notions communes n'ont pas d'autre origine. Elles sont d'autant plus universelles et se forment d'autant moins aisément que le rapport caractéristique du corps extérieur se compose plus difficilement avec celui du corps humain, mais si peu qu'un corps convienne à un corps humain, il demeure en effet certain qu'il aura au moins en commun avec celui-ci d'être un mode de

---

319 *Ethique*, II, proposition 39, pp. 135-136; G.II. p. 119.
320 Cf. *Ethique*, III, proposition 59, scolie, p. 206; G.IV. p. 189.
321 DELEUZE 1981 p. 155.

l'étendue, et donc de former un tout avec lui, malgré «leurs différences et leurs oppositions»[322]. Il en va exactement de même pour le corps humain et un corps extérieur que pour les particules de chyle et celles de lymphe qui composent le sang par exemple:

> [...] en tant que les mouvements des particules de la lymphe, du chyle, etc. s'ajustent les unes aux autres, de telle sorte qu'il y ait entre ces particules accord et qu'elles forment un même liquide qui est le sang, la lymphe, le chyle, etc. seront considérés comme des parties du sang. Mais en tant que nous concevons les particules de la lymphe comme ne s'ajustant pas, eu égard à leur figure et à leur mouvement, aux particules du chyle, nous les considérons comme un tout et non comme une partie[323].

En théorie, il est donc toujours possible de former une notion commune: notre corps ne cesse d'en rencontrer d'autres qui ont tous quelque chose de commun avec lui.

Et nous pouvons effectivement y parvenir. Pour reprendre l'exemple précédent, nous nous trouvons dans la situation d'un organisme qui serait de dimension comparable à celles des particules dont le sang est composé:

> Imaginons, si vous voulez, un ver vivant dans le sang. Supposons-le capable de distinguer par la vue les particules du sang, de la lymphe, etc. et de calculer comment chaque particule venant à en rencontrer une autre ou bien est repoussée, ou bien lui communique une partie de son mouvement, etc. Ce ver, vivant dans le sang comme nous vivons dans une certaine partie de l'univers, considérerait chaque partie du sang comme un tout, non comme une partie, et ne pourrait savoir comment toutes ces parties sont sous la domination d'une seule et même nature, celle du sang, et obligées de s'ajuster les unes aux autres suivant que l'exige cette nature pour qu'entre leur mouvement s'établisse un rapport leur permettant de s'accorder[324].

Mais, à l'inverse de ce ver, nous pouvons, d'une certaine manière, nous sortir de cette situation: nous sommes à même de saisir ce que le chyle et la lymphe ont en commun, c'est-à-dire que nous sommes capables de raisonner:

> [Notre Esprit peut être] déterminé intérieurement, parce qu'il considère ensemble plusieurs objets, à comprendre leurs ressemblances, leurs différences et leurs oppositions[325].

Nous avons, en particulier, la capacité de saisir ce que ce corps singulier qu'est le nôtre a de commun avec tout autre objet qu'il rencontre, d'apercevoir le tout qu'il forme avec celui-ci en dépit des différences importantes,

---

322 *Ethique*, II, proposition 30, corollaire, scolie, p. 131; G.II. p. 114.

323 *Lettre à Henri Oldenburg du 20 novembre 1665*, O.4. Lettre XXXII, p. 236; G.IV. p. 171.

324 *Ibidem.*

325 *Ethique*, II, proposition 29, corollaire, scolie, p. 131; G.II. p. 114.

voire même des oppositions, qu'il peut y avoir entre l'un et l'autre. Car – c'est indéniable – tous les corps ne conviennent pas au nôtre, et certains, comme ce poignard qui s'y planterait ou ce poison qui lui serait administré, pourraient même le détruire en faisant disparaître le rapport de mouvement et de repos que partagent les corps dont il est composé, de sorte que, si nous éprouvons parfois de la joie à l'occasion d'une rencontre, ce sont plus souvent d'autres sentiments, s'apparentant tous peu ou prou à de la tristesse, qui nous envahissent lorsque notre corps est affecté par un corps extérieur[326]. Et cependant, force nous est de constater que, même en pareils cas, pour peu que nous parvenions à dominer le sentiment qui s'empare alors de nous, nous pouvons effectivement réussir à former une notion exprimant ce que notre corps et ce corps extérieur ont en commun, à comprendre l'un et l'autre malgré leurs différences, à saisir le tout qu'ils forment en dépit de leur hétérogénéité, et donc à nous libérer du cours inéluctable de la Nature par lequel notre corps est emporté; ce qui a pour effet de nous emplir de joie et de nous donner la force nécessaire pour surmonter une tristesse plus grande qui naîtrait d'une rencontre avec un corps convenant moins encore et former ainsi, à cette occasion, une notion commune plus universelle. Autrement dit, nous expérimentons que rien, sinon la tristesse, ne peut nous empêcher de réaliser ce que la physique présente comme toujours possible: sitôt que nous la surmontons, la rencontre, contemporaine de son apparition dans notre esprit, s'offre comme une nouvelle occasion de former une notion commune éventuellement plus universelle et, dans ce cas, de nous libérer davantage en devenant plus raisonnable. Si bien que, désormais, une libération totale apparaît concevable, qui coïnciderait avec l'accession à la rationalité la plus élevée et à la formation de la notion commune la plus universelle, à savoir celle d'étendue, et donc à l'idée de ce dont celle-ci «est perçue par l'entendement comme en constituant l'essence»[327], c'est-à-dire à l'idée – forcément adéquate – de Dieu, cette idée claire et distincte dont Spinoza soutient depuis le *Traité de la réforme de l'entendement* que sa possession garantit la connaissance claire[328].

---

326 C'est à nouveau dans le deuxième appendice – déjà cité à plusieurs reprises – du *Court traité* qu'apparaît pour la première fois cette idée. (O.1. p. 166; G.I. p. 121).

327 *Ethique*, I, définition IV, p. 59; G.II. p. 45.

328 C'est en fait au début de la cinquième partie que Spinoza explique comment se forment les notions communes (cf. *Ethique*, V, proposition 10 et suivantes). Concernant le rôle et la genèse des notions communes, cf. DELEUZE 1981, pp. 126-132 particulièrement.

Au milieu de l'année 1663, Spinoza s'estime donc en mesure de reprendre la rédaction de son *Ethique*. Il est parvenu à ce qu'il considère sans doute alors comme le terme de sa recherche: il sait comment arriver à la connaissance claire et peut sérieusement entreprendre d'y amener son lecteur. Il sait même très précisément comment procéder: en déduisant de l'idée claire et distincte qu'il a réussi à se faire de Dieu tout ce que le lecteur doit savoir de l'homme qu'il est, pour arriver lui-même à former cette idée qui lui apportera la certitude et la joie qui en résulte. Selon ses propres termes, Spinoza peut

> passer maintenant à l'explication des choses qui ont dû nécessairement suivre de l'essence de Dieu, ou, en d'autres termes, de l'essence de l'Etre éternel et infini. Mais non pas de toutes, cependant; [...] de celles qui peuvent nous conduire comme par la main à la connaissance de l'Esprit humain et de sa béatitude suprême[329];

une tâche qu'il escompte alors légitimement mener à bien en peu de temps.

2.13 Le troisième genre de connaissance: la science intuitive

Toutefois, plus de dix ans s'écouleront avant qu'il ne fournisse cette explication et ne trace cet itinéraire; une période étonnamment longue qu'explique partiellement une multiplication de projets annexes[330], mais qui apparaît surtout comme la conséquence d'une découverte imprévue. C'est en tout cas ce que laisse transparaître le texte qui nous est parvenu.

La forme définitive, que Spinoza donne à l'*Ethique*, est celle d'un livre en cinq parties. A la première, exclusivement métaphysique, intitulée *De Dieu* et rédigée dès 1662, il joint, sous le titre *De la Nature et de l'Origine de l'Esprit*, un ensemble de propositions, corollaires, scolies, définitions, axiomes et postulats, rassemblant des précisions métaphysiques non encore consignées et les résultats qu'il vient d'obtenir en physique et en épistémologie: la thèse de l'étendue et de l'esprit comme attributs de Dieu, celle de l'identité entre l'ordre et la connexion des idées et l'ordre et la connexion des choses ainsi que la thèse de l'homme consistant en un corps et un esprit

329 *Ethique*, II, préface, p. 101; G.II. p. 84.
330 Cf. Chronologie reprise dans le Tableau 2, p. 99.

sans influence mutuelle, la théorie des corps les plus simples et celle des corps composés, la double définition du corps humain[331], l'énoncé des propriétés qui en découlent et celui de ces conséquences que sont l'existence des deux genres différents de connaissance et l'existence de la partition strictement correspondante entre idées inadéquates et idées adéquates, caractéristiques de la seule raison qui, à l'inverse de l'imagination «perçoit les choses sous une espèce d'éternité»[332]. A cette partie hybride mais qui, comme telle, assure le passage de Dieu à l'homme, succède, comme il se doit, une partie traitant dans le détail *De l'Origine et de la Nature des Affects*, c'est-à-dire des «affections du Corps par lesquelles sa puissance d'agir est accrue ou réduite [...] et de leurs idées»[333], l'admiration, la haine, le désespoir, ou encore le contentement, la déception, la commisération, la honte, le regret, etc., qui en définitive se ramènent toutes à trois affects fondamentaux: la joie qui «est le passage d'une perfection moindre à une plus grande perfection»[334], la tristesse qui est l'affect inverse, et le désir, qui n'est autre que cet effort que fait tout homme pour «persévérer dans son être»[335], lorsque cet effort, *conatus* ou appétit, est accompagné «de la conscience de lui-même»[336]. Spinoza y démontre principalement que l'esprit est d'autant moins passif qu'il a plus d'idées adéquates, que «nous nous efforçons de promouvoir l'avènement de tout ce dont nous imaginons que cela conduit à la Joie»[337], et donc que «parmi tous les affects qui se rapportent à l'Esprit, en tant qu'il agit, il n'en est pas qui ne se rapportent à la Joie ou au Désir»[338]. Ayant ainsi établi l'existence d'une corrélation stricte entre l'usage de la raison, la maîtrise des affects et l'apparition de la joie, Spinoza offre ensuite une nouvelle série de propositions rassemblées sous un titre quelque peu trompeur, *De la Servitude humaine ou de la Force des Affects*. S'il y démontre effectivement que nous sommes toujours soumis aux

331 Plus exactement: la double définition de l'individu, et donc celle du corps humain. Peut-être est-ce le lieu de signaler que moins de 3% du volume total de l'*Ethique* sont directement consacrés à la physique. Nous résumons cette «digression physique» (LACHTERMAN 1978) dans le Complément 29 (p. 262).

332 *Ethique*, II, proposition 44, corollaire II, p. 143; G.II. p. 126.

333 *Ethique*, III, définition III, p. 157; G.II. p. 139.

334 *Ethique*, III, définition des affects II, p. 207; G.II. p. 191.

335 *Ethique*, III, proposition 9, scolie, p. 165; G.II. p. 148.

336 *Ibidem*.

337 *Ethique*, III, proposition 28, p. 179; G.II. p. 161.

338 *Ethique*, III, proposition 59, p. 205; G.II. p. 188.

passions parce que «nous sommes passifs en tant que nous sommes une partie de la Nature qui ne peut être conçue par elle seule, sans les autres parties»[339], il s'y préoccupe en effet surtout de montrer comment nous pouvons devenir actifs et dans quel but. Il y prouve successivement qu'«un affect ne peut ni être réprimé ni supprimé si ce n'est par un affect contraire et plus fort»[340], qu'«un affect pour un objet que nous imaginons comme nécessaire est plus intense que pour un objet possible ou contingent»[341], qu'«agir par vertu n'est rien d'autre que [...] conserver son être [...] sous la conduite de la Raison»[342], et par conséquent que, malgré le fait que puisse seulement être considéré comme bon «ce qui conserve le rapport de mouvement et de repos qu'ont entre elles les parties du Corps humain»[343], il existe un bien suprême commun à tous qui est la connaissance de Dieu et une vertu suprême qui consiste à connaître cet être absolument infini, et donc nécessaire[344]. Enfin, Spinoza en vient «à cette partie de l'Ethique qui concerne la modalité d'accès, c'est-à-dire la voie qui conduit à la Liberté»[345]; partie qu'il intitule *De la Puissance de l'Entendement ou de la Liberté humaine* et dans laquelle il indique plus précisément comment nous pouvons parvenir à cette connaissance de Dieu et à la joie qui l'accompagne. Puisque «un affect qui est une passion cesse d'être une passion dès que nous en formons une idée claire et distincte»[346] et que, comme tous les corps ont quelque chose de commun, «il n'y a pas d'affect dont nous ne puissions former quelque concept clair et distinct»[347], il s'agit de former des notions communes de plus en plus générales dont l'obtention augmentera sans cesse notre puissance d'agir et nous permettra *in fine* de «rapporter à l'idée de Dieu»[348] toutes les affections de notre corps, et donc tous nos affects, c'est-à-dire de «nous comprendre nous-même clairement et distinctement ainsi que nos affects»[349] et, par conséquent d'«éprouver une joie qu'accompagne l'idée

339 *Ethique*, IV, proposition 2, p. 228; G.II. p. 212.
340 *Ethique*, IV, proposition 7, p. 231; G.II. p. 214.
341 *Ethique*, IV, proposition 11, p. 234; G.II. p. 217.
342 *Ethique*, IV, proposition 24, p. 242; G.II. p. 226.
343 *Ethique*, IV, proposition 39, p. 256; G.II. p. 239.
344 *Ethique*, IV, proposition 28, p. 244; G.II. p. 228.
345 *Ethique*, V, préface, p. 291; G.II. p. 277.
346 *Ethique*, V, proposition 5, p. 295; G.II. p. 284.
347 *Ethique*, V, proposition 4, corollaire, p. 295; G.II. p. 282.
348 *Ethique*, V, proposition 14, p. 303; G.II. p. 290.
349 *Ethique*, V, proposition 15, p. 303; G.II. p. 290.

de Dieu»[350]; ce qui – étant entendu que «l'Amour n'est rien d'autre qu'une Joie accompagnée de l'idée d'une cause extérieure»[351] – n'est pas différent d'aimer Dieu.

L'*Ethique* réalise donc très fidèlement le projet présenté par Spinoza dès 1658 dans le *Traité de la réforme de l'entendement* et, même si la quatrième partie aurait pu être avantageusement scindée, l'itinéraire qui y est offert s'y trouve découpé de manière très naturelle: amené au plus vite à l'idée claire et distincte de Dieu, le lecteur y découvre successivement la démonstration des vérités qui le concernent en tant qu'homme, la description minutieuse des sentiments qu'il éprouve, la démonstration qu'il lui est possible de les dominer, et la technique à mettre en œuvre pour y parvenir et ainsi réussir à faire sienne l'idée par laquelle sa lecture a commencé. Si bien que la boucle paraît bouclée et le livre devoir se refermer: le lecteur se trouve désormais en mesure d'accéder à la connaissance claire qui lui garantit la possession de l'idée vraie de Dieu.

Et cependant, l'*Ethique* ne s'achève pas avec le scolie qui suit la vingtième proposition de la cinquième partie et reprécise pourtant une dernière fois en quoi consiste «la puissance de l'Esprit sur ses affects»[352]. Spinoza prolonge son texte d'une quinzaine de propositions consacrées à la description d'une expérience qu'il paraît avoir faite et que devrait pouvoir faire chaque lecteur: celle de la connaissance claire, ou du moins de ce qu'il appelait ainsi. Car, selon lui, lorsqu'on parcourt l'itinéraire qu'il vient de proposer, que l'on effectue cette remontée vers l'idée de Dieu, sur laquelle s'ouvrait quasiment son livre, on se trouve comme emporté au-delà de cette idée que l'on voulait atteindre. On est «amené à un point où tout bascule»[353], en ce point où la raison, poussée à bout, débouche sur un autre genre de connaissance, la «science intuitive»[354], cette connaissance claire dont les seuls objets semblaient devoir être les triangles, les cercles, les nombres et les autres êtres de raison, mais qui soudainement se révèle applicable aux êtres réels singuliers, et à soi tout particulièrement. On arrive en

---

350 *Ibidem*.

351 *Ethique*, III, proposition 13, corollaire, scolie, p. 168; G.II. p. 151.

352 *Ethique*, V, proposition 20, scolie, p. 306; G.II. p. 293.

353 DELEUZE 1981 p. 131.

354 Le troisième genre de connaissance est annoncé dès la deuxième partie de l'*Ethique* (p. 139; G.II. p. 122) à la suite des deux premiers, mais le lecteur n'y est réellement introduit que dans la cinquième partie (proposition 25, p. 309; G.II.).

un point où, «passant d'un versant à l'autre de l'idée de Dieu»[355], l'on redescend vers le singulier qui, d'un coup, devient parfaitement compréhensible. Subitement, tout devient clair, et distinct. On saisit le rapport que les choses singulières entretiennent, et celui que cet être singulier que nous sommes entretient avec le tout de la nature, de la même manière que l'on saisit le rapport entre deux nombres: intuitivement. Ce qui advient de telle chose, ce qui nous arrive, nous apparaît aussi évident que le fait que «deux lignes parallèles à une troisième sont parallèles entre elles»[356]. Nous comprenons les choses actuelles avec la même certitude que celle avec laquelle nous comprenons le triangle, nous les concevons

> [non plus] en tant qu'elles existent avec une relation à un temps et un lieu donné, [mais] en tant qu'elles sont contenues en Dieu et qu'elles suivent de la nécessité de la nature divine[357]

c'est-à-dire que nous les concevons «sous l'espèce de l'éternité»[358] et, plus particulièrement,

> nous sentons et nous expérimentons que nous sommes éternels[359].

Autrement dit, nous en venons à connaître et notre corps et notre esprit «par leur seule essence»[360]: comme ce qu'ils sont, à savoir des modes, des déterminations particulières, de ces deux attributs de la substance unique, infinie et éternelle, que sont l'étendue et la pensée. Expérience qui, pour nous qui nous trouvons inexorablement emportés par le cours déterminé de la Nature, constitue une véritable libération et nous procure une joie que Spinoza se propose d'appeler «Amour intellectuel de Dieu» puisqu'il s'agit cette fois d'une joie accompagnée de l'idée de Dieu comme cause

> non pas en tant que nous l'imaginons comme présent [...], mais en tant que nous comprenons que Dieu est éternel[361].

L'itinéraire menant au salut est donc plus long que prévu ou, du moins, Spinoza s'estime-t-il désormais en mesure de le décrire plus longuement: si

---

355 *Ibidem.*
356 Cf. page 104.
357 *Ethique*, V, proposition 29, scolie, p. 311; G.II. p. 298.
358 *Ibidem.*
359 *Ethique*, V, proposition 23, scolie, p. 309; G.II. p. 296.
360 Cf. page 104
361 *Ethique*, V, proposition 32, p. 313; G.II. p. 300.

l'idée claire et distincte de Dieu, à laquelle conduit la raison, est bien la condition d'accès à la Béatitude, c'est en définitive la connaissance du troisième genre qu'il faut chercher à atteindre[362]; cette science des essences singulières, qui mène à une joie que rien ne peut altérer[363] et permet en conséquence d'être de moins en moins passif, de plus en plus actif[364], et donc toujours plus libre et plus heureux.

Mais c'est à chacun d'y parvenir. Spinoza, pour sa part, ne saurait offrir davantage: «sa philosophie»[365], cette fois, est définitivement achevée. Il est arrivé à la science intuitive[366] et comprend vraiment les trois convictions qui n'ont cessé de l'animer. Il sait que nous pouvons nous sauver parce que la Nature est une et que la puissance de l'esprit est illimitée, que l'esprit possède une puissance sans limite puisque nous pouvons nous libérer malgré l'unité de la Nature, et que la Nature est une puisque nous pouvons effectivement nous libérer grâce au pouvoir illimité de l'esprit. Autrement

---

362 Cet itinéraire du bonheur est remarquablement retracé in MISRAHI 1992.

363 *Ethique*, V, proposition 37, p. 316; G.II. p. 303.

364 *Ethique*, V, proposition 38, p. 317; G.II. p. 304.

365 Spinoza n'hésitait pas à désigner l'*Ethique* de cette façon. Cf. Lettre à *J. Bouwmeester du mois de juin 1665*, O.4. Lettre XXVIII, p. 229, G.IV. p. 163.

366 Il n'y a pas de raison de douter que Spinoza ait bien accédé ou, tout au moins, ait eu l'impression d'arriver à ce niveau ultime de connaissance, mais il convient d'ajouter qu'il dut en être surpris dans la mesure où cela constituait l'aboutissement inattendu d'une recherche longue et précise. Comme nous l'avons déjà signalé dans le Complément 23 (p. 255), à la fin du *Traité de la réforme de l'entendement*, Spinoza se montre en effet exceptionnellement hésitant et relève que «[...] toutefois, une difficulté, non petite, semble inhérente à l'entreprise de parvenir à la connaissance de ces choses singulières; car, de tout concevoir à la fois, cela dépasse de beaucoup les forces de l'entendement humain». (O.1. p. 215; G.II. p. 37). Remarquant explicitement qu'«il faudra [...] nécessairement chercher d'autres secours que ceux dont nous usons pour connaître les choses éternelles et leurs lois» (*Ibidem*), il se propose alors d'attendre d'avoir acquis une connaissance de celles-ci et de «la nature de nos sens» (O.1. p. 216; G.II. p. 37), pour «traiter de ces secours qui se rapportent tous [à la connaissance des choses singulières]: savoir nous servir de nos sens et faire, d'après les règles et dans un ordre arrêté, des expériences suffisantes pour déterminer la chose que l'on étudie, de façon à en conclure enfin selon quelles lois des choses éternelles elle est faite et prendre connaissance de sa nature intime» (*Ibidem*). Ce qui, de toute évidence, montre que si, avant même d'entamer la rédaction de l'*Ethique*, Spinoza souhaitait déjà parvenir à la connaissance des choses singulières, il n'envisageait nullement d'y accéder en poussant à bout l'activité de la raison mais bien plutôt – et de manière beaucoup plus traditionnelle – en expérimentant. Cf. DELEUZE 1981 pp. 149-163.

dit, comme il le souhaitait dans le *Traité de la réforme de l'entendement*, il a «acquis cette nature supérieure et fait de son mieux pour que beaucoup l'acquièrent avec lui»[367]. Il peut refermer l'*Ethique*, pour que d'autres l'ouvrent.

2.14 L'*Ethique* et le *monde*

Il apparaît donc clairement que Spinoza n'aurait jamais pu écrire l'*Ethique* s'il s'était satisfait d'emprunter à Descartes sa conception du monde. C'est parce qu'il a bâti un *monde* nouveau que celui qui ouvre l'*Ethique* se trouve aussitôt engagé dans une voie qui le conduira vers la liberté. Ce que découvre en effet ce lecteur, c'est que ce corps qui est le sien n'est pas – contrairement à ce qu'affirmait Descartes – une simple portion d'étendue, isolée des autres et ne devant de former un tout avec celles-ci qu'à l'existence d'une pression intantanée exprimant l'action du Créateur, mais qu'il est, comme tous les autres corps, une modification de cet attribut de la substance, unique et divine, qu'est l'étendue et que, malgré sa singularité, par le jeu des combinaisons du mouvement et du repos en proportions convenables, et du fait de «cette unité de substance [...] établissant une liaison encore plus étroite de chacune des parties avec son tout»[368], il forme effectivement, avec tous ces autres modes, ce monde qui est un véritable individu. De sorte qu'il lui devient compréhensible qu'à l'imagination, seul genre de connaisance accessible dans un monde cartésien, il puisse adjoindre ce deuxième genre de connaissance qu'est la raison et, poussant celle-ci à bout, finalement accéder à la science intuitive en faisant personnellement l'expérience, existentielle et libératrice, de cette unité.

---

367 *Traité de la réforme de l'entendement*, § 5, O.1. p. 184; G.II.

368 *Lettre à Henri Oldenburg du 20 novembre 1665*, O.4. Lettre XXXII, p. 237; G.IV. p. 172.

3 Le *monde* de Malebranche

3.1 Introduction

L'ouvrage qu'il fallait lire pour découvrir le *monde* spinoziste n'était ni un livre de métaphysique ni un traité de physique. Celui dans lequel Malebranche élabore le sien n'est pas davantage l'un ou l'autre. Comme son titre l'indique, la *Recherche de la vérité* est consacrée à l'élaboration d'une théorie de la connaissance plutôt qu'à la construction d'une cosmologie. Et pourtant c'est bien sa lecture qui, seule, permet de comprendre pourquoi Malebranche modifia progressivement l'image du monde qu'avait composée Descartes et comment il en fit finalement naître un *monde* que celui-ci aurait sans nul doute récusé.

Ce ne sont pas les *Principes de la philosophie* mais le *Traité de l'homme* – publié pour la première fois cette année-là – qui, en 1664, «convertit» Malebranche au cartésianisme. Il y découvre une psychologie, réduite à une physiologie mais apparemment accordée à ce qu'il sait alors de cette science qu'il tient pour «la plus digne de l'homme»[369], et il devine en la philosophie, qui autorise cette réduction, le moyen d'enfin parvenir à cette interprétation rationnelle du christianisme, dont le défaut l'accable. Les thèses fondamentales soutenues par Descartes lui paraissent en effet naturellement appeler une théorie de la connaissance proche de celle de Saint Augustin et qui serait à même de fonder le mécanisme. Aussi est-ce la construction d'une épistémologie qu'il entreprend tout d'abord.

Mais cette *Recherche de la vérité,* dont il entame la rédaction après quatre années passées à «refaire complètement ses études»[370], Malebranche ne s'en satisfait pas. Il ne la considèrera d'ailleurs jamais comme véritablement achevée; les éditions successives qu'il en donne le prouvent[371]. A mesure

---

369 *Recherche de la vérité,* préface, O.c.I. p. 20. (Pour tous les textes de Malebranche que nous citons – à l'exception des *Entretiens sur la métaphysique et la religion* que nous lisons dans l'édition qu'en a donnée Armand Cuvillier en 1948 –, nous renvoyons, au moyen des initiales O.c., à l'édition des *Œuvres complètes* parue chez Vrin).

370 Citation d'Henri Gouhier donnée par Paul Mouy in MOUY 1934 p. 268.

371 Cf. l'introduction aux *Œuvres complètes,* O.c. I pp. V-XVIII. Nous ne prendrons en compte que les modifications et les additions les plus importantes, dont le Tableau 3, fournit la chronologie.

Tableau 3: Chronologie de la composition de la *Recherche de la vérité*

	Editions successives et modifications	**Œuvres annexes ou préparatoires**	**Influences**
1664			Lecture du *Traité de l'homme* de Descartes
1674	1e édition du tome 1		
1675	1e édition du tome 2 (incluant les *Règles de la communication des mouvements* [A])		Entrevue avec Leibniz
1676	2e édition du tome 2		
1678	3e édition = 2[e] édition + 15 *Eclaircissements* et le premier *Eclaircissement XVI* [B]		Lecture du *Traité de la percussion* de Mariotte
1683	4e édition = 3[e] édition		
1688		*Entretiens sur la Métaphysique et sur la Religion*	
1692		Opuscule *Des lois de la communication des mouvements* [C]	Lecture du *Traité de la lumière* de Huygens (1690)
1699		*Réflexions sur la lumière et les couleurs, et la génération du feu* [D]	
1700	5e édition = 4[e] édition mais substitution de D à B et remplacement de A par *Des lois générales de la communication des mouvements* [E]		Lecture de l'*Optice* de Newton (1706)
1712	6e édition mais addition d'un dernier paragraphe à la fin du Livre VI, augmentation de l'*Eclaircissement XVI* et adjonction du dernier *Eclaircissement*		

qu'il approfondit sa connaissance de la physique cartésienne, il y découvre de nouvelles erreurs, auxquelles il tente de remédier sans pour autant remettre en question les grands principes de Descartes. Et, à chaque fois, il insère la correction, qu'il juge alors appropriée, à ce même ouvrage. Tant et si bien qu'insensiblement, de retouches légères en additions plus importantes, le *monde* cartésien que supposait cette *Recherche* finit par s'effacer pour laisser place à un *monde* qui n'appartient qu'à lui.

3.2 La théorie de la vision en Dieu

Dans le premier tome, qui paraît en 1674, Malebranche présente sa solution au problème épistémologique que pose inévitablement la thèse cartésienne, qu'il fait sienne, du dualisme du corps et de l'âme.

D'après lui, il n'y a que quatre manières différentes de connaître les choses[372]. Nous connaissons notre âme par conscience, et les autres par conjecture. Dieu est connu par lui-même. Mais il n'y a que lui qui se donne ainsi à connaître, d'une manière «immédiate et directe». Aussi faut-il admettre que les corps ne sont, pour leur part, connus qu'indirectement. Or ils ne peuvent l'être ni par les sens ni par l'imagination puisque ceux-ci ne sont que des modifications de notre âme[373]. Ils sont donc connus par leurs idées. Et ces idées, selon Malebranche, sont en Dieu. On ne saurait en effet prétendre que ces idées viennent des corps eux-mêmes, que l'âme a la puissance de les produire ou qu'elles sont créées par Dieu en nous en même temps que nous[374]. Il convient plutôt de reconnaître que Dieu renferme en lui les idées des corps et que nous venons à les connaître par l'union étroite que notre âme entretient avec lui:

> Ainsi c'est en Dieu, & par leurs idées, que nous voyons les corps avec leurs propriétez[375].

Mais cela ne signifie pas qu'il y a en Dieu autant d'idées que de corps particuliers; chaque corps n'a pas son archétype en Dieu. Sur ce point, la doctrine

372 Cf. *Recherche de la vérité*, Livre III, deuxième partie, chap. VII.

373 Cf. *Recherche de la vérité*, Livres I et II.

374 Cf. *Recherche de la vérité*, Livre III, deuxième partie, et DELBOS 1924 chap. V pour une présentation succinte de ces arguments.

375 *Recherche de la vérité*, Livre III, deuxième partie, chap. VII, O.c. I, p. 452.

augustinienne qu'il retrouve peut, selon Malebranche, être heureusement modifiée[376]. Car il est possible de montrer que l'essence des corps n'est autre que l'étendue. En effet, comme l'a remarqué Descartes, lorsqu'on envisage une autre propriété que l'étendue – qu'il s'agisse de la fluidité, de la dureté, de la mollesse, du mouvement, du repos, ou même de la figure, de la divisibilité ou de l'impénétrabilité –, on est amené à reconnaître qu'elle ne peut être conçue sans l'étendue, alors que celle-ci peut l'être «fort facilement toute seule»[377]; et quand bien même on imaginerait – ce qu'a omis de faire Descartes – qu'il y a autre chose dans la matière que l'étendue, il est clair que cela n'empêcherait pas que celle-ci en soit néanmoins l'essence[378]. Pour que nous puissions connaître les corps, il suffit donc, en toute rigueur, que la seule idée de l'étendue soit en Dieu[379].

Bien comprise, la théorie de la vision en Dieu permet ainsi d'expliquer – outre la possibilité de la connaissance du monde extérieur – le succès de la mécanique, et de donner au mécanisme la légitimité qui lui manquait. Grâce à elle, nous comprenons en effet

> que l'idée que nous avons de l'étendüe suffit pour nous faire connaître toutes les proprietez, dont l'étendüe est capable; & que nous ne pouvons desirer d'avoir une idée plus distincte et plus féconde de l'étendüe, des figures et des mouvements que celle que Dieu nous en donne[380].

3.3 La rupture avec Descartes

N'était-ce la présence des chapitres III et IX dans la seconde partie du livre par lequel il s'achève, le deuxième tome de la *Recherche* serait plus cartésien encore que le premier. Malebranche y traite fort longuement des

---

376 Sur la doctrine augustinienne et les modifications qu'y apporte Malebranche, cf. la préface aux *Entretiens sur la métaphysique et la religion* et l'analyse qu'en fait Armand Cuvillier à la note 36 aux pages 53-56 de son édition.

377 *Recherche de la vérité,* Livre III, deuxième partie, chap. VIII, § II, O.c. I, p. 462.

378 Cf. *Recherche de la vérité,* Livre III, deuxième partie, chap. VIII, § II.

379 Ce n'est qu'en 1678 que Malebranche utilisera les termes d'«étendue intelligible» in *Recherche de la vérité, Eclaircissement* X, O.c. III, p. 148.

380 *Recherche de la vérité,* Livre III, deuxième partie, chap. VII, § III, O.c. I p. 450.

inclinations de l'esprit et des passions, avant d'enfin présenter la méthode qu'il préconise pour accéder à la vérité et qui ne diffère guère de la méthode cartésienne des idées claires et distinctes. Mais, juste après cette présentation, lui qui n'avait pas hésité à reprendre les thèses du dualisme et de l'étendue comme essence des corps, et qui s'était même employé à fonder le mécanisme, se démarque soudainement de celui qu'il semblait avoir pris pour maître en montrant que lui-même avait, en une occasion au moins, enfreint la première règle de la méthode. Au trente-sixième article de la deuxième partie des *Principes de la philosophie,* Descartes avait en effet cru devoir introduire une distinction. Il y écrivait:

> Après avoir examiné la nature du mouvement, il faut que nous en considérions la cause, et parce qu'elle peut être prise en deux façons, nous commencerons par la première et la plus universelle, qui produit généralement tous les mouvements qui sont au monde; nous considérerons par après l'autre, qui fait que chaque partie de la matière en acquiert, qu'elle n'avait pas auparavant. Pour ce qui est de la première il me semble évident qu'il n'y en a point d'autre que Dieu[381].

Or, pour Malebranche, ceci est tout à fait inacceptable; il est impossible qu'il y ait d'autres causes au mouvement que Dieu. En effet, supposer de telles causes c'est en revenir à «cette misérable philosophie»[382] selon laquelle

> il y a dans les corps quelques entitez distinguées de la matière[383],

et c'est donc pécher contre la méthode de la nouvelle philosophie puisque, si l'on peut

> facilement s'imaginer qu'elles sont les véritables ou principales causes des effets que l'on voit arriver[384],

c'est seulement parce qu'on n'a aucune idée claire des entités en question. Ensuite, poser qu'il existe de telles causes c'est faire injure à Dieu en divinisant les corps. De fait, si l'on n'oublie pas la méthode et si l'on s'efforce de concevoir clairement un corps, on se doit de reconnaître qu'on n'y trouve que l'étendue et nulle force de se mouvoir:

> Une montagne, une maison, une pierre, un grain de sel, enfin le plus petit ou le plus grand des corps que l'on puisse concevoir, n'a point la force de se remüer[385].

---

381 *Principes de la philosophie,* deuxième partie § 36, A.T. IX (2) p. 84.

382 *Recherche de la vérité,* Livre VI, deuxième partie, chap. III, O.c. II, p. 312.

383 *Recherche de la vérité,* Livre VI, deuxième partie, chap. III, O.c. II, p. 309.

384 *Ibidem.*

385 *Recherche de la vérité,* Livre VI, deuxième partie, chap. III, O.c. II, p. 312-313.

Nous devons dès lors conclure que ce sont les esprits qui mettent les corps en mouvement puisque

> Nous n'avons que deux sortes d'idées, idées d'esprit, idées de corps: & ne devant dire que ce que nous concevons, nous ne devons raisonner que suivant ces deux idées[386].

Mais s'il s'agit d'esprits finis, ceci n'est pas davantage soutenable:

> quand on examine l'idée que l'on a de tous les esprits finis, on ne voit point de liaison nécessaire entre leur volonté & le mouvement de quelque corps que ce soit, on voit au contraire qu'il n'y en a point, & qu'il n'y en peut avoir[387].

En revanche,

> lors qu'on pense à l'idée de Dieu, c'est-à-dire d'un être infiniment parfait & par conséquent tout-puissant, on connoît qu'il y a une telle liaison entre sa volonté & le mouvement de tous les corps, qu'il est impossible de concevoir qu'il veüille qu'un corps soit mû, & que ce corps ne le soit pas. Nous devons donc dire qu'il n'y a que sa volonté qui puisse remüer les corps [...] Ainsi les corps n'ont aucune action: & lors qu'une boule qui se remüe, en recontre & en meut une autre, elle ne lui communique rien qu'elle ait: car elle n'a pas elle-même la force qu'elle luy communique. Cependant une boule est cause naturelle du mouvement qu'elle communique. Une cause naturelle n'est donc point une cause réelle & véritable, mais seulement une cause occasionnelle, & qui détermine l'Auteur de la nature à agir de telle & telle manière, en telle & telle rencontre[388].

Donc, la cause du mouvement ne peut «être prise en deux façons»: Dieu est seule véritable cause de tous les phénomènes que nous observons et il est illégitime d'affirmer indifféremment, comme le faisait Descartes, que Dieu intervient à chaque instant de l'histoire du monde ou qu'il le crée et le laisse ensuite évoluer conformément à la loi qu'il impose[389]; si le monde est maintenu dans l'existence, c'est que Dieu y intervient à chaque instant en répartissant différemment la quantité de mouvement qu'il y a mise en le créant.

---

386 *Recherche de la vérité,* Livre VI, deuxième partie, chap. III, O.c. II, p. 313.

387 *Ibidem.*

388 *Ibidem.*

389 Cf. page 17.

Selon Malebranche, de même qu'il accorde les corps les uns aux autres, Dieu harmonise par ailleurs les esprits et les impressions que reçoivent les corps qui leur correspondent:

> les esprits les plus nobles [...] ne peuvent rien connaître, si Dieu ne les éclaire. Ils ne peuvent rien sentir, si Dieu ne les modifie[390].

Et ceci précise l'explication du succès de la mécanique qu'avait fournie la théorie de la vision en Dieu: s'il y a accord entre la mécanique et l'expérience, c'est en effet que Dieu est à la fois cause des mouvements et des modifications de l'esprit qui, bien que totalement étranger au monde des corps, peut néanmoins connaître avec certitude les lois auxquelles ceux-ci obéisssent, grâce à leurs idées géométriques qu'il trouve en Dieu.

3.4 L'occasionalisme et l'explication de la solidité

Au moment où paraît le deuxième tome de la *Recherche de la vérité,* Malebranche n'est donc déjà plus le cartésien que laissait encore deviner le premier: s'il accepte le *monde* de Descartes, ce n'est qu'à la condition de le lire comme la description d'un monde qui évolue sous l'action constante du créateur. En un mot: dès cette époque, Malebranche est «occasionaliste»[391]. Et, comme le prouve l'ultime chapitre de son ouvrage, il a déjà commencé à tirer les conséquences de son choix.

Dans ses *Principes,* Descartes avait explicitement doté d'une force les corps en repos. Il y avait en effet admis

> que, lorsqu['un corps] est en repos, il a de la force pour demeurer en ce repos et pour résister à tout ce qui pourrait le faire changer[392].

---

390 *Recherche de la vérité,* Livre VI, deuxième partie, chap. III, O.c. II, p. 314. Cette thèse paraît cependant totalement indépendante de la première. Notre lecture de la *Recherche* nous porte en tout cas à penser, avec T.M. Lennon qui a étudié les influences de Cordemoy et de La Forge sur Malebranche (LENNON 1974), que c'est le problème de l'interaction entre corps et non celui du rapport entre le corps et l'esprit qui le conduisit à l'occasionalisme.

391 Sur les différences entre cet occasionalisme et ceux d'autres «cartésiens», cf. par exemple CLARKE 1989 et MOUY 1934.

392 *Principes de la philosophie,* deuxième partie, § 43, A.T. IX (2), p. 88.

Or, selon Malebranche, il s'agit là d'une hypothèse injustifiée:

> Je reconnais [donc] qu'il peut se faire que Dieu veüille, que chaque chose demeure en l'état où elle est, soit qu'elle soit au repos, ou qu'elle soit en mouvement; [...]
>
> Cependant, je n'ai point de preuve certaine que Dieu veüille par une volonté positive que les corps demeurent en repos: & s'il semble qu'il suffit que Dieu veüille qu'il y ait de la matière afin que non seulement elle existe, mais aussi afin qu'elle existe en repos. [...] le repos n'est que la privation du mouvement: je veux dire, que la force prétendüe qui fait le repos, n'est que la privation de celle qui fait le mouvement, car il suffit ce me semble que Dieu cesse de vouloir qu'un corps soit mû, afin qu'il cesse de l'être, & qu'il soit en repos. [...]
>
> S'il est vrai, comme je le conçois, que le repos ne soit que la privation du mouvement, le moindre mouvement, je veux dire celui du plus petit corps agité renfermera plus de force et de puissance que le repos du plus grand corps. Ainsi le moindre effort ou le plus petit corps que l'on concevra agité dans le vuide contre un corps tres-grand & tres-vaste, sera capable de le mouvoir quelque peu: puisque ce grand corps étant en repos il n'aura aucune puissance pour résister à celle de ce petit corps, qui viendra frapper contre lui[393].

Et dès lors, il faut admettre que le phénomène, à l'explication duquel Descartes destinait cette hypothèse, doit être expliqué d'une autre manière: ce ne saurait être du repos de ses parties qu'un corps tire sa cohésion ou sa solidité. Pour ce faire, on ne peut cependant que se refuser d'invoquer

> la forme des corps, les qualitez, de dureté ou quelque qualité occulte, la sympathie qui serait entre les parties du même genre, &c.[394]

dont on n'a aucune idée claire et distincte. On ne peut davantage envisager la solution que semblent proposer les atomistes et qui revient à supposer que deux parties A et B d'un corps dur sont maintenues à distance constante l'une de l'autre par

> [des] petits liens [...] [qui] sont *essentiellement* crochu[ë]s ou branchu[ë]s[395].

Une telle solution conduit en effet à deux difficultés: d'une part,

> il ne m'est pas possible de concevoir, comment ces petits liens seroient indivisibles par leur essence & par leur nature, ni par conséquent comment ils seroient infléxibles, puisqu'au contraire je les conçois tres-indivisibles, & nécessairement divisibles par leur essence & par leur nature. Car la partie A est tres-certainement une substance aussi bien que B: & par conséquent il est clair que A peut exister sans B, ou séparé de B, puisque les substances peuvent exister les unes sans les autres, parce qu'autrement elles ne seroient

393 *Recherche de la vérité,* Livre VI, deuxième partie, chap. IX, O.c. II, pp. 428-432.
394 *Recherche de la vérité,* Livre VI, deuxième partie, chap. IX, O.c. II, p. 426.
395 *Recherche de la vérité,* Livre VI, deuxième partie, chap. IX, O.c. II, p. 424.

> pas des substances. [Quant à] Dire que A ne soit pas une substance, cela ne se peut: car je le puis concevoir sans penser à B [...]. De sorte que ce lien est indivisible en A & en B[396];

d'autre part,

> si ce lien était indivisible, ou crochu par sa nature & par son essence, il arriverait tout le contraire de ce que nous voyons par l'expérience: car on ne pourrait rompre aucun corps[397].

Il faut donc conclure que la solidité des corps vient seulement de la présence

> [d']une matière invisible qui les environne, laquelle étant extêmement agitée, pousse avec beaucoup de violence les parties exterieures & interieures de ces corps, & les comprime ainsi de telle sorte, que pour les separer, il faut avoir plus de force que n'en a cette matiere invisible laquelle est extrêmement agitée[398];

ce que paraissent d'ailleurs confirmer les expériences effectuées à Magdebourg par Otto von Guericke[399].

En résumé, Descartes s'est une nouvelle fois trompé et cette erreur a la même origine que la précédente: il a omis de suivre la méthode des idées claires et distinctes qui lui aurait permis de donner, une fois encore, l'explication correcte d'un phénomène naturel.

3.5 La nécessité de modifier le *monde* cartésien

Cependant cette correction n'est pas aussi anodine qu'il y paraît, et l'on ne peut douter que Malebranche ne devine déjà, au moment d'achever la première rédaction de son livre, qu'elle fait bien davantage qu'illustrer la méthode qu'il y a défendue et que son introduction fait même vaciller toute la cosmologie cartésienne.

Comme tout lecteur des *Principes de la philosophie,* Malebranche sait pertinemment, en effet, que pour leur auteur l'existence de corps parfaitement

---

396 *Ibidem.*

397 *Recherche de la vérité,* Livre VI, deuxième partie, chap. IX, O.c. II, p. 425.

398 *Recherche de la vérité,* Livre VI, deuxième partie, chap. IX, O.c. II, p. 437.

399 Comme le précisent encore aujourd'hui bon nombre de manuels de physique, ces expériences, effectuées en 1654, avaient démontré la nécessité d'exercer une traction énorme pour séparer deux hémisphères simplement accolés l'un à l'autre lorsqu'on fait le «vide» à l'intérieur de la sphère qu'ils forment.

durs est indispensable à celle du monde; que c'est une condition nécessaire à son unité. De fait, selon Descartes, la contiguïté qui confère au monde son unité est seulement assurée par une pression qui s'exerce partout instantanément[400]. Et cette pression, que l'on nomme parfois «pesanteur» ou «chaleur» et le plus souvent «lumière», et qui n'est que la manifestation de la tendance qu'ont toutes les parties de la matière à conserver leur mouvement, ne peut s'exercer au même instant à plusieurs endroits que si ceux-ci sont séparés par des corps parfaitement durs. C'est d'ailleurs la raison pour laquelle il a doté les boules du second élément, constitutif des cieux, d'une dureté parfaite: sans elle il n'y aurait eu aucune lumière et le monde n'aurait pu exister au-delà de l'instant de la création. Mais sitôt qu'on reconnaît, comme le fait alors Malebranche, qu'un corps n'a pas de force lorsqu'il est au repos et que la dureté ne peut par conséquent résulter du repos, et qu'on tente malgré tout d'en fournir une explication qui soit néanmoins mécanique, on se trouve forcé d'admettre que la dureté est toujours relative et ne saurait donc jamais être parfaite. Comment pourrait-on, en effet, expliquer la dureté des parties de la matière subtile, dont l'agitation est responsable de celle des corps qu'elle entoure, autrement que par le mouvement d'autres corps qui entourent chacune de ces parties, et ainsi de suite indéfiniment? Le monde n'est donc réellement composé que de tourbillons s'emboîtant les uns dans les autres à l'infini, et d'une dureté qui dépend en fait du mouvement des parties constitutives des tourbillons voisins. Et par conséquent, contrairement à ce qu'a postulé Descartes, aucune partie du monde n'est jamais parfaitement dure et les boules du second élément, qu'il a supposées telles, n'existent pas. Autrement dit, le mécanisme qu'il avait imaginé, pour expliquer comment le monde se maintient seul dans l'existence, est un mécanisme impossible.

L'argument est si simple et tellement immédiat qu'il est impossible que le physicien cartésien qu'est encore Malebranche en 1675 n'y songe aussitôt. Et s'il préfère le taire, c'est qu'il remarque que, contrairement aux apparences, cet argument n'est guère convaincant et s'avère même embarrassant pour l'occasionaliste qu'il croit devoir être.

Il convient en effet tout d'abord de noter que cet argument ne constitue pas, comme il semblerait à première vue, une démonstration inédite de la nécessité de se défaire de l'idée d'un monde qui évoluerait indépendamment de Dieu. Car la critique, sur laquelle il s'appuie, de l'hypothèse cartésienne

---

400 Cf. page 37.

de l'existence d'une force de repos est elle-même fondée sur l'hypothèse d'une intervention continuelle du créateur puisque, si un corps au repos n'a aucune force, c'est précisément – d'après Malebranche – parce qu'il n'a pas de mouvement, c'est-à-dire parce que Dieu ne lui en donne aucun et se contente de le faire exister. L'argument en question ne saurait donc être évoqué à l'appui de la thèse occasionaliste. Tout au contraire: en le signalant, Malebranche déforcerait même sa position. Puisqu'il suppose l'occasionalisme, ce que démontre cet argument c'est, en effet, qu'affirmer conjointement le mécanisme et l'intervention divine n'est pas sans conséquence mais conduit nécessairement à l'abandon de la cosmologie cartésienne; c'est-à-dire qu'il est impossible de soutenir à la fois, comme croyait pouvoir le faire Malebranche, que Dieu intervient continuellement dans le cours des choses et que les lois, conformément auxquelles il agit, sont néanmoins celles qu'a données Descartes. Il montre, en d'autres termes encore, qu'une lecture occasionaliste du *monde* cartésien n'est possible qu'à la condition de le modifier; tâche que Malebranche n'avait jamais pensé devoir entreprendre. Et l'on comprend mieux encore son silence, si l'on remarque qu'en déplaçant ainsi dans le champ de la physique le débat qui l'oppose à Descartes, cet argument contraint Malebranche à se soumettre au verdict de l'expérience. Comme il conclut particulièrement à l'inexistence d'une pression susceptible de s'exercer partout simultanément, cet argument prouve en effet que c'est l'expérience – et elle seule – qui déterminera quelle modification le tenant de l'occasionalisme se doit d'apporter à l'image cartésienne du monde: s'il s'avère que le temps, qui s'écoule par exemple entre le moment où une chandelle est allumée et le moment où un observateur éloigné perçoit la flamme, est conforme à l'hypothèse cartésienne, c'est-à-dire nul, il devra profondément modifier les lois du choc proposées par Descartes pour expliquer comment une pression peut s'exercer instantanément dans un monde où rien n'est parfaitement dur; et si, comme il est porté à le croire, ce temps s'avère différent de zéro, il devra expliquer en quoi consiste réellement ce phénomène que Descartes considérait à tort comme une pression. Or l'état de la science en 1675 ne permet pas de trancher cette alternative et condamne momentanément Malebranche à une expectative embarrassée: il sait qu'il doit construire un nouveau *monde* mais il ignore comment rectifier celui de Descartes pour y parvenir. Sa *Recherche* est inachevée, mais il ne peut que la suspendre.

3.6 Première correction des lois des chocs

S'il peut taire cet argument qui montrerait à quel point sa *Recherche* est incomplète, Malebranche ne peut en revanche songer à la publier sans avoir explicitement corrigé l'une des lois cartésiennes que contredit trop manifestement l'occasionalisme. La quatrième loi du choc des *Principes* n'est en effet que la légalisation de l'hypothèse selon laquelle un corps au repos a une certaine force pour résister au mouvement. Elle énonce qu'un corps ne peut, quelle que soit sa vitesse, ébranler un corps immobile plus grand que lui et rejaillit avec la même vitesse dans la direction opposée[401].

Pour la rectifier, il commence par remarquer que, les corps ne devant leur dureté qu'à d'autres corps qui les environnent, il faut néanmoins, pour étudier un choc se produisant dans le vide, postuler avec Descartes que les corps sont durs «par eux-mêmes». L'absence de force pour résister au mouvement et la relativité du mouvement et du repos le conduisent alors à admettre la règle suivant laquelle, dans cette situation idéale,

> il n'y a qu'à ajoûter tous les degrez de mouvement de deux corps [...] qui ne doivent être considerez que comme un seul dans le moment de leur rencontre et après diviser la somme de tout le mouvement à proportion de la grandeur de ces corps[402],

et donc à reconnaître que, dans le cas où un petit corps vient à frapper un corps plus grand qui est immobile,

> [celui-là] doit communiquer à [celui-ci] de son mouvement à proportion de la grandeur de [celui-ci] et aller ensuite de compagnie[403].

---

401 Cf. *Principes de la philosophie,* deuxième partie, § 49.

402 *Recherche de la vérité, Règles de la communication des mouvements,* O.c. XVII-1, pp. 39-40. Nous dirions aujourd'hui que la vitesse commune des deux corps est égale à

$$\frac{g_A v_A + g_B v_B}{g_A + g_B};$$

Ce qui est tout à fait correct pour les corps sans ressort si on accepte de compter les vitesses algébriquement et d'interpréter g comme la masse. Cf. par exemple BOUASSE 1895 ch. IX § IV.

403 *Recherche de la vérité, Règles de la communication des mouvements,* O.c. XVII-1, p. 39. Notons que Malebranche continuait par contre à prétendre – de manière incompréhensible – que les corps doivent rejaillir «lorsqu'ils sont égaux en grandeur et en vitesse, ou que la vitesse recompense la grandeur ou la grandeur la vitesse» (*Ibidem*).

La règle dont il tire cette correction de la quatrième loi cartésienne lui paraissant tout à fait générale, il est ensuite amené à modifier deux autres lois posées par Descartes, dont il était nettement plus malaisé de voir qu'elles reposaient, elles aussi, sur l'hypothèse d'une force de repos: contrairement à ces sixième et septième lois[404], lorsqu'un corps en cogne un autre qui est immobile ou qui se déplace dans le même sens à vitesse moindre, il n'y a jamais rebond mais les deux corps se déplacent ensuite à même vitesse dans la direction qu'avait le premier, et ce quelles que soient leurs grandeurs et la vitesse initiale de celui-ci.

Enfin, pour rendre compte de ce que l'on observe effectivement, à savoir que les corps rejaillissent au lieu de s'accompagner comme l'exige cette nouvelle règle, il propose de considérer l'effet de ressort, qui doublerait en fait le choc d'un «contrecoup»[405] et qui, selon lui, serait dû à l'agitation d'une matière subtile qui passe entre les parties des corps.

En clair, les apparences sont sauves: l'occasionaliste peut accomoder les lois de la physique cartésienne et l'expérience. Malebranche peut donc enfin refermer momentanément sa *Recherche.*

3.7 Deuxième correction des lois des chocs

Ces *Règles de la communication des mouvements* clôtureront quatre éditions successives de la *Recherche*[406], laissant faussement croire que l'auteur est entièrement satisfait des légers amendements qu'il a apportés à la physique cartésienne; très vite, en effet, Malebranche envisagera l'une et l'autre branches du dilemme auquel le condamnait le raisonnement qu'il avait soigneusement passé sous silence.

C'est tout d'abord Leibniz qui, dès 1675, l'invite à considérer la possibilité de modifier beaucoup plus radicalement les lois du choc proposées par Descartes[407]. A cette époque, les arguments du philosophe allemand sont cependant trop vagues pour le convaincre de la nécessité d'entreprendre une

404 *Principes de la philosophie,* deuxième partie, §§ 51 et 52.

405 *Recherche de la vérité, Règles de la communication des mouvements,* O.c. XVII-1, p. 43.

406 Malebranche y joindra toutefois, en 1678, seize *Eclaircissements.*

407 Sur l'influence de Leibniz sur Malebranche, cf. ROBINET 1955 et MOUY 1927.

telle révision. Mais une dizaine d'années plus tard, en 1686, celui-ci se fait plus précis: il prétend alors que seule la première loi établie par Descartes est correcte et que Malebranche commet la même erreur que celui-ci en soutenant que la quantité de mouvement se conserve au lieu d'admettre que c'est, comme il l'a montré, la force vive qui est conservée[408]. Sans lui donner raison sur ce dernier point, et comme pour éviter de s'engager dans un débat dont il perçoit que les conclusions pourraient être dramatiques pour sa philosophie, Malebranche choisit alors de modifier les lois du choc pour les rendre conformes aux résultats expérimentaux obtenus par l'abbé Mariotte; ce qui est du reste, selon lui, la seule chose que nous puissions faire puisque, lors d'un choc, c'est Dieu qui agit, et qu'il est inimaginable que l'on puisse parvenir à découvrir, autrement que par l'observation, ces lois qu'il a librement voulu exercer[409].

Mais cette position de repli qu'autorise l'occasionalisme n'est pas des plus confortables. Les lois théoriques qu'il s'agit d'accorder aux lois obtenues expérimentalement sont, en effet, établies pour des chocs se produisant dans le vide. Il faut donc trouver le moyen de rapprocher la théorie et l'expérience ou, plus précisément, de traduire théoriquement les conditions expérimentales. Pour ce faire, remarquant que les expériences effectuées par Mariotte donnent des résultats tout à fait différents selon que les corps choqués sont – comme on le dit habituellement – durs ou mous, c'est-à-dire selon qu'ils sont indéformables ou non, et que les expériences avec ces derniers se conforment aux lois qu'il a établies pour des chocs dans le vide mettant en jeu des corps qu'il croyait devoir supposer «durs par eux-mêmes», Malebranche accepte de modifier sa terminologie et d'admettre que

> tout corps par lui-même est infiniment mou puisque le repos n'a point de force pour résister au mouvement, et qu'ainsi une partie d'un corps plus poussée que sa voisine doit s'en séparer[410].

---

408 Il semble inutile d'insister sur un autre argument leibnizien qui s'appuyait sur le principe de continuité et que Malebranche ne saisit jamais parfaitement. Cf. par exemple MOUY 1934 p. 298. Sur la force vive, cf. page 192.

409 Paul Mouy parle de l'«attitude [...] positiviste» de Malebranche, c'est-à-dire de sa «conviction qu'il y a des lois, et [de son] refus de préjuger ce que seront ces lois» (MOUY 1934 p. 297). Cela paraît légitime, mais il faut remarquer que cette attitude n'était elle-même légitimée que par l'occasionalisme que Malebranche se refusa toujours à mettre en question.

410 *Lois de la communication des mouvements,* O.c. XVII-1 p. 126 et *Recherche de la vérité, Lois générales de la communication des mouvements,* O.c. XVII-1 p. 127. Nous citons le dernier état de ce texte.

Un corps dans le vide étant ainsi par définition ce que l'on appelle couramment un corps mou, il s'ensuit immédiatement *a contrario*

> que les corps durs ne sont tels que par la compression de la matière invisible qui les environne et qui en pénètre les pores[411].

La comparaison de la théorie et de l'expérience devient donc possible: les chocs réels se conformeront d'autant plus exactement aux lois établies pour des corps se rencontrant dans le vide que les corps choqués seront mous; et inversement, les lois auxquelles obéissent les chocs entre corps durs pourront être obtenues à partir des lois théoriques modifiées prenant en compte les effets de la matière subtile.

Plutôt que de tenter de retrouver les lois expérimentales à partir des lois théoriques et d'effets de la matière subtile qu'il s'efforçerait de deviner, Malebranche choisit d'être plus prudent et de profiter du rapprochement – désormais possible – de l'expérience et de la théorie pour découvrir en quoi consistent précisément ces effets. Il suffit en effet de remarquer que les expériences sur des corps durs se distinguent de celles effectuées sur des corps mous par le fait que les corps y rejaillissent au lieu de rester collés l'un à l'autre, pour en conclure que la matière subtile doit être responsable de ce ressort. Notant que l'usage veut que l'on n'attribue du ressort à un corps mou que

> si par le choc il s'applatit un peu et se rétablit promtement après le choc dans son premier état[412],

Malebranche en vient à considérer les chocs entre corps durs comme des chocs entre corps mous dotés de ressort; hypothèse que lui paraît ensuite confirmer l'analyse des lois, établies par Mariotte, dans le cas des corps durs. Pour retrouver ces lois, on peut en effet procéder comme suit, quelles que soient les vitesses et directions initiales des corps choqués:

> 1. Regardez d'abord [ces corps] comme des corps mous. Ainsi divisez la somme ou la différence de leurs mouvements par la somme de leurs masses; la somme si leurs mouvements ne sont point contraires; et la différence s'ils le sont. L'exposant [la quotient] de cette division marqueroit leur vitesse commune et de même part, s'ils étoient mous.

---

411 *Ibidem.*

412 *Lois de la communication des mouvements,* O.c. XVII-1 p. 84 et *Recherche de la vérité, Lois générales de la communication des mouvements,* O.c. XVII-1 p. 85. On dit aujourd'hui d'un tel corps qu'il est «élastique» et l'on admet donc – comme Malebranche – que les corps parfaitement mous et les corps parfaitement durs sont inélastiques.

2. Mais à cause du ressort distribuez à contre sens c'est à dire réciproquement aux masses leur vitesse respective avant le choc c'est à dire: la somme de leurs vitesses si leurs mouvements sont contraires; leur différence, s'ils sont semblables

3. Ajoûtez les mouvements semblables, et retranchez les contraires[413].

Et ceci s'explique aisément sitôt qu'on tient compte de la présence de la matière subtile qui entoure chaque corps et doit donc se trouver comprimée lorsque les corps s'approchent l'un de l'autre. En effet:

On doit donc, selon la premiere opération de la regle, considerer les corps qu'on appelle durs, comme s'ils étoient mous; du moins jusqu'à l'instant de la parfaite compression ou réaction de la matière subtile qui fait le ressort: car jusques-là les petites parties, dont les corps choquant sont composez, obéïssent reciproquement à l'effort du choc les unes après les autres [...] Jusques-là la force des mouvements contraires compriment la matiere subtile, et lui communique son mouvement. Après quoi le mouvement qui reste au corps le plus fort dans sa partie la plus éloignée du point de rencontre, se distribuë également dans le reste de sa masse, et dans celle du plus faible, comme dans les corps mous. Ainsi l'on voit bien que la premiere opération de la regle, qui ordonne de diviser la difference des mouvements contraires par la somme des masses, représente à l'esprit l'effet naturel du choc des corps mûs en sens contraire, faisant abstraction de la force du ressort dont la seconde opération exprime l'effet, comme on va le voir [...]

Cette seconde opération consiste à distribuer reciproquement aux masses des corps leur vitesse respective. Or cela est conforme à la raison: car les corps qui se sont choquez doivent après l'instant qu'exprime la premiere opération, c'est-à-dire dans l'instant de l'équilibre [...], être repoussez à proportion de la compression de la matiere subtile qui fait la force du ressort, et cette compression dépend de la vitesse respective avec laquelle les corps se choquent. Or à l'instant de l'équilibre, qui est celui de la parfaite compression de cette matiere subtile, l'effort de cette compression, doit necessairement être égale de part et d'autre dans chacun des corps choquez; car il ne peut y avoir d'équilibre sans égalité de forces contraires. Donc il faut que les mouvemens des corps rejaillissans soient égaux. Il faut donc que par l'effort du ressort, leurs vitesses soient reciproquement comme leurs masses[414].

---

413 *Lois de la communication des mouvements,* O.c. XVII-1 p. 114 et *Recherche de la vérité, Lois générales de la communication des mouvements,* O.c. XVII-1 p. 115. Remarquons que, visant à retrouver des lois expérimentales, Malebranche cesse ici de parler de la grandeur des corps et utilise pour la première fois le terme de masse. Comme nous le montrons dans le Complément 30 (p. 263), on peut de ce fait donner raison à Paul Mouy lorsqu'il écrit: «Le cartésianisme, grâce à Malebranche, a donc intégré les véritables lois du choc». (MOUY 1934 p. 304).

414 *Lois de la communication des mouvements,* O.c. XVII-1 pp. 128 et 132, et *Recherche de la vérité, Lois générales de la communication des mouvements,* O.c. XVII-1 pp. 129 et 133.

N'en déplaise à Leibniz, il n'est donc pas nécessaire de s'écarter du mécanisme strict pour rendre compte de l'expérience : une entité extra-géométrique, telle que la force vive qu'il propose, est inutile; tout ce qu'on observe peut s'expliquer par le mouvement. La prétention de Descartes n'était pas démesurée. Il suffit de le corriger et d'admettre – comme nous y contraint l'occasionalisme – que les corps ne doivent leur dureté qu'à la présence de la matière subtile qui les presse et qui est responsable de ce rebond qu'on observe lorsqu'ils se choquent. En un mot : l'occasionalisme triomphe.

3.8 Le problème de la lumière

Ce n'est toutefois qu'en 1692 que Malebranche publiera un petit opuscule, intitulé cette fois *Des lois de la communication des mouvements,* reprenant ces résultats et destiné à remplacer la fin du dernier chapitre de la *Recherche.* Malebranche, en effet, ne s'y trompe pas : comme tout lecteur des *Principes de la philosophie,* il sait que son occasionalisme a une conséquence inévitable qu'il devient difficile de dissimuler dès lors qu'on explicite le rôle de la matière subtile. Comme il le reconnaîtra alors, il suit de l'explication qu'il fournit des lois dégagées par Mariotte :

> 1. que lorsqu'un corps en choque un autre qui est en arrêt, ou qui lui résiste, le mouvement qu'imprime le choc ne se communique pas tout entier en un instant. Car puisque les parties du corps choqué, et de la matière subtile qui est dans leurs pores céde du moins quelque peu à l'effort du choc, il est évident que le corps choquant continüe son impression : car ce corps continüe d'avancer tant que le choqué lui céde.
>
> 2. Que dans le choquant il arrive la même chose, sçavoir que la réaction du corps choqué, et de la matiere subtile contre le choquant, ne se fait pas toute entière en un instant, mais successivement, et d'une partie à sa voisine, de sorte que cette réaction n'est compléte que lorsque la partie du choquant la plus éloignée du point de rencontre n'avance plus vers le corps choqué.
>
> 3. Que lorsque l'effort de la matiere subtile, trop comprimée, est égal à la force des corps qui se choquent, il se fait une espèce d'équilibre, après lequel commence le réjaillissement, qui augmente successivement, mais fort promtement : et d'autant plus promtement que la force du ressort est plus grande; ou ce qui est la même chose, que la matiere subtile a été plus comprimée par la résistance que le corps choqué a fait au choquant[415].

---

415 *Lois de la communication des mouvements,* O.c. XVII-1 pp. 82, 84 et 86, et *Recherche de la vérité, Lois générales de la communication des mouvements,* O.c. XVII-1 pp. 83, 85 et 87.

Ainsi, contrairement à ce que l'on croit observer lorsque se cognent deux corps aussi durs que des boules d'ivoire ou de verre, le choc n'est pas instantané; il faut qu'un certain temps s'écoule pour qu'ils puissent rebondir. Ce temps est d'autant plus court que les corps mis en présence sont durs, mais il n'est jamais nul. Il ne le serait que pour des corps parfaitement durs ou parfaitement mous, c'est-à-dire pour des corps qui ne sauraient exister; pour être parfaitement mou, un corps devrait en effet être placé dans le vide et, pour être parfaitement dur, avoir une dureté qui ne résulte d'aucune action extérieure mais ne dépend que de lui-même; hypothèses également intenables pour un occasionaliste cartésien. Un choc à l'extrémité d'une série de corps mis à la suite ne se fera jamais sentir instantanément à l'autre extrémité. D'où il faut immédiatement conclure que la pesanteur, la chaleur et la lumière ne peuvent être identifiées à cette pression, censée s'exercer partout simultanément, qu'avait posée Descartes.

Cette nouvelle théorie du choc fait donc apparaître, on ne peut plus clairement, cette conséquence directe de l'occasionalisme que Malebranche s'était gardé de souligner: la lumière ne peut se transmettre instantanément. On comprend dès lors que, dans un premier temps, il hésite à l'exposer. Si les choses ont bien changé en science depuis la parution de la *Recherche* et si la conclusion, qu'avait tirée Roemer dès 1676 de l'analyse des mesures qu'il avait effectuées sur les éclipses des satellites de Jupiter, semble désormais généralement acceptée, il n'y a encore aucune théorie qui expliquerait ce fait et dispenserait définitivement Malebranche d'envisager l'hypothèse gênante d'une propagation de la lumière à vitesse infinie. Ainsi, écrit-il encore en 1688, manifestement embarrassé:

> Dans l'instant qu'on allume un flambeau, ou que le soleil se lève, il répand la lumière de tous côtez, ou plutôt il presse de tous côtez la matière qui l'environne. Les surfaces des corps étant diversement diposées, elles réfléchissent la lumière, ou plutôt elles modifient diversement la pression que cause le soleil. (Imaginez cela comme il vous plaira, il n'importe maintenant. Je crois, pour moi, que ces modifications de pression ne consistent que dans des vibrations, ou des secousses que reçoit la matière subtile par celle qui la frise en glissant incessamment sur la surface des corps entr'elle et ces mêmes corps). Toutes ces vibrations ou modifications de pression alternativement plus ou moins fort, s'étendent, ou se communiquent en rond de tous côtez, et en un instant, à cause que tout est plein[416].

416 *Entretiens sur la métaphysique et la religion,* II, p. 103.

Ce n'est que la lecture du *Traité de la lumière* de Huygens, publié à La Haye en 1690, qui le persuadera finalement du bien-fondé de sa conclusion et lui donnera le courage de publier la théorie du choc dont elle découlait.

Dans le traité de Huygens, Malebranche découvre une théorie de la lumière, non seulement conciliable avec sa propre théorie du choc et susceptible d'expliquer les résultats de mesure obtenus par Roemer, mais justifiée par un argument auquel il n'avait pas songé. Cet argument est le suivant:

> Quand on considère l'extrême vitesse dont la lumière s'étend de toutes parts, et que quand il en vient de différents endroits, mesme de tout opposez, elles se traversent l'une l'autre sans s'empescher; on comprend bien que quand nous voyons un objet lumineux, ce ne sçauroit estre par le transport d'une matière, qui depuis cet objet s'en vient jusqu'à nous, ainsi qu'une bale ou une flèche traverse l'air; car assurément cela répugne trop à ces deux qualités de la lumière, et sur tout à la dernière. C'est donc d'une autre manière qu'elle s'étend [...][417].

C'est cet argument qui soutient, comme le reconnaît Huygens lui-même, toute sa théorie:

> Nous sçavons que par le moyen de l'air, qui est un corps invisible et impalpable, le Son s'étend tout à l'entour du lieu où il a esté produit, par un mouvement qui passe successivement d'une partie de l'air à l'autre, et que l'extension de ce mouvement se faisant également viste de tous côtez, il se doit former comme des surfaces sphériques, qui s'élargissent toujours et qui viennent frapper nostre oreille. Or il n'y a point de doute que la lumière ne parvienne aussi depuis le corps lumineux jusqu'à nous par quelque mouvement imprimé à la matière qui est entre deux: puisque nous avons déjà veu que ce ne peut pas estre par le transport d'un corps qui passerait de l'un à l'autre. Que si avec cela la lumière employe du temps à son passage, [...] il s'ensuivra que ce mouvement imprimé à la matière est successif, et que par conséquent il s'étend, comme celui du Son, par des surfaces et des ondes sphériques; car je les appelle ondes à la ressemblance de celles que l'on voit se former dans l'eau quand on y jette une pierre, qui représente une telle extension successive en rond, quoyque provenant d'une autre cause, et seulement dans une surface plane[418].

Une fois cet argument posé, il suffit donc de s'assurer qu'aucune expérience ne peut nous convaincre de ce que «l'extension de la lumière ne se fait pas

---

417 *Traité de la lumière où sont expliquées les causes de ce qui luy arrive dans la réflexion et dans la réfraction et particulièrement dans l'étrange réfraction du cristal d'Islande, avec un Discours de la Cause de la Pesanteur, par Monsieur Christian Huyghens, Seigneur de Zeelhem.* Edidit cum praefatione latina. W. Burckhardt, Lipsiae, Gressner et Schramm, pp. 6-7, cité in DUHEM 1992 pp. 48-49.

418 *Ibidem.*

avec le temps» pour pouvoir donner de celle-ci une théorie qui ne différera de celle du son que par le milieu dans lequel elle se propage – «un éther d'une matière si approchante de la dureté parfaite et d'un ressort si prompt que nous voulons»[419] – et par la vitesse de l'agitation des particules qui l'engendrent; éléments à propos desquels peuvent nous fournir des indications des mesures telles que celles effectuées par Roemer, mettant en évidence une vitesse de propagation dont l'énormité ne doit d'ailleurs pas nous étonner puisque

> il ne s'agit point du transport d'un corps [...], mais d'un mouvement successif, qui passe des uns aux autres[420].

Si le travail de Huygens constitue un réel encouragement, Malebranche ne saurait pour autant se contenter d'adopter la nouvelle théorie qu'il propose. Cette théorie de la lumière reste, en effet, en deçà de ce que peut espérer un occasionaliste puisqu'elle suppose encore ce qui, pour lui, est absolument nécessaire, à savoir que la lumière se propage à vitesse finie. Aussi brillante que soit sa tentative, Huygens a de fait simplement montré qu'une théorie différente de celle de Descartes peut être construite; il n'a pas prouvé que la théorie cartésienne doit être abandonnée, mais seulement qu'un substitut existe au cas où l'expérience exigerait qu'elle le soit.

3.9 Abandon du principe cartésien de conservation

Après avoir exploré sa théorie du choc, Malebranche entreprend donc à partir de 1692 de montrer qu'une théorie ondulatoire, telle que celle bâtie par Huygens, est seule à même d'expliquer tous les phénomènes lumineux observés. Et – fait curieux – c'est l'argument utilisé par Huygens pour dénoncer l'insuffisance de la théorie corpusculaire qu'il détourne pour arriver à ses fins. Tandis qu'Huygens voyait dans le fait que plusieurs rayons de lumière peuvent se croiser en un même point sans se gêner, la preuve que la lumière ne peut être constituée de particules émises par les corps lumineux, Malebranche y voit pour sa part celle de l'échec de la tentative cartésienne. D'après lui, Descartes aurait en effet été totalement incapable d'expliquer

419 *Traité de la lumière,* p. 13, cité in DUHEM 1992 p. 52.
420 *Traité de la lumière,* p. 8, cité in DUHEM 1992 p. 50.

comment notre œil, placé en une position diamétralement opposée à la section du mur d'une pièce peinte de couleurs différentes en A, *n*, *b*, *r*, *i*, *u*, peut effectivement percevoir ces différentes couleurs (fig. 21):

> [...] si le point physique en la petite boule Q, était un corps comme le suppose Monsieur Descartes, il serait impossible que l'œil en E, vît du blanc en A, & qu'un autre œil en *c* vît du noir en *n*. Car lors qu'un corps est parfaitement dur, si quelque partie de ce corps avance quelque peu, ou tend directement vers le nerf optique de A, par exemple, vers E, il est nécessaire que toutes les autres parties de ce même corps y tendent aussi. Donc on ne pourra pas seulement voir du noir & du blanc dans le même tems par des rayons qui se croisent en Q[421].

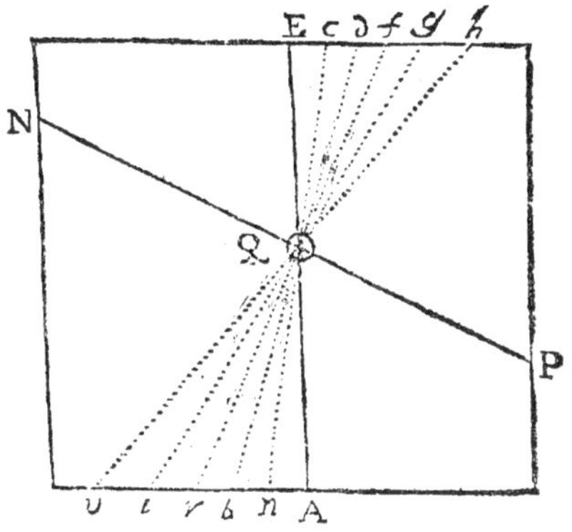

Figure 21

Et rien ne sert d'invoquer la théorie cartésienne des couleurs pour essayer de rendre compte de ce phénomène:

> Monsieur Descartes prétend encore que le rouge se fait par le tournoïement des petites boules, qui se communique de l'une à l'autre dans tout le rayon depuis l'objet jusqu'à l'œil. Cette opinion est insoûtenable pour bien des raisons. Mais il suffit pour la détruire, de considerer que si la petite boule Q tourne sur l'axe PN, de *r* où il y a du rouge, en *f* où est l'œil, elle ne pourra pas tourner en même temps sur l'axe *rf*, de N où je suppose encore du rouge, en P où je suppose un autre œil[422].

On peut donc se convaincre de la nécessité d'abandonner la théorie cartésienne de la lumière sans attendre que soit fournie l'interprétation définitive des mesures effectuées par Roemer.

---

421 *Recherche de la vérité, Eclaircissement XVI,* O.c. III p. 263.
422 *Ibidem.*

Ce phénomène, inexplicable par le cartésien, ne fait en revanche aucune difficulté pour l'occasionaliste :

> [...] Il n'est donc pas possible que la petite boule Q, ou ses semblables, puissent transmettre l'action de la lumière propre à faire voir toutes sortes de couleurs, supposé que ces boules soient dures. Mais si on les conçoit infiniment fluïdes ou molles, ainsi que l'idée simple de la matière représente tous les corps, puisque le repos n'a point de force, qu'il est indifférent à chaque partie d'un corps d'être ou de n'être pas auprès de sa voisine, & qu'elle doit s'en séparer aisément si quelque chose, c'est à dire, quelque mouvement ne la retient; car on ne conçoit point dans les corps d'autre force que le mouvement; si, dis-je, l'on conçoit ces boules ou tres-molles, ou plûtost, ce que je croi veritable, comme de petits tourbillons composez d'une matiere comme infiniment fluïde & extrêmement agitée, elles seront susceptibles d'une infinité d'impressions différentes, qu'elles pourront communiquer aux autres, sur lesquelles elles appuyent, & avec lesquelles elles sont comme infiniment comprimées[423].

L'occasionaliste peut donc parfaitement concevoir que plusieurs rayons de lumière se croisent. Il est même en mesure de l'expliquer. Il suffit, pour cela, qu'il remarque que sa théorie du choc suggère immédiatement une théorie ondulatoire de la lumière. En effet :

> Puisque tout est plein, nos yeux quoique fermez ou dans les ténèbres, sont actuellement comprimez. Mais cette compression du nerf optique n'excite point de sensation et de couleurs, parce que ce nerf est toujours également comprimé; par la même raison que nous ne sentons point le poids de l'air qui nous environne, quoique autant pesant que vingt-huit pouces de vif argent. Mais si l'on conçoit en œil en T, ou par tout ailleurs, tourné vers un flambeau A; les parties de la flamme étant dans un mouvement continuel, presseront sans cesse plus fortement que dans les ténèbres & par des secousses ou vibrations tres-promptes, la matiere subtile de tous côtez, & par conséquent à cause du plein elles la presseront jusqu'au fond de l'œil; & le nerf optique plus comprimé qu'à l'ordinaire, & secoüé par les vibrations, excitera dans l'ame une sensation de lumière ou de blancheur vive & éclatante (fig. 22)[424].

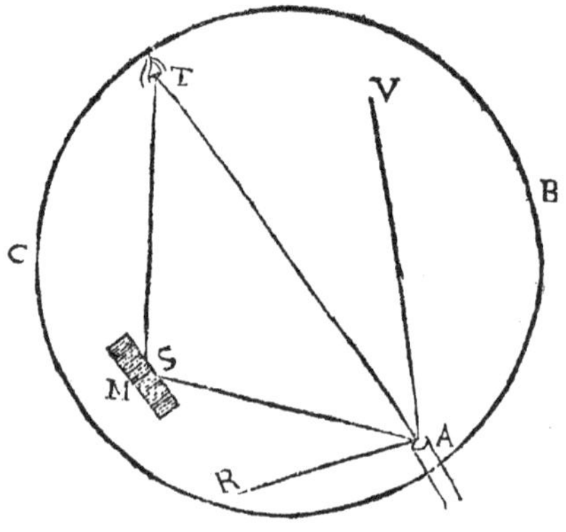

Figure 22

423 *Recherche de la vérité, Eclaircissement XVI,* O.c. III pp. 263-264.
424 *Recherche de la vérité, Eclaircissement XVI,* O.c. III p. 257.

L'analogie, proposé par Huygens, entre le son et la lumière est donc tout à fait recevable. Tout porte même à croire qu'elle est plus complète encore qu'il ne le pensait. De fait,

> [...] Il est certain que les couleurs dépendent naturellement de l'ébranlement de l'organe de la vision. Or cet ébranlement ne peut être que fort & faible, ou que prompt & lent. Mais l'expérience apprend que le plus & le moins de la force ou de la faiblesse de l'ébranlement du nerf optique, ne change point l'espece de la couleur; puisque le plus & le moins de jour, dont dépend le plus & le moins de cette force, ne fait point voir ordinairement les couleurs d'une espece differente et toute opposée. Il est donc nécessaire de conclure que c'est le plus & le moins de promptitude dans les vibrations du nerf optique, ou dans les secousses des esprits qui y sont contenus, laquelle change les especes des couleurs; & par conséquent que la cause de ces sensations vient primitivement des *vibrations plus ou moins promptes de la matiere subtile* qui compriment la rétine[425].

Il en va donc pour la couleur d'une lumière comme pour la hauteur d'un son: c'est la fréquence de la vibration qui la détermine. Et ceci permet d'adjoindre à l'explication fournie par Huygens de tant de phénomènes lumineux celle du phénomène qui suffisait à ruiner la théorie de Descartes puisque des vibrations de fréquences différentes peuvent se superposer en un point d'un milieu suffisamment fluide. En effet,

> Il n'est pas impossible de concevoir, comment un point sensible de matière infiniment fluide, & comprimé de tous côtez, reçoit en même temps un nombre comme infini d'impressions differentes, lors qu'on prend garde à ces deux choses. 1°. Que la matière est divisible à l'infini, & que la plus petite sphère peut correspondre à toutes les parties d'une grande. 2°. Que chaque partie tend & avance du côté qu'elle est moins pressée; & qu'ainsi tout corps mou & inégalement comprimé, reçoit tous les traits du moule, pour ainsi dire, qui l'environne; & les reçoit d'autant plus promptement, qu'il est fluide & plus comprimé[426].

Le triomphe de Malebranche est donc total. A l'inverse du cartésien condamné à l'erreur parce qu'irrémédiablement attaché à l'idée que la lumière est une pression qui s'exerce partout instantanément, l'occasionaliste est tout naturellement amené à défendre la seule théorie qui soit en accord avec tous les faits observés: la lumière est de nature ondulatoire; chaque rayon est une vibration se propageant de proche en proche à travers un éther constitué de parties infiniment divisibles, d'une fréquence correspondant à sa couleur, et d'une vitesse que seule l'expérience permettra de déterminer mais dont la théorie des chocs précise qu'elle doit être proportionnelle à la compression de la matière subtile.

---

425 *Recherche de la vérité, Eclaircissement XVI,* O.c. III pp. 259-260.
426 *Recherche de la vérité, Eclaircissement XVI,* O.c. III pp. 265-266.

3.10 Le *monde* de la *Recherche de la vérité*

Fort de cette victoire remportée sur son maître, Malebranche accepte enfin en 1698 de faire le pas que Leibniz attendait de lui depuis 1686: il abandonne le sacro-saint principe de la conservation de la quantité de mouvement, manifestement inconciliable avec les lois du choc qu'avait obtenues Mariotte et qu'il avait choisi de simplement substituer à celles de Descartes. Mais il ne devient pas leibnizien pour autant et, plutôt que de remplacer la conservation de la quantité de mouvement «prise absolument»[427] qu'il s'était évertuée à défendre par celle de la force vive que prône son adversaire, il décide de poser en principe la conservation de la quantité de mouvement, entendue dorénavant comme produit de la masse et de la vitesse affectée d'un signe exprimant la direction, ou détermination, relative. La conservation de cette quantité suffit en effet à rendre compte de tous les chocs qui peuvent se produire et s'accorde parfaitement, selon lui, avec l'occasionalisme:

> [...] *il me paraît que cette proposition:* Dieu conserve toûjours dans l'Univers une égale quantité de mouvement, *prise dans le sens vrai et conforme à l'expérience, il me paraît, dis-je, qu'elle porte beaucoup plus le caractère des attributs divins, nonobstant la variété infinie des mouvemens des corps particuliers. Car selon cette proposition prise dans son vrai sens, le mouvement de tous les corps en général est toûjours le même; tout demeure, pour ainsi dire, dans un parfait et immuable équilibre. Il est clair que Dieu agit toûjours de la même manière; avec uniformité, une parfaite simplicité puisqu'il observe sans cesse cette loi dans les chocs infinis des corps, que leur centre de pesanteur demeure au repos, ou se mesure toûjours nonobstant le choc avec la même vitesse; et par consequent qu'il y ait toûjours dans toutes les parties de l'Univers prises ensemble le même mouvement ou la même force, nonobstant les mouvements variables des corps particuliers nécessaires pour perfectionner l'Univers, et pour exprimer la sagesse et les autres attributs du Créateur*[428].

En mécanique, comme en optique, l'occasionaliste doit donc se séparer de Descartes pour atteindre la vérité.

La cinquième édition de la *Recherche de la vérité* parue en 1700 trahit, comme il se doit, l'évolution suivie par Malebranche depuis 1675. Ce n'est plus le texte timide des *Règles de la communications des mouvements* qui la

427 *Recherche de la vérité, Lois générales de la communication des mouvements*, O.c. XVII-1 p. 75.

428 *Ibidem.*

ferme, ni même celui de l'opuscule qu'il invitait encore à lui substituer en 1692, mais un texte construit à partir de celui-ci, intitulé *Des lois générales de la communication des mouvements* et présentant chacune de ces lois comme un cas particulier du nouveau principe de la conservation de la quantité de mouvement. Et le dernier des seize *Eclaircissements* ajoutés en 1678 est désormais remplacé par le mémoire reprenant la théorie de la lumière et déposé à l'Académie des Sciences en 1699 sous le titre *Réflexions sur la lumière et les couleurs, et la génération du feu.*

Le *monde* qu'on y trouve est donc radicalement différent de celui que donnait à voir la première édition. Il ne s'agit plus du *monde* de Descartes lu par un occasionaliste, mais d'un *monde* qui décrit explicitement l'action continuelle du créateur. Il n'est constitué que de tourbillons, c'est-à-dire d'espace et de mouvements, s'emboîtant les uns dans les autres à l'infini, et ne contient donc aucune portion de matière qui conserverait – ne serait-ce qu'un instant – une figure déterminée. Tout s'y forme et s'y déforme continuellement au cours d'une histoire que Descartes s'obstinait arbitrairement à prétendre formée d'instants insécables[429]. Tout y est donc plus ou moins mou, et aucune altération ne peut en conséquence se faire sentir au même moment en un point éloigné. Ainsi la lumière n'est-elle en fait qu'une vibration se propageant dans une matière subtile avec une vitesse finie. Et c'est Dieu seul qui garantit désormais l'unité du monde en suppléant par son action constante à l'absence de cette pression qui, selon Descartes, s'exerçait partout instantanément. Car Dieu agit effectivement : sans lui, la matière ne se mouvrait pas. Continuellement, il redistribue le mouvement qu'il a injecté au premier instant à cette matière qu'il aurait pu laisser en repos[430], et le fait conformément à une loi qui n'est plus celle proposée par Descartes mais celle de la conservation de la quantité vectorielle du mouvement, qui exprime cependant tout autant que celle-là son immutabilité et sa sagesse.

---

429 En fait, cette critique de la discontinuité du temps était exposée dès la première édition. Malebranche déclarait en effet au Livre I : «Car enfin il n'y a point d'instant dans la durée, comme il n'y a point d'atomes dans les corps» (O.c. I p. 104). Cependant, rien n'étayait alors cette critique, et Malebranche se garda toujours de fonder sur elle le moindre argument.

430 La thèse de la «chiquenaude initiale» est donc, comme l'a signalé Martial Guéroult, une thèse malebranchiste et non une thèse cartésienne. Cf. note 53 (p. 17), et GUÉROULT 1954.

En 1712, Malebranche précisera une dernière fois cette image en complétant le *seizième éclaircissement* par une théorie de la pesanteur, faisant résulter la chute des corps du déséquilibre engendré par la Terre dans le système des tourbillons et le mouvement des planètes de la pression extérieure exercée sur le tourbillon solaire, et par une tentative d'explication des phénomènes de réflexion et de réfraction[431]. Il joindra enfin à cette sixième édition un ultime *éclaircissement* consacré à la physiologie de l'œil[432], renouant ainsi avec la problématique épistémologique initiale de sa *Recherche,* devenue entretemps – comme il le reconnaîtra explicitement alors – un *Monde ou Traité de la lumière* qui n'a désormais plus grand-chose de commun avec le *monde* de son maître :

> Au reste, je croi devoir avertir que ce qui gâte le plus la Physique de M. Descartes est ce faux principe que le repos a de la force; Car de là il a tiré des regles du mouvement qui sont fausses : de là il a conclu que les boules de son second élément étaient dures par elles-mêmes; d'où il a tiré de fausses raisons de la transmission de la lumière & de la variété des couleurs, de la generation du feu, & donné des raisons fort imparfaites de la pesanteur. En un mot ce faux principe que le repos a de la force influë presque par tout dans son système qui marque d'ailleurs un génie supérieur aux Philosophes qui l'ont precedé; j'espere que l'on conviendra de tout ceci, quand on aura lû & bien conçû tout entier le seizième éclaircissement, j'avouë cependant que je dois à M. Descartes ou à sa manière de philosopher les sentiments que j'oppose aux siens, & la hardiesse de les reprendre[433].

431 Cf. O.c. III pp. 270-305 et MOUY 1934 pp. 308-314 pour un commentaire. Notons que Malebranche y admet, à la suite de Newton, que le blanc est simplement un mélange d'autres couleurs.

432 Cf. O.c. III pp. 306-348.

433 Dernier paragraphe, propre à la sixième édition, du Livre VI de la *Recherche de la vérité,* O.c. II p. 449.

4 L'univers selon Leibniz

4.1 Introduction

Le fait que la *Théodicée* ait paru en 1710 pourrait laisser accroire qu'un homme de lettres du début du 18e siècle n'ignorait plus grand-chose de la philosophie leibnizienne. Le philosophe de Hanovre y avait en effet rassemblé les principales thèses de son système : nécessité de prendre en considération une infinité de mondes possibles, choix par Dieu du monde actuel comme le meilleur de tous ceux-là, adjonction au classique principe de contradiction du principe de raison déterminante ou suffisante, distinction entre nécessité absolue et nécessité hypothétique, conciliation de la liberté et du déterminisme, etc. De plus, ces thèses y étaient exposées en un langage accessible, discutées fort longuement, patiemment confrontées à celles soutenues par une multitude d'auteurs et agrémentées d'exemples particulièrement illustratifs, l'ensemble acquérant de la sorte, outre ce caractère achevé dont était dépourvu la *Recherche de la vérité* de Malebranche, cette lisibilité qui manquait tant à l'*Ethique* spinoziste.

Et pourtant, il est douteux qu'en dépit de ces qualités, ce livre permit alors à quiconque de vraiment saisir la pensée leibnizienne : il amenait en pleine lumière une philosophie qui s'était constituée en un demi-siècle au travers d'une multitude de textes épars restés plus ou moins confidentiels, mais laissait dans l'ombre la thèse sans laquelle ce système, que Voltaire n'allait pas hésiter à résumer par le slogan «tout est pour le mieux dans le meilleur des mondes»[434], demeurait proprement inintelligible. Nulle part, en effet, Leibniz n'y précisait de quoi était constitué ce monde dont il parlait tant, ni quelles relations entretenaient ses composants. Certes, il avertissait :

---

434 Cf. *Candide ou l'optimisme*, où il donne à Wolff les traits de Pangloss, philosophe désespérément «leibnizien» : «– Eh bien, mon cher Pangloss, lui dit Candide, quand vous avez été pendu, disséqué, roué de coups et que vous avez ramé aux galères, avez-vous toujours pensé que tout allait le mieux du monde ? – Je suis toujours de mon premier sentiment, répondit Pangloss, car enfin je suis philosophe : il ne me convient pas de me dédire, Leibniz ne pouvant avoir tort, et l'harmonie préétablie étant d'ailleurs la plus belle chose du monde, aussi bien que le plein et la matière subtile» (chap. XXVIII p. 119).

> J'appelle *monde* toute la suite et toute la collection de toutes les choses existantes, afin qu'on ne dise point que plusieurs mondes pouvaient exister en différents temps et différents lieux[435].

Mais il semait ensuite la confusion, paraissant accepter par endroits le *monde* de Descartes, évoquant à d'autres une multiplicité de substances fort semblables à celles d'Aristote, se contentant même le plus souvent d'user d'analogies autorisant les interprétations les plus diverses[436].

Dix ans plus tard[437], la publication de la *Correspondance Leibniz-Clarke* vint encore ajouter à la confusion. On découvrit alors que, tandis qu'il discutait avec le disciple de Newton, Leibniz s'était employé à défendre les thèses de l'idéalité de l'espace et du temps, de la continuité de la matière, de l'absence de vide et de l'exclusivité du choc comme mode d'interaction, sans même prendre la peine d'explicitement indiquer que, pour lui, le monde n'était pas constitué de corps semblables à ceux qu'admettait son grand rival.

Aussi, lorsqu'elle parut un an plus tard, la *Monadologie* fit-elle forte impression. Cet abrégé du système leibnizien, si difficile qu'il fût, apportait enfin une réponse sans équivoque: pour Leibniz, le monde était constitué de «monades»;

> [l]es Monades sont les véritables Atomes de la Nature et en un mot les Eléments des choses[438].

Et cela suffit: peu importaient que ces éléments soient seulement définis comme des «substances simples, c'est-à-dire sans parties, qui entrent dans les composés» et comment Leibniz était arrivé à la conclusion que le monde devait en définitive se résoudre en de tels éléments, dont il affirmait par ailleurs qu'ils «ne sauraient commencer que par création et finir que par annihilation, qu'ils étaient tous différents, qu'ils n'avaient point de fenêtres par lesquelles quelque chose y puisse entrer ou sortir, qu'ils étaient doués de perception et d'appétition et que chacun de leurs états était naturellement une suite de son état précédent»[439]. Tout cela s'accordait si parfaitement

435 *Essais de théodicée*, première partie, § 8, p. 108; GPh. VI p. 107. (Nous renverrons systématiquement à l'édition complète des œuvres de Leibniz, due à Gerhardt et parue sous les titres *Die philosophischen Schriften* et *Mathematische Schriften*, au moyen des initiales GPh. et GM., et ce même lorsque nous citerons le texte d'une autre édition ou d'une traduction dont on trouvera alors la référence précise dans la bibliographie).

436 Cf. par exemple le passage particulièrement nébuleux du § 396 de la troisième partie, p. 349; GPh. VI p. 352.

437 On trouvera une chronologie détaillée de la publication des œuvres de Leibniz aux pp. 25-26 de l'édition de la *Monadologie* due à E. Boutroux, dont nous citerons le texte.

438 *Monadologie*, § 3, p. 143; GPh. VI p. 607.

439 Cf. *Monadologie*, §§ 6, 7, 9, 14, 15, 22, pp. 143-153; GPh. VI pp. 607-610.

aux thèses développées dans la *Théodicée* et dans la *Correspondance avec Clarke*, que – sur le continent tout au moins – l'ensemble fut reçu comme un dogme[440]. Leibniz devint l'auteur de la *Monadologie,* et son *monde* celui qu'il y avait dessiné.

Ce *monde* est si étrange, il semble si peu correspondre à celui que livre l'observation, qu'on ne peut que s'étonner aujourd'hui de l'engouement qu'il suscita. Sans doute est-ce la cohérence du système tout entier qui séduisit. Rien de ce qui avait alors été publié n'indiquait en effet comment Leibniz était passé de l'étude du monde, tel qu'il lui était donné dans l'expérience, à l'affirmation de l'existence de monades qui ne pouvaient être objets des sens. Et c'est fort vraisemblablement ce qui explique que le premier qui mit sérieusement en question la légitimité des affirmations leibniziennes fut aussi le premier à s'interroger «sur la possibilité et les conditions universelles de la connaissance *a priori*»[441] dont Leibniz avait, semblait-il, voulu croire le champ illimité. Cette attitude kantienne était la seule que pouvait alors adopter qui cherchait sérieusement à comprendre Leibniz[442].

Depuis, cependant, nous avons appris que ce *monde* n'a pas surgi de nulle part, qu'il n'est pas – pour étrange qu'il demeure – le simple produit d'une raison qui se serait interdit toute limite. Nous savons désormais le rôle qu'a tenu l'observation dans son élaboration. Nous pouvons même, grâce aux nombreuses publications de textes inconnus des philosophes du 18e siècle, retracer la longue évolution qui conduisit son auteur de la physique à la métaphysique; évolution au terme de laquelle son système se figea dans cet état final que constitue la *Monadologie*[443].

---

440 Comme on le sait, ce ne fut pas le cas partout. Ainsi en Angleterre où la querelle entre Leibniz et Newton sur la priorité de la découverte du calcul différentiel et intégral interdit longtemps toute pénétration du leibnizianisme.

441 KANT, *Réponse à Eberhard,* p. 79.

442 Contrairement à beaucoup – et à la plupart de ceux qui vinrent après lui –, Kant essaya vraiment de comprendre Leibniz. Cf. *Réponse à Eberhard, Progrès de la métaphysique* et, surtout, la *Monadologie physique* et la *Nouvelle définition du mouvement et du repos,* trop rarement étudiées.

443 Nous suivrons la chronologie résumée dans le Tableau 4, qui reprend seulement les textes que nous utiliserons explicitement. Même si elle s'appuie presque exclusivement sur les textes de Leibniz, il faut que nous signalions que notre étude doit néanmoins beaucoup à celles-ci: BELAVAL 1960 et 1962, BRUNSCHVICG 1912 ch. X, BUCHDAHL 1969, COUTURAT 1901, DELEUZE 1988, GALE 1970 et 1974, GARBER 1985, GUÉROULT 1934, 1946 et 1947, HANNEQUIN 1908 tome II, JALABERT 1947, MARTIN 1966, MATES 1986, RUSSELL B. 1900 et 1903, RUSSELL L.J. 1976 et 1977, RUTHERFORD 1990 a et b, et SERRES 1982.

Tableau 4: Chronologie de la réflexion leibnizienne

Correspon-dances		Livres, articles et opuscules	Influences et événements
	1663	*Disputatio metaphysica de principio individui*	
	1666	*De arte combinatoria*	
Thomasius	**1667**	*Confessio naturae contra atheistas*	
	1668	*Fragment sur la matière première*	
Hobbes	**1670**	*Theoria motus abstracti*	
		Theoria motus concreti = Hypothesis physica nova	Lecture des *Principes de la philosophie*
	1672	*Confessio philosophi*	Voyage et séjour à Paris Premier voyage en Angleterre
	1675		Entretiens avec Huygens Entretiens avec Malebranche
	1676	*Elementa philosophiae arcanae* *Pacidius Philaleti*	Second voyage en Angleterre
	1678		Entretiens avec Spinoza Lecture de l'*Ethique*
	1686	*Discours de métaphysique* *Brevis demonstratio*	Lecture de la *Recherche de la vérité*
Arnauld			
			Voyage et séjour en Italie
Fardella			Lecture des *Principia mathematica*
Foucher	**1691**	*Sur la question, si l'essence des corps consiste dans l'étendue*	
	1692	*Animadversiones in partem generalem Principiorum Cartesianorum* *Dynamica de potentia et legibus naturae corporae*	

Tableau 4: Chronologie de la réflexion leibnizienne

Correspon-dances		Livres, articles et opuscules	Influences et événements
	1694	*De primae philosophiae emendatione et de notione substantiae*	
Burnett Fardella	**1695**	*Specimen dynamicum* *Système nouveau de la nature et de la communication des substances*	
	1698	*De ipsa natura*	
de Volder			
	1702		
Masham Jaquelot	**1703**	*Nouveaux essais sur l'entendement humain*	
	1706		
	1710	*Essais de théodicée*	
des Bosses			
	1714	*Monadologie* *Principes de la nature et de la grâce*	
	1715		
Clarke	**1716**		

4.2 De la scolastique à la critique du mécanisme et de l'atomisme

Comme cela se devait alors, l'enseignement que reçoit Leibniz à l'Université de Leipzig est scolastique. Sa thèse, défendue en 1663, montre que ses références sont à cette époque, outre Platon et Aristote, saint Thomas et Duns Scot, Zabarella, Fonseca, Rubius, Soncinas, Grégoire de Rimini, Schautheet et Suarès[444]. Très vite cependant, il lit les œuvres de ces Renaissants que sont Cardan, Campanella, Weigel, Van Helmont, Paracelse et Bacon, et prend indirectement connaissance des travaux de Kepler, Galilée et Descartes. Sans véritablement la connaître, il adhère alors aussitôt à la philosophie des Modernes et délaisse pour un temps Aristote, auquel il choisit de préférer Démocrite et Epicure. Ainsi, comme il l'avoue à son maître Jacob Thomasius, son *monde* est-il devenu dès 1665 celui de Gassendi: il n'existe que du vide et des atomes solides, de formes variées, qui, par leur arrangement spatial, composent tous les corps qu'il nous est donné d'observer[445].

Mais, approfondissant sa connaissance de la nouvelle philosophie par l'étude des œuvres de Boyle et Hobbes, Leibniz ne tarde pas à apercevoir les faiblesses de la philosophie «corpusculaire»[446] qui constitue, selon lui, la forme moderne de l'atomisme, et, trois ans plus tard, il en tire dans une *Confessio naturae contra atheistas* la conclusion qui lui paraît s'imposer. Si l'on admet – avec tous les atomistes modernes – le postulat fondamental du mécanisme, c'est-à-dire

> que, dans la mesure du possible, tout doit être déduit de la nature du corps et de ses qualités premières: Grandeur, Figure et Mouvement[447],

---

444 Cf. *Disputation metaphysica de principio individui*, PhJ. pp. 28-33; GPh. IV pp. 15-26. (Les initiales PhJ. renvoient à la traduction des *Lettres et opuscules de physique et de métaphysique du jeune Leibniz (1663-1671)* due à R. Violette).

445 *Première lettre à J. Thomasius* (*16 février 1666*), PhJ. p. 13; GPh. I pp. 8-9.

446 Il dit explicitement reprendre cet adjectif à Robert Boyle.

447 *Confessio naturae contra atheistas*, PhJ. p. 34; GPh. IV p. 106. On notera que ce postulat n'est ni cartésien ni franchement gassendiste: pour Descartes, il n'existait pas d'atomes et la nature des corps se réduisait à l'étendue, tandis que pour Gassendi l'appel à la nature des corps était trop aristotélicien pour pouvoir intervenir dans l'explication d'un quelconque phénomène. Leibniz, cependant, leur attribuait tout autant ce postulat qu'à Galilée, Bacon, Hobbes, Digby et Boyle; ce qui prouve – si besoin en était – qu'à cette époque il ne les avait pas lus.

la question se pose en effet de savoir si l'on peut

> trouver dans la nature du corps l'origine de ces qualités premières[448].

Or il semble qu'il faille répondre par la négative. De fait:

> [...] la définition du corps est d'exister dans l'espace. Et tous les hommes appellent ce qu'ils trouvent dans quelque espace corps et réciproquement ce qui est corps ils le trouvent dans quelque espace. Cette définition comprend deux termes: l'espace et l'existence-dans [inexistentia].
>
> De la limite de l'espace naît dans le corps la grandeur et la figure. Le corps, en effet, a incontinent la même grandeur et la même figure que l'espace qu'il emplit. Mais reste douteuse la raison pourquoi il emplit plutôt tel espace en grandeur et en qualité qu'un autre et, ainsi, pourquoi par exemple il est grand de trois pieds plutôt que de deux et pourquoi il est plutôt carré que rond. La raison de cela ne peut être tirée de la nature des corps: c'est la même matière qui est indéterminément apte à prendre n'importe quelle figure qu'elle soit carrée ou ronde. Par conséquent, on ne peut faire que deux réponses: ou bien le corps en question a été carré de toute éternité ou bien il est devenu carré sous l'impact d'un autre corps (si du moins on ne veut pas recourir à une cause incorporelle). Si l'on dit: il a été carré de toute éternité, on ne donne pas à ce fait même de raison: car qu'est-ce qui empêche ce corps d'avoir été sphérique de toute éternité? [...] Si, au contraire, l'on dit: il a été rendu carré par le mouvement d'un autre corps, il reste douteux pourquoi, avant ce mouvement, il avait telle ou telle forme. [...] Au terme existence dans cet espace appartient le mouvement, car quand le corps commence à exister dans un autre espace qu'auparavant, par là même il se meut. Mais, lorsqu'on méditera plus attentivement la chose, il apparaîtra que de la nature, certes, du corps naît la mobilité, pas le mouvement lui-même. Car, par lui-même, dès qu'un corps est donné dans cet espace-ci, il peut aussi être dans un autre espace égal et semblable au premier: c'est-à-dire qu'il peut être mû. Pouvoir, en effet, être dans un autre espace qu'auparavant, c'est pouvoir changer d'espace, et pouvoir changer d'espace, c'est pouvoir être mû. Car le mouvement est un changement d'espace. Or, le mouvement en acte ne naît pas de l'existence dans l'espace, mais bien plutôt, quand le corps est livré à lui-même, naît le contraire, à savoir le fait de rester au même endroit ou le repos. Par conséquent, la raison du mouvement ne peut être trouvée dans les corps abandonnés à eux-mêmes[449].

Tel quel[450], l'atomisme est donc clairement insatisfaisant. C'est une philosophie incomplète à laquelle il convient d'adjoindre l'hypothèse de l'existence

---

448 *Ibidem.* Pour Descartes, cette question ne se posait pas. Le mécanisme dont il est question ici n'est donc pas le mécanisme strict, cartésien; c'est le mécanisme des mécaniciens qui postulent, de façon quelque peu imprécise, que tout doit s'expliquer par «grandeur, figure et mouvement».

449 *Ibidem.*

450 C'est-à-dire tel qu'il apparaît à Leibniz.

d'un être incorporel qui serait cause des trois qualités qu'elle retient pour expliquer tous les phénomènes. Et il est aisé de montrer que cet être incorporel doit être Dieu. En effet,

> cet Etre incorporel est unique pour toutes choses, à cause de l'harmonie de toutes choses entre elles, particulièrement puisque les corps reçoivent leur mouvement, non pas chacun de son côté de son Etre incorporel propre, mais les uns des autres mutuellement. Pourquoi cet Etre incorporel choisirait-il cette grandeur, cette figure, ce mouvement plutôt que d'autres, on ne peut en donner la raison, si ce n'est qu'il soit intelligent; à cause de la beauté des choses, sage; à cause de leur obéissance au moindre signe, puissant. Par conséquent un tel Etre incorporel sera l'Esprit Recteur de l'Univers entier, c'est-à-dire DIEU[451].

A cette critique qui vaut pour tout mécanisme, il faut d'ailleurs, selon Leibniz, en ajouter une autre qui touche à l'atomisme proprement dit et qui conduit à la même conclusion. L'une des raisons pour lesquelles l'hypothèse atomistique a été formulée est en effet qu'elle paraissait seule à même d'expliquer la cohésion des corps. Ainsi pour Démocrite, Leucippe, Epicure, Lucrèce, et Gassendi aujourd'hui,

> la cause naturelle et universelle de la cohésion dans les Corps consiste en certaines figures d'unification telles que les hameçons, les crochets, les petits anneaux, les saillies, en un mot toutes les incurvations ou inflexions des corps durs emboîtées les unes dans les autres[452];

et, pour éviter une régression à l'infini, ils ont proposé

> de supposer l'existence, quand on analyse les corps jusqu'au bout, de certains corpuscules insécables [...] qui, par la combinaison variée de leurs formes variées, produiraient les qualités variées des corps sensibles[453].

Mais il faut bien admettre que la raison qu'ils ont fournie de la cohésion et de l'insécabilité de ces ultimes corpuscules, à savoir l'absence de vide entre toutes leurs parties, est inacceptable, et que

> Donc il sera correct pour rendre raison de ces Atomes d'avoir recours à Dieu en dernier ressort, qui garantisse la solidité de ces derniers fondements des choses[454].

En conséquence, qui adopte une vision mécaniste du monde doit s'efforcer de montrer comment la grandeur, la figure et le mouvement, et – s'il est en outre atomiste – la cohésion des atomes, dérivent du principe incorporel qu'il se doit d'invoquer.

---

451 *Confessio naturae contra atheistas*, PhJ. p. 35; GPh. IV p. 109.
452 *Ibidem.*
453 *Ibidem.*
454 *Ibidem.*

4.3 Abandon de l'atomisme et conciliation du mécanisme et de l'aristotélisme

Quoique mécanicien et atomiste, Leibniz choisit alors d'en revenir à la philosophie du Stagirite. Cette philosophie, décriée par les Modernes et travestie par les scolastiques, lui paraît en effet susceptible de résoudre le premier des deux problèmes mentionnés. Pour voir comment cela se peut, il faut selon lui commencer par dissiper «la fumée scolastique»[455] en acceptant de s'en tenir au texte de la *Physique*. On constate alors que

> Aristote dit partout que la Réalité mobile est l'objet de la physique, que la science de la nature s'occupe de la matière et du mouvement: lui-même aussi fait du ciel la cause de tout le devenir sublunaire. Mais le ciel, d'après lui, n'agit sur les réalités inférieures que par le mouvement. Quant au mouvement, il ne produit que du mouvement ou des limites de mouvement, c'est-à-dire la grandeur et la figure et, résultant d'eux, la situation, la distance, le nombre, etc. C'est donc à partir de cela que tout doit être expliqué dans le domaine de la nature[456].

Autrement dit, les Modernes ne contredisent nullement Aristote lorsqu'ils prétendent que tous ces changements que sont la génération, la corruption, l'augmentation, la diminution, l'altération et le changement local peuvent tous être expliqués au moyen de celui-ci; et les scolastiques ont tort d'affirmer qu'Aristote admet dans les corps des formes subtantielles, incorporelles et spirituelles, qui seraient causes de leurs mouvements. En effet,

> Il définit certes la nature un principe de mouvement et de repos, et il appelle la forme et la matière nature, mais la forme plutôt que la matière. Toutefois de ceci ne suit pas ce que veulent les Scolastiques, c'est-à-dire que la forme est un être immatériel, quoiqu'aveugle dans les corps, qui, de lui-même, spontanément, sans le concours d'une chose extérieure donnerait un mouvement au corps, par exemple à la pierre un mouvement de haut en bas. Car la forme sans doute est cause et principe de mouvement, mais pas en premier. Un corps, en effet, ne se meut que s'il est mû de l'extérieur, comme Aristote non seulement l'affirme à bon droit, mais de plus le montre [...] Par conséquent la forme est principe de mouvement dans un autre corps, j'en conviens; mais le premier principe du mouvement est la forme première et réellement séparée de la matière (forme qui est en même temps douée d'efficace), c'est-à-dire l'Esprit[457].

---

455 *Troisième lettre à J. Thomasius (octobre 1668)*, PhJ. p. 14; GPh. I p. 10.
456 *Sixième lettre à J. Thomasius (20/30 avril 1669)*, PhJ. p. 18; GPh. I p. 21.
457 *Sixième lettre à J. Thomasius (20/30 avril 1669)*, PhJ. p. 19; GPh. I p. 22.

Pour saisir le sens précis qu'attribuait Aristote au terme «forme», il suffit d'ailleurs de remarquer que, selon lui, la géométrie est une science. Puisque toute science porte – comme il l'admet – sur la substance, il s'ensuit en effet immédiatement que

> l'espace est une substance et la figure quelque chose de substantiel[458];

ce qui nous invite à reconnaître que

> la forme n'est rien d'autre que la figure[459],

et partant, à identifier la matière première à la masse:

> la matière première [materia prima] n'est autre que la masse [massa], qui ne contient rien d'autre que l'étendue [extensio] et l'antitypie ou impénétrabilité [ἀντιτυπία seu impenetrabilitas]; elle tire son étendue de l'espace qu'elle remplit; quant à la nature même de la matière, elle consiste en quelque chose d'épais et d'impénétrable et, par conséquent, lorsqu'une autre chose le rencontre, l'un des deux devant céder la place, de mobile. En outre cette masse continue qui remplit le monde est, quand toutes ses parties sont en repos, la matière première, à partir de laquelle toutes choses se font par mouvement et en quoi par le repos elle se résolvent. Car il n'y a en elle nulle diversité, mais pure homogénéité, si ce n'est par le mouvement. [...] Quant à l'essence de la matière ou la forme elle-même de la corporéité, elle consiste dans l'antitypie ou impénétrabilité [..., qui] veut que deux objets ne puissent occuper le même espace, mais que l'un ou l'autre doive se mouvoir ou s'arrêter[460].

Pourvu qu'il le lise correctement, le mécanicien est donc en droit, selon Leibniz, de reprendre à son compte le cosmos aristotélicien où tout changement dans la région sublunaire a comme source cet Etre incorporel qu'est le premier moteur, et qu'il convient d'identifier à Dieu.

Si le mécanisme peut être heureusement complété par l'emprunt à Aristote de cette remontée vers l'Acte pur, ce n'est toutefois qu'à la condition expresse d'abandonner l'hypothèse atomistique. Seul un *monde* cartésien peut, comme le reconnaît explicitement Leibniz, être complété de cette manière:

> La Matière première d'Aristote et la Matière subtile de Descartes sont une seule et même chose. Toutes deux sont divisibles à l'infini. Toutes deux sont dépourvues par elles-mêmes de forme et de mouvement, toutes deux reçoivent des formes grâce au mouvement.

---

458 *Sixième lettre à J. Thomasius (20/30 avril 1669)*, PhJ. p. 18; GPh. I p. 21.

459 *Sixième lettre à J. Thomasius (20/30 avril 1669)*, PhJ. p. 16; GPh. I p. 18.

460 *Sixième lettre à J. Thomasius (20/30 avril 1669)*, PhJ. pp. 16 et 20-21; GPh. I pp. 17-18 et 26

> Toutes deux tiennent leur mouvement de l'esprit. Toutes deux sont informées en cercles [...] Chacun des cercles communique son action à un autre cercle grâce à un mouvement imprimé à cause de la continuité de la matière. En effet, Aristote aussi, pas moins que Descartes ou que Hobbes, dérive toutes les réalités particulières du seul mouvement des cercles universels. C'est pourquoi Aristote n'a affecté d'intelligences qu'aux cercles principaux, parce que de la composition des mouvements de ces cercles les actions des autres s'ensuivent [...] A cela j'ajoute, pour ma part, que la *Matière première, si elle était au repos, ne serait rien.* [...] En voici la démonstration. Ce qui n'est pas senti, n'est rien. Or, ce dans quoi il n'y a aucun changement, n'est pas non plus senti. Semblablement: *si la matière première était mue d'une seule manière, c'est-à-dire sur des lignes parallèles, elle serait au repos*, et, par conséquent, ne serait rien. *Il n'y a que du plein*, parce que la matière première se confond avec l'espace. Donc *tout mouvement est circulaire* ou composé de mouvements circulaires ou au moins revient sur soi. Plusieurs mouvements circulaires se font mutuellement obstacle ou agissent mutuellement les uns contre les autres. *Plusieurs mouvements circulaires* ont tendance *à confluer en un seul*, c'est-à-dire tous les corps tendent au repos, autrement dit à l'anéantissement. S'*il y avait des corps et pas d'esprit, il ne pourrait y avoir eu un mouvement éternel* (il pourrait diminuer sans fin). *Du conflit des mouvements circulaires viennent leurs homologues particuliers: les corps. La matière est divisée en acte en une infinité de parties* [...] *Tous les corps sont liés entre eux. Tous pourtant se séparent de tous, mais pas sans résistance. Il n'existe pas d'Atomes*, c'est-à-dire de corps dont les parties ne sont jamais désunies[461].

En choisissant de s'inspirer d'Aristote pour dériver la grandeur, la figure et le mouvement, d'un principe incorporel, on se condamne donc irrémédiablement à rejeter le *monde* gassendiste et l'on s'autorise du même coup à juger nulle et non avenue la question de l'origine de la cohésion des atomes.

4.4 L'explication de la cohésion: la *Theoria motus abstracti*

Cependant, si la question de l'origine de la cohésion des atomes ne se pose pas puisque de tels corps absolument insécables n'existent pas, celle de l'origine de la consistance des corps, ou de cette relative cohésion que nous expérimentons souvent, n'en demeure pas moins pendante. Et Leibniz ne l'ignore pas, qui s'ouvre à Hobbes de la difficulté qu'il éprouve à imaginer une explication qui fasse exclusivement appel à la notion de mouvement[462]. En effet, si le monde est plein comme l'ont prétendu Aristote et Descartes, et si la

---

461 *Fragment sur la matière première (~ 1670)*, PhJ. pp. 61-62; GPh. VIII p. 259.
462 *Lettre à Hobbes (13/22 juillet 1670)*, PhJ. p. 22, GPh. I pp. 82-85.

grandeur et la figure dérivent de Dieu par l'intermédiaire du seul mouvement comme ils ont en outre réussi à le montrer, il semble qu'il faille accepter que la cohésion ne puisse provenir que du mouvement; mais – hormis peut-être Aristote lui-même dont la tentative a engendré les dérives scolastiques que l'on sait – personne jusqu'ici n'a véritablement essayé de préciser la nature du mouvement, chacun se contentant de parler du transport d'un corps d'un point à un autre sans relever la circularité qui caractérise une telle définition dès lors qu'on suppose qu'un corps est ce qui est constitué de parties cohérentes et qu'on accepte l'hypothèse selon laquelle la cohésion résulte du mouvement.

Pour espérer parvenir à donner une explication mécaniste de la cohésion, il faut donc commencer par briser un cercle, par étudier le mouvement et en établir les lois sans faire d'hypothèse sur la cohésion des corps. C'est pourquoi Leibniz entreprend en 1670 la rédaction d'une *Theoria motus abstracti*. Selon lui, la solution du problème consiste en effet à se garder de dire que des parties de matière sont en cohésion lorsque la figure du corps qu'elles forment demeure inchangée, et à oser au contraire ne définir la cohésion qu'au moyen du mouvement. De fait, si l'on s'inspire de la définition cartésienne du corps pour dire que

> *Un seul corps* est constitué par des parties qui doivent rester contiguës les unes aux autres un certain temps[463]

et que

> Des parties *sont en cohésion*, quand, si l'on en meut une, les autres sont mues[464],

on remarque aussitôt que

> Dans un corps contigu peu importe quelle est sa *longueur* (ou son extension le long de la ligne de mouvement).
>
> Dans un corps doué de cohésion ou continu peu importe aussi quelle est sa *largeur* (ou son extension le long d'une ligne perpendiculaire à la ligne de mouvement), ainsi donc un corps unifié quelle que soit sa longueur peut être poussé par un autre si court qu'il soit; un corps continu quelle que soit sa largeur peut être poussé par un autre quelle que soit son étroitesse, de même que s'il était aussi petit qu'on voudra, par un excès de vitesse aussi petit que l'on veut[465].

---

463 *Theoria motus abstracti*, définition 21, PhJ. p. 87; GPh. IV p. 228.
464 *Theoria motus abstracti,* définition 22, PhJ. p. 87; GPh. IV p. 228.
465 *Theoria motus abstracti*, théorèmes 23 et 24, PhJ. p. 91; GPh. IV p. 234.

En d'autres termes, une fois ces définitions posées, on peut considérer les corps abstraitement, c'est-à-dire négliger leur grandeur et donc la quantité de matière qu'ils renferment. Autrement dit encore, une mécanique purement cinétique devient théoriquement possible.

Dans une telle mécanique, les lois de la communication des mouvements ne sont évidemment ni très nombreuses ni très compliquées. Comme ne doit être considérée que la vitesse des corps, il suffit de distinguer trois types de chocs: celui où l'un des corps est au repos, celui où les deux corps vont l'un vers l'autre et celui où l'un rattrape l'autre. Et l'on établit aisément, selon Leibniz, les lois qui régissent la transmission du mouvement lors de ces différents chocs: puisqu'est faite l'hypothèse que les corps n'ont d'autre propriété que leur vitesse, et qu'il est donc posé qu'ils n'ont aucune élasticité, ils repartiront toujours accolés après le choc, avec une vitesse commune égale à celle du seul corps en mouvement dans le premier cas, égale à celle du plus rapide diminuée de celle de l'autre dans les deux autres cas[466].

Bien entendu, ces lois ne sont pas celles qu'on observe expérimentalement. Cette mécanique fait abstraction de l'étendue des corps, et il faudra lui adjoindre une *Theoria motus concreti*, c'est-à-dire une véritable physique, à la fois «réelle et exacte»[467], qui rendra compte entre autres choses de l'inertie naturelle des corps, du rebond constaté dans la plupart des chocs et du fait que le mouvement ne paraît pas s'épuiser comme le prédisent ces lois. Mais pour l'heure cette mécanique suffit: l'abstraction, qui la caractérise, rend possible l'étude du mouvement sans laquelle aucune explication mécaniste de la cohésion ne pourrait jamais être fournie.

Sitôt qu'on s'impose d'expliquer la cohésion par le mouvement, on s'oblige en effet à reconnaître qu'on ne pourra y parvenir qu'en invoquant la pression qu'exercent les unes sur les autres les différentes parties d'un corps. Il faut donc, comme Leibniz tente d'en persuader Hobbes, comprendre en quoi consiste la pression d'un corps sur un autre. Or c'est précisément ce phénomène que permet d'éclairer une étude attentive du mouvement, débarrassée de tout considération touchant à la nature de ce qui est mû. Une telle étude montre en effet que des corps pressés l'un contre

---

466 L'exposé de ces lois par Leibniz est sensiblement plus compliqué que nous ne le laissons penser, et consiste en quatorze théorèmes qu'il est cependant inutile de détailler ici.

467 *Theoria motus abstracti*, problème général, PhJ. p. 91; GPh. IV p. 234.

l'autre ne sont pas simplement contigus. De fait, même si – à l'inverse de ce que pensait Descartes –

> *il y a des parties données en acte dans le continu* [...] *et celles-ci sont infinies en acte* [...; et si par conséquent] *il n'y a pas de minimum dans l'espace ou le corps,* ou ce dont la grandeur ou la partie serait nulle[468],

il faut néanmoins admettre – contre Aristote cette fois[469] – que

> *Des indivisibles ou inétendus sont donnés*[470].

La démonstration en est extrêmement simple:

> le commencement du corps, de l'espace, du mouvement, du temps (à savoir le point, l'effort [conatus], l'instant) est ou nul, ce qui est absurde, ou inétendu[471].

Mais il convient de substituer à la définition euclidienne de l'indivisible celle qui sous-tend l'usage qu'en fait Cavalieri. Ainsi par exemple,

> Le *Point* n'est pas *ce dont* la partie est nulle ou ce dont on ne considère pas la partie; mais ce dont *l'extension est nulle* ou ce dont les parties sont indistantes, dont la grandeur ne peut se considérer, est inassignable, plus petite que celle qui peut être représentée par un rapport à une autre grandeur sensible si ce rapport n'est pas infini, plus petite qu'une grandeur qui peut être donnée [...][472];

ce qui permet de clarifier les rapports qu'entretiennent le repos, la tendance au mouvement et le mouvement lui-même, posé comme continu:

> le rapport du repos au mouvement n'est pas celui du point à l'espace, mais celui du zéro à un. [...] L'effort [conatus] est au mouvement ce que le point est à l'espace, soit comme l'unité à l'infini, il est, en effet, le commencement et la fin du mouvement[473].

---

468 *Theoria motus abstracti*, principes fondamentaux 1-3, PhJ. p. 88; GPh. IV p. 228.

469 Cf. *Physique* Z1, 231 a 17 – b 18, et CAVEING 1982 pour une analyse.

470 *Theoria motus abstracti*, principe fondamental 4, PhJ. p. 88; GPh. IV p. 228.

471 *Ibidem.*

472 *Theoria motus abstracti*, principe fondamental 5, PhJ. p. 88; GPh. IV p. 229. Notons qu'Euclide définissait le point comme «un objet sans parties» (*Eléments*, I définition 1). Cavalieri, pour sa part, ne le définissait nulle part dans sa *Geometria.* Mais il supposait les surfaces et volumes composés d'éléments, lignes et surfaces respectivement, qu'il caractérisait comme telles, et évitait la difficulté inhérente à la sommation d'une infinité de ces éléments en se contentant d'établir le rapport entre deux surfaces ou volumes dont les indivisibles étaient dans un rapport constant. Cf. BARON 1969 pp. 122-135 et DAHAN-DALMEDICO et PEIFFER 1986 pp. 178-179, p. ex.

473 *Theoria motus abstracti*, principes fondamentaux 6 et 10, PhJ. p. 88; G. IV p. 229.

On voit alors immédiatement que

> *Un seul point d'un corps mû dans le temps d'un effort*, c'est-à-dire dans un temps plus petit que ce qui peut être donné, *est dans plusieurs lieux ou points de l'espace*. C'est-à-dire qu'il emplira une partie de l'espace plus grande que celle qu'il emplit quand il est au repos, ou quand il est mû plus lentement [...][474].

D'où on conclut que

> *quoi que ce soit qui se meut n'est jamais en un seul lieu, aussi longtemps qu'il se meut*, pas même durant un instant c'est-à-dire le plus petit temps, parce que ce qui se meut dans le temps, fait dans un instant un effort, soit commence et finit de se mouvoir, ce qui est changer de lieu[475].

On comprend ainsi que deux corps qui se pressent ne restent pas simplement l'un contre l'autre mais se pénètrent en leurs extrémités, c'est-à-dire que

> dans le *temps* de la poussée [impulsus], de l'impact, du *concours*, deux extrémités de corps ou points se pénètrent, soit *sont dans le même point d'espace*. Puisque, en effet, comme chacun des deux corps qui concourent fait effort vers le lieu de l'autre, il commencera à y être, c'est-à-dire qu'il commencera à pénétrer, ou à s'unir[476].

Et il devient désormais évident que

> les corps, qui se pressent ou se poussent, sont en cohésion: leurs limites, en effet, sont une, or ὧν τά ἔσχατα εν sont des corps continus ou doués de cohésion, aussi selon la définition d'Aristote, parce que si deux choses sont dans le même lieu, l'une ne peut être poussée sans l'autre[477].

L'objectif est donc atteint, la cohésion est enfin expliquée au moyen du seul mouvement, conformément au postulat du mécanisme; Descartes est dépassé, qui avait simplement évité cette difficulté en réduisant la cohésion à la contiguïté, l'inutilité de l'hypothèse atomistique est définitivement démontrée, et les adversaires de la nouvelle philosophie se voient privés de leur dernier argument.

---

474 *Theoria motus abstracti*, principe fondamental 13, PhJ. p. 88; GPh. IV pp. 229-230.

475 *Theoria motus abstracti*, principe fondamental 14, PhJ. p. 88; GPh. IV p. 230.

476 *Theoria motus abstracti*, principe fondamental 15, PhJ. p. 89; GPh. IV p. 230.

477 *Theoria motus abstracti*, principe fondamental 16, PhJ p. 89; GPh. IV p. 230. (Nous avons réintroduit dans la traduction de R. Violette la locution aristotélicienne citée en grec par Leibniz et également mentionnée telle quelle dans la *Lettre à Hobbes (13/22 juillet 1670)*, PhJ. p. 23; GPh. I p. 84).

4.5 La physique, réelle et exacte: la *Theoria motus concreti*

Sans se soucier du caractère étrange de la théorie qui a permis d'arriver à ce résultat en posant que les grandeurs physiques continues sont constituées d'indivisibles – c'est-à-dire en introduisant une hétérogénéité inacceptable entre un tout et ses parties –, Leibniz entreprend alors de compléter cette description et de bâtir une *Theoria motus concreti*[478]. Il s'agit donc, comme il l'avait prévu, d'expliquer l'écart observé entre les lois vérifiées expérimentalement et celles de la théorie abstraite. Or sous peine de renier le mécanisme, ceci ne peut évidemment se faire, comme l'a bien remarqué Descartes, qu'en découvrant la composition réelle du monde, l'agencement de corps en mouvement qui le constitue. Et la manière la plus assurée d'y parvenir paraît bien être celle que celui-ci avait retenue et qui consiste à postuler une distribution initiale de mouvements, puis à en retracer la différenciation progressive, effectuée conformément aux lois abstraites connues, pour obtenir enfin la distribution actuelle. Leibniz choisit donc, à son tour, d'écrire une cosmogonie.

Se limitant au système Terre-Soleil, il se propose pour commencer de choisir une distribution initiale correspondant au globe solaire, au globe terrestre et à l'éther qui les sépare. La solution qui lui paraît la plus simple consiste à doter chacun des deux globes d'un mouvement de rotation autour de son centre et à laisser l'éther au repos. Ceci suffit en effet à rendre compte de la cohésion du Soleil et de la Terre, et à assurer la stabilité du système; stabilité que ne peut en aucun cas garantir la solution, préconisée par Descartes, Hobbes et Torricelli, selon laquelle l'éther serait entraîné, par le mouvement de rotation du globe solaire, en un mouvement circulaire emportant toutes les planètes, puisque, sous une telle hypothèse, la Terre serait d'autant plus attirée vers le Soleil qu'elle en est plus éloignée[479]. Pour expliquer comment, suivant la suggestion cartésienne, le Soleil rayonne et agit à l'extérieur de lui-même, Leibniz adjoint au mouvement de rotation de ses parties autour de son centre, un autre mouvement, «circulaire et varié»[480], grâce auquel il arrive que certaines d'entre elles se choquent et se

---

478 C'est par ce sous-titre que nous désignerons ce qu'on appelle souvent dans la littérature l'*Hypothesis physica nova*.

479 Cf. *Theoria motus concreti*, §§ 1-4, PhJ. p. 64; GPh. IV pp. 181-182.

480 *Theoria motus concreti*, § 5, PhJ. pp. 64-65; GPh. IV p. 182.

trouvent alors propulsées vers l'extérieur selon une ligne perpendiculaire à sa surface. Contrairement à ce que croyait Descartes, la propension, ou tendance, au mouvement rectiligne que possèdent les parties du Soleil en rotation, ne saurait en effet être tenue pour seule responsable de l'action du Soleil puisque, selon la *Theoria motus abstracti*,

> toute propension au mouvement, que le mouvement ne suit pas, ne dure pas plus qu'un moment[481].

La lumière n'est ainsi, d'après Leibniz, qu'

> un mouvement de l'éther sensiblement rectiligne, très rapide, propagé vers n'importe quel point sensible tout à l'entour[482]

et engendré par les chocs se produisant entre les particules solaires éjectées et celles de l'éther. Pour expliquer le mouvement de la Terre autour du Soleil, il faudra donc avoir recours à la combinaison de deux mouvements différents qui emportent les parties de celui-ci, et non plus, comme le prétendait Descartes, au seul mouvement de rotation du Soleil au cours duquel s'exprimait la tendance centrifuge qui constituait, selon lui, la lumière. De la même façon, on admettra que le mouvement de la Lune autour de la Terre est dû à la rotation de la Terre sur elle-même et au mouvement rectiligne qui constitue la lumière qu'elle réfléchit. Comme l'avait soutenu Descartes cependant, c'est bien la lumière qui, de l'avis de Leibniz, pénètre la Terre et y produit progressivement tout ce que nous pouvons y observer aujourd'hui. Mais, une fois encore, le processus décrit dans les *Principes* doit être modifié. Si le fait que l'éther pénètre tous les corps suffit en effet à expliquer un phénomène tel que la gravité, il ne permet pas en revanche de comprendre comment se sont formés des corps dotés des propriétés nécessaires à l'apparition de la plupart des phénomènes que nous observons. Des phénomènes tels que la réflexion et la réfraction, ou le rebond qu'ont décrit Wren et Huygens, ne peuvent en effet se produire que si les corps choqués sont élastiques,

> c'est-à-dire que si on les comprime et les relâche bientôt, ils reviennent à leur état antérieur[483];

---

481 *Theoria motus concreti*, § 30, PhJ. p. 71; GPh. IV p. 195.

482 *Ibidem*.

483 *Theoria motus concreti*, § 21, PhJ. p. 68; GPh. IV p. 188.

et pour rendre compte du fait qu'

> *un corps plus grand l'emporte sur un corps moins grand* et que l'élan fourni par un grand corps est de loin supérieur à celui d'un petit corps[484],

il est indispensable de les supposer discontinus[485]. Or, d'après ce que nous savons, la matière aurait dû rester à jamais parfaitement molle et continue. Il faut donc reconnaître que c'est

> par un artifice ou par un bienfait nécessaire à la vie admirable du Créateur[486]

qu'il en a été autrement et – puisque c'est le seul mécanisme imaginable susceptible d'expliquer ces deux propriétés – qu'une fois entré dans le globe terrestre par ses points faibles situés le long de ses parallèles, l'éther a pu, en s'enroulant sur lui-même, former des corps sphériques, analogues aux bulles produites par les souffleurs de verre, qui,

> *entortillés de manière variées*, mis en figures, réunis en conglomérats[487],

ont ensuite formé les corps en les dotant des propriétés responsables de la multitude de phénomènes dont nous sommes témoins: sympathies, antipathies, fermentations, déflagrations, réactions chimiques entre éléments mâle et femelle, dilatations, contractions, mouvements musculaires, etc.

4.6 Le monde est un univers, et le meilleur possible

Respectivement publiées par l'Académie des Sciences de Paris et la Royal Society de Londres en 1671, la *Theoria motus abstracti* et la *Theoria motus concreti* constituent ce que Leibniz appellera son *Hypothesis physica nova* et marquent son entrée sur la scène intellectuelle européenne. On ne sait exactement qu'elles furent les réactions que suscitèrent ces deux textes, mais on ne peut douter que plus d'un lecteur découvrit, sous leur apparent syncrétisme, la

---

484 *Theoria motus concreti*, § 22, PhJ. p. 69; GPh. IV p. 191.

485 *Ibidem.* En effet, selon la théorie du mouvement abstrait (cf. citations afférentes aux notes 464 et 465 ci-dessus), «dans les corps contigus il n'importe nullement au mouvement de quelle longueur ils sont; dans les corps continus [...] pas même quelle est leur épaisseur ou largeur».

486 *Theoria motus concreti,* § 21, PhJ. p. 68; GPh. IV p. 188.

487 *Theoria motus concreti,* § 15, PhJ. p. 66; GPh. IV p. 185

volonté de leur auteur de transgresser les idées reçues. Il est clair en effet que, si Leibniz y prétend concilier plusieurs images du monde, ce n'est pour lui qu'un moyen de critiquer chacune d'elles et de bâtir celle qu'il convient de leur substituer. Ainsi le *monde* de cette *Hypothèse* n'est-il plus celui de Gassendi, même s'il en conserve certains traits. Contrairement à l'idée que celui-ci avait reprise à Démocrite, Epicure et Lucrèce, le monde ne contient aucun vide ni aucune particule insécable; la matière y est infiniment divisible et occupe tout l'espace. Si elle nous apparaît discontinue, c'est que la matière qui sépare les corps échappe à notre perception. La présence de cet éther est en effet attestée par une multitude de phénomènes. C'est d'ailleurs lui qui, à l'instar de la matière subtile cartésienne, a pénétré la Terre et y a engendré tous les corps que nous observons. Cependant, la manière dont ceci s'est produit n'est pas celle qu'avait imaginée Descartes. La lumière n'est pas une pression qu'exercent, par l'entremise de l'éther, les parties du Soleil en rotation; c'est véritablement un mouvement de ce milieu, et donc un mouvement à vitesse finie. Car, selon la définition retenue du mouvement, un corps qui se mouvrait à une vitesse infinie serait partout en même temps, c'est-à-dire ne serait en définitive nulle part, et donc n'existerait pas[488]. Tout se tient donc dans le monde, chaque variation dans la distribution de mouvement en un endroit se répercute en tous les autres points de la matière. Mais jamais instantanément, comme le croyait Descartes. Le monde est bien un, mais la solidarité de ses parties est, pour ainsi dire, distendue: en accord avec la continuité du temps postulée, tout effet met un certain temps à se propager à travers le plein. Par conséquent, Dieu n'intervient plus dans le cours des choses. Il ne redistribue plus continuellement la quantité de mouvement qu'il a mise dans le monde en le créant, comme le faisait le Dieu des *Principes*, ni n'insuffle le mouvement par le jeu des sphères célestes comme le faisait le premier moteur aristotélicien. Il n'est plus seulement à la périphérie du monde comme l'acte pur d'Aristote, ni même au début de son histoire comme le Dieu cartésien, mais à la périphérie de l'univers, c'est-à-dire du monde et de son histoire. Il est devenu le véritable créateur du monde: il le crée et le laisse évoluer conformément aux lois qu'il lui a imprimées. Ces lois d'ailleurs – et c'est une seconde caractéristique essentielle de ce *monde* – auraient pu être autres. Elles ne découlent pas des lois abstraites du mouvement. A l'inverse de ce que pensait Descartes, le monde n'est pas

---

488 Leibniz reprendra explicitement ce raisonnement, qu'avait déjà tenu Descartes (cf. note 82 (p. 29)), dans les *Elementa philosophiae arcanae* (cf. RIVAUD 1914 p. 101 note 1)

condamné à se trouver tôt ou tard dans l'état que nous lui connaissons: tous ces états ne sont pas équivalents et nous ne pouvons choisir arbitrairement la distribution initiale de mouvement[489]. Nous sommes contraints d'admettre que Dieu a doté l'éther de propriétés particulières, et donc de mouvements particuliers, grâce auxquels la matière a pu acquérir les propriétés de discontinuité et d'élasticité, responsables de la majorité des phénomènes que nous observons et de la transmission progressive des mouvements.

On comprend ainsi que dès 1673 – comme il ne manquera pas de le rappeler une trentaine d'années plus tard dans la préface à sa *Théodicée* – Leibniz en soit venu à soutenir dans une *Confessio philosophi* la thèse centrale de son futur système, à savoir que

> Dieu ayant choisi le plus parfait de tous les mondes possibles, avait été porté par sa sagesse à permettre le mal qui y était annexé, mais qui n'empêchait pas que, tout compté et rabattu, ce monde ne fût le meilleur qui pût être choisi[490].

Quiconque admet, en effet, que ce n'est pas le monde à cet instant où nous l'observons mais l'univers tout entier, c'est-à-dire à tous les moments de son histoire, qui a été créé, ne peut se défaire de l'idée qu'une certaine nécessité est à l'œuvre; que chaque mouvement de la matière, qui s'ajuste si parfaitement à tout autre, est précisément tel qu'il en soit justement ainsi. Mais qui sait aussi que cet univers aurait pu être autre doit en outre reconnaître que cette nécessité – si forte qu'elle paraisse – n'est pas absolue, mais qu'elle répond plutôt à un dessein. La conclusion leibnizienne suit alors aussitôt: puisque le créateur de l'univers ne peut être que tout-puissant, et ne peut donc qu'être Dieu, il est par définition parfaitement sage également et, par conséquent, quelles qu'en soient les imperfections locales et momentanées, cet univers est bien le meilleur de tous ceux qu'il aurait pu choisir de réaliser.

4.7 La difficulté de l'*Hypothesis physica nova*

Rédigée lors de la première année qu'il passe à Paris, cette *Confessio philosophi* est conçue par Leibniz comme un aboutissement. Il y expose les conclusions auxquelles il est arrivé, et sur lesquelles il ne reviendra d'ailleurs

---

489 Descartes avait en effet posé l'équivalence des hypothèses cosmogoniques. Cf. page 22.
490 *Essais de théodicée*, préface, p. 44; GPh. VI p. 43.

jamais, mais n'y fait aucune allusion à la difficulté fondamentale qu'engendre sa conception du monde. Cette difficulté est pourtant flagrante: puisque Dieu n'intervient plus dans le cours du monde, il faut expliquer comment celui-ci peut évoluer, c'est-à-dire comment le mouvement peut ne pas y disparaître progressivement. Selon les lois abstraites du mouvement, en effet, un même corps choqué par deux corps venant de directions différentes est le siège d'une composition de conatus dont le résultat est un conatus dirigé le long de la droite bissectrice de l'angle formé par les deux directions précédentes, de sorte que, chocs après chocs, toutes les parties de la matière devraient finir par se mouvoir à la même vitesse dans la même direction, et donc se trouver au repos les unes par rapport aux autres[491]. Cependant cette difficulté ne concerne que la théorie abstraite du mouvement, et sans doute est-ce pour cette raison que Leibniz ne l'envisage pas: c'est vraisemblablement, dans son esprit, le type même de problème qu'est appelée à résoudre une théorie concrète plus précise que celle qu'il a proposée et prenant, par exemple, en compte l'effet exact de l'élasticité des corps. A l'époque, en effet, Leibniz n'imagine absolument pas que sa théorie abstraite puisse être non seulement incomplète mais inexacte. Il est encore trop cartésien pour cela[492]: la théorie abstraite, bâtie par Descartes sur la loi de la conservation de la quantité de mouvement, et dont la sienne s'inspire largement, doit être simplement complétée; elle ne peut être totalement fausse.

Ce n'est qu'après 1673 que Leibniz se met à étudier sérieusement les œuvres de Descartes et qu'il entreprend la critique systématique de sa physique. A Paris[493], il rencontre Mariotte dont les patientes mesures expérimentales achèvent de le convaincre de la nécessité de doter les corps d'une élasticité et de prendre en compte la quantité de matière qu'ils renferment, et non plus leur seule grandeur, pour établir les lois réelles de la communication des mouvements[494]; il fait la connaissance de Malebranche dont l'échec, dans sa tentative pour découvrir les véritables lois des chocs à partir de celles

---

491 Cf. *Theoria motus abstracti*, théorèmes 7-14, PhJ. pp. 90-91; GPh. IV pp. 233-234.

492 Même si, comme nous l'avons vu, il ne l'a jamais véritablement été. Pour lui – aussi curieux que cela puisse paraître –, une théorie, c'est-à-dire une description négligeant délibérément certains aspects du monde phénoménal, pouvait – et même, devait – être exacte: elle était «imaginaire», mais néanmoins «exacte», comme la géométrie (cf. PhJ. p. 91; GPh. IV p. 234).

493 Sur ce séjour, cf. BELAVAL 1962 chap. 5 p. ex.

494 Cf. DUGAS 1955 p. 191 et MOUY 1934 pp. 154-156.

déduites de la loi de la conservation de la quantité de mouvement, le porte à douter pour la première fois du bien-fondé de sa propre démarche[495]; et surtout, il se lie d'amitié avec Huygens qui lui révèle, entre autres choses, le sens véritable de la relativité du mouvement: lors d'un choc, le mouvement se répartit de la même manière entre les différents corps quelle que soit la vitesse (constante) du milieu dans lequel il se produit, et la loi auquel il obéit doit donc pouvoir être formulée de la même manière quelle que soit la vitesse attribuée à ce milieu; exigence à laquelle ne satisfait manifestement pas la conservation de la quantité de mouvement des *Principes*[496].

Durant son séjour parisien, Leibniz acquiert ainsi la conviction que la loi cartésienne de la conservation de la quantité de mouvement est tout simplement fausse, qu'il est donc impossible que ce soit en vertu de cette loi, imposée par Dieu lors de la création, que le monde évolue, et que la physique doit en conséquence être fondée sur un autre principe de conservation.

4.8 Arguments en faveur d'une éventuelle spiritualisation de l'univers

Les *Elementa philosophiae arcanae,* rédigés à la fin de l'année précédente, et le dialogue *Pacidius Philaleti*, composé sur le bateau qui le mène de Londres en Hollande, prouvent qu'au moment de quitter Paris définitivement en 1676, Leibniz n'a pas encore découvert ce nouveau principe, et qu'il choisit en conséquence de redonner une orientation plus philosophique à sa recherche[497].

Posant en postulat la conclusion à laquelle l'avait mené son *Hypothesis physica nova*, à savoir que ce monde est le meilleur, il se décide à prendre pour guide l'harmonie qui le caractérise. A défaut de la loi qui régit l'évolution du

495 Cf. page 153, MOUY 1927, MOUY 1934 pp. 229-231, et ROBINET 1955.

496 Huygens avait critiqué les lois cartésiennes dès 1652. Les lois qu'il proposait de leur substituer avaient été exposées dans les *Philosophical Transactions* en mars 1669. Le ressort de son argumentation était la relativité du mouvement qu'il posait en principe. Cf. DUGAS 1955 pp. 176-180 et MOUY 1934 pp. 192-200 tout particulièrement.

497 Cf. *Pacidius Philaleti* in *Opuscules et fragments inédits* pp. 594-627. (Pour ce qui est des *Elementa philosophiae arcanae*, n'ayant pu disposer de l'édition qu'en a donnée Y. Jagodinsky en 1913, nous renverrons à la présentation détaillée fournie in RIVAUD 1914, aux citations proposées in BELAVAL 1962 et aux fragments traduits par L.E. Loemker in *Philosophical Papers and Letters,* auxquels nous renvoyons au moyen de l'initiale L).

monde, on peut en effet tenter de découvrir la nature de ses éléments; et l'harmonie fournit de toute évidence un critère qui devrait permettre à cette recherche d'aboutir. Puisque ce monde – ou cet univers – contient tout ce qui est, a été et sera, on doit en effet admettre qu'il n'existe rien qui ne soit harmonique:

> Existere nihil aliud esse, quam Harmonicum esse[498].

Mais on doit par ailleurs reconnaître que l'harmonie est le caractère essentiel de la pensée: penser c'est unir, conférer une unité à la diversité; et, du fait même qu'il pense, l'esprit s'accorde aux autres, s'harmonise pour constituer avec eux une véritable communauté d'esprits. Il y a donc une indéniable analogie entre l'être et la pensée. Et l'on voit mal comment cette analogie s'expliquerait si l'on n'acceptait de la réduire à une identité, c'est-à-dire si l'on s'obstinait à ne voir dans le monde que des corps obéissant à des lois imposées par Dieu au lieu d'admettre que l'univers se résout *in fine* en une multitude infinie d'esprits s'accordant les uns aux autres en vertu de leurs propres natures.

Cependant, comme telle, cette spiritualisation de l'univers rappelle trop les spéculations de la pire scolastique pour que Leibniz accepte d'y consentir sous l'unique prétexte qu'elle rendrait compte de son harmonie, et, s'il ose cette hypothèse, c'est qu'il lui semble désormais impossible de nier que la physique elle-même la suggère. Dans sa *Theoria motus concreti*, il s'était en effet contenté de faire naître les corps du mouvement par le jeu de ce milieu particulier qu'était l'éther, laissant ainsi entendre qu'il considérait le mouvement comme la réalité dernière, alors qu'il avait déjà cru devoir faire remarquer, dans sa *Theoria motus abstracti*, qu'il était nécessaire de supposer une intervention de l'esprit pour sauver le mouvement. «Le conatus, en effet, considéré en lui-même comme indivisible géométrique et vitesse élémentaire, ne dure qu'un instant et ne contient rien qui se réfère au passé et à l'avenir. Pour qu'il puisse se répéter et se sommer de façon à engendrer le mouvement durant dans le temps, il faut le concevoir comme exprimant un indivisible supérieur qui le conserve et le répète, c'est-à-dire qui est souvenir et tendance, donc esprit»[499]; thèse qu'il avait alors exprimée en disant que

> tout corps est [...] un esprit momentané[500].

---

498 Belaval 1962 p. 95 et Rivaud 1914 p. 97 note 3.

499 Guéroult 1934 p. 16.

500 *Theoria motus abstracti*, principe fondamental 17, PhJ. p. 89; GPh. IV p. 230.

Leibniz avait donc délibérément ignoré ce qu'il avait précédemment reconnu très explicitement, à savoir que le mouvement, lui-même, n'était que l'expression d'une réalité plus profonde de nature spirituelle. Or il lui apparaît maintenant qu'une telle attitude, pour justifiée qu'elle fût au plan méthodologique, est décidément intenable. Huygens lui a en effet appris que le mouvement est relatif: le mouvement peut ne pas être perçu; il ne peut en conséquence être tenu pour véritablement réel[501]. Il n'est – la physique elle-même le prouve – qu'un intermédiaire entre le corps et la réalité, et il est impératif de reconnaître qu'en définitive celui-ci doit se réduire à celle-là.

Mais il y a plus encore. Leibniz entrevoit dorénavant pourquoi une telle réduction est possible, comment une réalité spirituelle pourrait fonder la réalité des corps. A Paris, en effet, il n'a pas seulement compris la relativité du mouvement mais il a trouvé le moyen de traiter le continu sans le supposer constitué d'indivisibles[502]. Plus précisément, vers la fin de son séjour, il est parvenu à mettre au point un algorithme permettant de résoudre des problèmes faisant intervenir des grandeurs continues grâce à l'introduction de grandeurs infiniment petites aux propriétés très particulières. Ces grandeurs ont en effet les mêmes propriétés arithmétiques que les autres nombres (réels) mais peuvent néanmoins être négligées lorsqu'on les y compare. Autrement dit, elles sont bien «plus petites qu'une grandeur qui peut être donnée»[503], comme l'étaient les indivisibles qu'il avait précédemment acceptés, mais elles ont aussi, entre autres propriétés, celle de ne pas être

---

501 Leibniz écrit: «Esse nihil aliud esse quam percipi posse» (Cf. RIVAUD 1914 p. 107 note 3). Expression qui nuance celle du *Fragment sur la matière première* («Ce qui n'est pas senti, n'est rien». Cf. citation afférente à la note 461 (p. 177)) et qui doit être entendue, pour que l'usage qu'en fait Leibniz soit justifié, comme signifiant *a contrario* «ce qui peut ne pas être perçu, n'est rien».

502 Les exposés de cette découverte, qui daterait de la fin de l'année 1675, sont innombrables – ou presque. Citons, outre l'*Historia et origo calculi differentialis* rédigée par Leibniz lui-même (GM. V pp. 392-410), BARON 1969 pp. 268-290, BELAVAL 1962 pp. 83-90, DAHAN-DALMEDICO et PEIFFER 1986 pp. 194-196, DHOMBRES et alii 1987 pp. 172-176, CARNOT 1797 qui montre longuement en quoi la méthode mise au point par Leibniz diffère de la méthode d'exhaustion, de la méthode des indivisibles, de la méthode des indéterminées, et des méthodes newtoniennes des premières et dernières raisons et des fluxions, et enfin ROBINSON 1967 et ROBINSON 1974 chap. X qui réhabilitent la méthode leibnizienne, longtemps discréditée au profit de la méthode «en ε, δ» de Bolzano et Weierstrass.

503 C'est en effet comme cela que Leibniz avait défini le point dans la *Theoria motus abstracti* (Cf. citation correspondant à la note 472 (p. 180)).

indivisibles, c'est-à-dire qu'elles sont divisibles à l'infini comme les continus qu'elles composent. Entre un continu et son élément, il n'y a donc plus cette différence qui subsistait entre l'espace et le «point», entre le temps et l'«instant», ou entre le mouvement et le «conatus»; il reste une différence mais, si essentielle qu'elle soit, ce n'est plus qu'une différence de rapport, et chacun de ces éléments, jadis posés comme radicalement différents des continus qu'ils étaient censés composer, apparaît désormais – ni plus ni moins que le continu dont il est la partie – comme l'effet d'une sommation infinie d'éléments infiniment petits. Tout continu est donc composé de tels éléments[504]. Et ceci doit être vrai de la matière puisque la physique, elle-même, enseigne qu'il n'y a pas lieu d'y chercher des «atomes»[505]. Chaque parcelle de matière est donc ultimement composée d'infiniment petits; infiniment petits qui, en raison du rapport qu'entretiennent de tels éléments avec le continu qu'ils composent, pourraient – à bon droit selon Leibniz – être identifiés aux réalités spirituelles dernières que l'on se sent contraint de postuler pour fonder la matière.

Ainsi, d'après Leibniz, tant les mathématiques que la physique et la philosophie nous convieraient à reconnaître que le monde est fort différent de celui décrit par l'*Hypothesis physica nova*: non seulement l'esprit serait présent au cœur de la matière, mais il n'existerait même en réalité que des esprits. En créant l'univers, Dieu n'aurait créé que des substances spirituelles, «tirant leur origine de lui à la façon dont les propriétés logiques tirent leur origine d'une essence» et passant à l'existence en vertu de cette tendance à créer le maximum d'essence qu'est sa volonté; et ce seraient ces substances qui, agissant à la manière de la substance créatrice, informeraient les corps et, grâce à l'harmonie établie entre elles, règleraient les variations de la matière que nous percevons dans l'espace et dans le temps[506].

---

504 Cf. *Pacidius Philaleti* in *Opuscules et fragments inédits*, pp. 614-615. Compte tenu de ce que Leibniz écrivit parfois par la suite, cette affirmation mérite d'être justifiée. Nous nous y employons brièvement dans le Complément 31 (p. 264).

505 Cf. *Pacidius Philaleti* in *Opuscules et fragments inédits*, p. 622.

506 Cf. BELAVAL 1962 pp. 94-95 et RIVAUD 1914 pp. 109-110 et 1717-118.

4.9 Le principe de conservation de la force vive

Toutefois, pour Leibniz, que le monde soit un monde de substances spirituelles n'est encore qu'une conjecture, si séduisante qu'elle soit et si nécessaire qu'elle puisse paraître. Et ce serait une erreur de croire qu'il envisage sérieusement, à cette époque, de substituer un tel *monde* métaphysique à l'image qu'en physicien, il avait patiemment élaborée. Comme en témoigne la tentative, aussi maladroite qu'empressée, qu'il insère aux *Elementa philosophiae arcanae* pour démontrer la plausibilité d'une telle conjecture[507], il s'agit tout au contraire, pour lui, de compléter l'image de son *Hypothesis physica nova* en la fondant véritablement. Il faut, en d'autres termes, parvenir à découvrir le lien unissant ce monde de substances au monde des corps qui en serait la seule expression perceptible par les esprits finis que nous sommes.

Leibniz se voit ainsi renvoyé à ses études de physique et, plus particulièrement, au problème qui l'avait poussé à les suspendre. En effet, puisqu'il s'agit désormais de comprendre comment la matière et ses modifications peuvent résulter de l'activité de certaines substances et que, d'après l'*Hypothesis*, ce ne sont pas seulement les modifications de la matière mais la matière elle-même qui est engendrée par le mouvement, c'est plus que jamais la possibilité de celui-ci – et donc sa conservation – qu'il faut tout d'abord tenter d'expliquer.

Même s'il ne publiera le résultat de sa recherche qu'en 1686, il semble que ce soit au début de 1678 que Leibniz découvre enfin le principe qu'il convient de substituer au principe cartésien de la conservation de la quantité de mouvement[508]. Plus exactement, c'est vraisemblablement à cette époque qu'il découvre l'argument qui achève de convaincre le cartésien qu'il est encore. Car le raisonnement de Descartes paraît bien irréprochable : pour

---

507 Cf. BELAVAL 1962 pp. 95-101 et L. pp. 161-164.

508 C'est en tout cas la conclusion à laquelle sont arrivés les historiens. Y. Belaval, par exemple, situe la constitution de cette dynamique entre le *Pacidius Philaleti* d'octobre 1676 et les premiers essais de Calcul logique d'avril 1679, et plus précisément encore en janvier-février de l'année 1678. (Cf. BELAVAL 1962 p. 129 et note 1 au bas de cette même page). Leibniz semble toutefois n'avoir rien publié sur cette question avant le fameux article, intitulé *Brevis demonstratio erroris memorabilis Cartesii et aliorum circa legem naturalem, secundum quam volunt a Deo eandem semper quantitatem motus conservari, qua et in re mechanica abutuntur*, paru dans les *Acta Eruditorum* en mars 1686, c'est-à-dire avant d'en avoir dégagé les implications philosophiques.

qu'un mouvement puisse se produire dans un monde sans vide, il faut que le produit de la grandeur et de la vitesse du corps déplacé soit exactement compensé par d'autres mouvements, c'est-à-dire que la «quantité de mouvement» soit conservée[509]; et la critique qu'en a faite Huygens, si convaincante qu'elle puisse paraître, n'est pas entièrement satisfaisante parce qu'elle s'appuie sur une analyse des chocs et que, dans ce cas, on peut toujours songer à invoquer, comme le propose Malebranche à la suite de Descartes lui-même, la négligence de certains facteurs pour expliquer l'écart entre les lois expérimentalement établies et celles dérivées du principe cartésien[510]. Pour parvenir à lever l'immunité de la théorie cartésienne, il est donc indispensable de fournir un contre-exemple irrécusable; et pour la corriger, que ce soit en outre un contre-exemple qui suggère immédiatement quelle quantité est effectivement conservée.

L'exemple, qui conjugue ces deux qualités et que retient par conséquent Leibniz, est celui de la chute libre. Aucun cartésien en effet ne songerait à contester que

> il faut autant de force pour élever le corps A (fig. 23) d'une livre à la hauteur CD de quatre aunes qu'il en faut pour élever le corps B de quatre livres à la hauteur EF d'une aune[511].

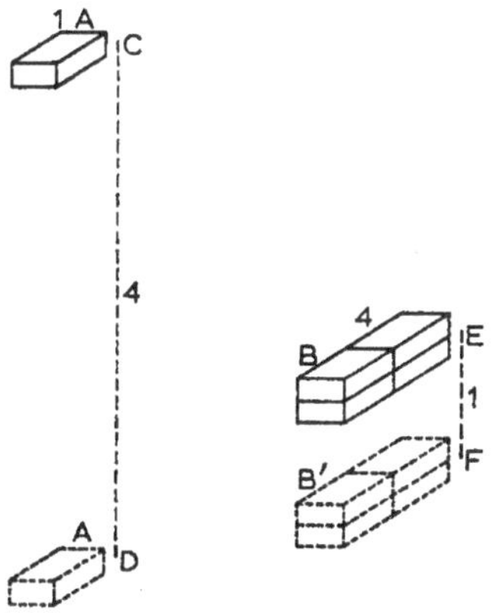

Figure 23

509 Cf. page 15.

510 Cf. page 153.

511 *Brevis Demonstratio,* GM. VI p. 118. Signalons que, dans les *Philosophical Papers and Letters* édités par Loemker, la figure accompagnant ce texte est erronée.

C'est de fait ce qu'avait reconnu Descartes lui-même en établissant, dans son traité sur les cinq machines simples, qu'un levier est en équilibre lorsque les poids posés aux bouts de ses bras sont dans un rapport inverse au rapport de leurs longueurs, puisque la démonstration de cette règle – qu'il considérait d'ailleurs comme un cas particulier de son fameux principe – repose manifestement sur cette hypothèse :

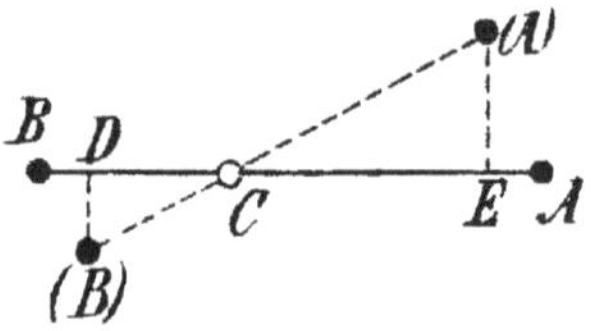

Figure 24

> Supposons que BC (fig. 24) soit la moitié de AC, et que le poids B soit le double du poids A; je dis alors que A et B sont en équilibre. Parce que si nous supposons que l'un des deux, B par exemple, est plus lourd et descend de ce fait en (B), et que A monte en (A), et si nous abaissons des perpendiculaires (A)E et (B)D de (A) et (B) sur AB, il est clair que si D(B) est d'une longueur d'un pied, (A)E sera de deux pieds, et donc que, si deux livres descendent la distance d'un pied, une livre s'élèvera à la hauteur de deux pieds, et ainsi, puisque les deux sont équivalents, que rien n'est gagné et que la descente devient inutile, mais que tout reste au contraire en équilibre comme avant[512].

Or, une fois cette hypothèse admise, il est très aisé de montrer que

> la force du corps A lorsqu'il arrive en D et celle du corps B en F sont égales[513];

il suffit pour cela de supposer que

> un corps tombant d'une certaine altitude acquiert la force qui lui est nécessaire pour remonter à son altitude de départ si sa direction est inversée et si rien d'extérieur ne l'en empêche. Par exemple, un pendule retournerait exactement à la hauteur de laquelle il tombe si la résistance de l'air et d'autres obstacles similaires n'absorbaient quelque peu de sa force [...][514]

Mais on sait depuis Galilée que la vitesse acquise par un corps en chute libre est proportionnelle à la racine carrée de la distance qu'il a parcourue, de sorte que

> la vitesse acquise lors de la chute CD est le double de la vitesse acquise durant la chute EF[515].

Nous devons par conséquent admettre que la quantité de mouvement, produit de la masse par la vitesse, est différente dans les deux cas : celle acquise

512 *Brevis demonstratio*, GM. VI p. 120; L. pp. 298-299.
513 *Brevis demonstratio*, GM. VI p. 118; L. p. 297.
514 *Brevis demonstratio*, GM. VI p. 118; L. p. 296.
515 *Brevis demonstratio*, GM. VI p. 118; L. p. 297.

par le corps A ne vaut que la moitié de celle acquise par le corps B. La conclusion est donc on ne peut plus claire : la quantité de mouvement n'est pas la force et, comme celle-ci n'est autre – par hypothèse – que la quantité qui est supposée se conserver, la quantité de mouvement n'est pas conservée. En un mot, la fausseté du principe cartésien est définitivement établie. L'exemple considéré indique d'ailleurs immédiatement quel nouveau principe lui substituer. Il suffit de remarquer que la quantité égale dans les deux cas est le produit de la masse du corps par la hauteur de laquelle il tombe, pour conclure que c'est cette quantité – qui est aussi égale au produit de la masse par la vitesse acquise élevée au carré et que Leibniz se proposera d'appeler «force vive» – qui est conservée[516].

Ayant ainsi retrouvé le résultat établi par Huygens une dizaine d'années plus tôt[517], Leibniz n'a aucune peine à montrer ensuite que ce principe de conservation de la force vive est aussi celui auquel obéissent toutes les collisions envisagées par Descartes, et qu'il suffit, pour en donner les lois concrètes exactes, de doter les corps d'une élasticité et de prendre en considération leur masse plutôt que leur simple volume, comme l'en avait déjà convaincu Mariotte[518].

Le *monde* de l'*Hypothesis physica nova* était donc inexact, et – fait remarquable – ne pouvait que l'être. Parce qu'il était incomplet. Il y a autre chose dans la nature, en effet, que la grandeur, la figure et le mouvement, qu'y avait mis Descartes. Le corps ne peut être réduit à l'étendue, ni même à l'étendue et à l'impénétrabilité comme Leibniz lui-même l'avait cru : un

---

516 Leibniz reprit, comme on le sait, cette démonstration au paragraphe 17 du *Discours de métaphysique*, rédigé cette même année 1686. Vu son importance, nous avons tenté de la schématiser, en usant de symboles immédiatement interprétables, dans le Complément 32 (p. 265).

517 En 1668, dans son *De motu corpororum ex percussione* qui ne parut qu'en 1700, Huygens avait déjà démontré que, lors d'un choc élastique, la somme des produits des masses des corps par leurs vitesses élevées au carré restait constante. Il est extrêmement douteux que Leibniz ne l'ait pas su. (cf. MOUY 1934 pp. 234-235).

518 Ces démonstrations sont explicitées dans les *Animadversiones in partem generalem Principiorum Cartesianorum* (in GPh. IV pp. 370-384; L. pp. 393-404). Leibniz y montre en outre, graphique à l'appui, qu'à l'inverse de celle de Descartes, sa loi de conservation ne viole pas le principe de continuité. Notons que, pour obtenir les lois correctes, Leibniz – comme il se devait – adjoignait au principe de conservation de la force vive le principe de la relativité du mouvement; ce qui revenait à reconnaître implicitement la nécessité de substituer au principe cartésien celui de la conservation de la quantité *vectorielle* de mouvement. (cf. p. ex. KITTEL 1965 vol. 1 pp. 71-73, RUSSELL L.J. 1976).

corps est doté d'une force. Et cette force ne se mesure pas par le produit de sa grandeur et de sa vitesse, mais par celui de deux quantités qui n'ont rien de géométrique : sa masse, d'une part, qui exprime cette inertie que seule l'expérience a pu révéler; et d'autre part le carré de sa vitesse, qui ne correspond pas davantage à quoi que ce soit de spatial et qui est, lui aussi, imposé par l'expérience. Il s'agit donc d'une caractéristique qui dépasse radicalement l'intuition cartésienne de l'espace.

Mais la force n'est pas seulement «une réalité [...] que la pensée mathématique livrée à elle-même n'aurait jamais conçue»[519] : elle exprime la puissance d'agir propre au corps qui en est le siège. De fait, pour la calculer, on peut aussi choisir – comme l'a montré Leibniz – de multiplier la masse du corps par la distance qu'il parcourra sous son effet si rien ne l'en empêche[520]. La science qui la prendra en compte, c'est-à-dire la science véritable, sera donc une dynamique : une science qui, pour décrire l'état du monde à un instant, envisagera l'effet futur qui épuisera chaque force présente à cet instant, et non plus une mécanique qui considère l'état du monde à chaque instant indépendamment de son état à un instant ultérieur. Bref, ce sera une science qui reconnaît l'activité de la nature, et sur laquelle pourra dès lors s'ériger un *monde* qui sera, comme il se doit, un *univers*.

D'après Leibniz, on pourrait même songer à aller plus loin encore. La formation d'un corps n'est, en effet, qu'un phénomène parmi d'autres, qui doit donc, lui aussi, résulter de chocs entre corps dotés d'une force. Et comme, apparemment, rien n'est venu contredire la thèse de l'*Hypothesis* selon laquelle la matière est divisible à l'infini, il semblerait que l'on puisse conclure, si l'on pousse l'analyse à bout, qu'un corps n'est en définitive que l'expression d'une force. En d'autres termes, le rapport entre le corps et la force pourrait être inversé : celle-ci ne serait pas une propriété de celui-là mais serait, au contraire, ce dont il n'est que la manifestation. La physique confirmerait ainsi l'hypothèse qu'elle-même, la philosophie et les mathématiques, avaient suggéré de poser : et la matière et ses modifications résulteraient de l'activité naturelle; activité qui ne se trouverait être que l'activité de certaines substances, dont la nature serait du même coup précisée.

---

519 GUÉROULT 1934 p. 47.

520 C'est effectivement – pour reprendre la notation utilisée au Complément 32 (p. 265) – le sens qu'il faut donner à H2 une fois qu'on a accepté la solution leibnizienne qui consiste à poser $f_A(C \to D) = m_A \cdot CD$ par exemple.

4.10 La recherche logique du *Discours de métaphysique*

La physique renforce donc l'idée selon laquelle le monde serait ultimement constitué de substances. Mais elle n'en offre aucune démonstration : elle n'indique absolument pas comment les phénomènes pourraient naître d'une activité substantielle. Et il semble qu'aucun progrès en cette matière ne permettra jamais de découvrir ce processus, puisque dès à présent, tous les phénomènes sont exactement décrits ou – tout au moins – susceptibles de l'être. En un mot, la physique paraît avoir tout dit et ce serait risquer de tomber dans la pure spéculation que d'essayer de la faire parler davantage. Pour progresser et mettre au jour le processus en question, il n'est donc d'autre solution que de l'envisager à contresens, c'est-à-dire de tenter de comprendre comment des substances pourraient engendrer les phénomènes observés. Aussi Leibniz entreprend-il, dès 1678, une longue réflexion métaphysique dont il consignera les premiers résultats dans son *Discours de métaphysique* en 1686.

Comme il se doit, il commence par essayer de déterminer ce qu'est une substance et, refusant de s'inspirer de la physique, par tenter de clarifier le concept de «substance». Ainsi se donne-t-il comme point de départ la définition «logique» d'Aristote :

> Il est bien vrai que, lorsque plusieurs prédicats s'attribuent à un même sujet, et que ce sujet ne s'attribue à aucun autre, on l'appelle substance individuelle[521].

Mais, pour recevable qu'elle soit, il s'agit là d'une définition qu'il convient en effet, selon lui, de dépasser :

> une telle explication n'est que nominale. Il faut donc considérer ce que c'est que d'être attribué véritablement à un certain sujet[522].

Or, pour y parvenir, il suffit de remarquer que toute proposition vraie, nécessaire ou contingente, peut être ramenée – grâce à l'analyse logique des notions – à une vérité première, c'est-à-dire à une proposition identique de

---

521 *Discours de métaphysique*, § 8, p. 43; GPh. IV p. 432. C'était en effet – comme on le sait – l'une des acceptions du terme «substance» (οὐσία), qu'avait dégagées Aristote in *Métaphysique* Δ8, et même celle qu'il avait dit tenir pour «la plus fondamentale» dans les *Catégories* V 2a11. (Pour le *Discours de métaphysique* et *correspondance avec Arnauld*, nous citons l'édition de G. LE ROY).

522 *Ibidem.*

la forme «A est B» qui est vraie en vertu de la nature de ce que désigne le terme «A»[523]. Autrement dit,

> lorsqu'une proposition n'est pas identique, c'est-à-dire lorsque le prédicat n'est pas expressément dans le sujet, il faut qu'il soit compris virtuellement, et c'est ce que les philosophes appellent *in-esse*, en disant que le prédicat est dans le sujet. Ainsi il faut que le terme du sujet enferme toujours celui du prédicat, en sorte que celui qui entendrait parfaitement la notion du sujet, jugerait aussi que le prédicat lui appartient[524].

On voit alors aussitôt que

> la nature d'une substance individuelle ou d'un être complet est d'avoir une notion si accomplie qu'elle soit suffisante à comprendre et à en faire déduire tous les prédicats du sujet à qui cette notion est attribuée[525].

Et l'on tire aisément de cette définition, purement logique, quelques propriétés remarquables, parmi lesquelles l'indestructibilité et l'ingénérabilité. La définition retenue ne fait, en effet, aucune référence au temps: une substance est ou n'est pas, selon que Dieu choisit ou non de la créer; elle n'apparaît ni ne disparaît, tout au plus peut-on dire qu'elle se transforme. La substance est donc une et indivisible. Il s'ensuit que, si Dieu en crée plusieurs, leur nombre est ce qu'il est et qu'il n'y a aucun sens à en envisager une éventuelle variation. Pour que Dieu puisse choisir de créer une substance, il faut d'ailleurs, selon cette même définition, qu'elle soit possible, c'est-à-dire que ses prédicats ne soient pas contradictoires; et pour qu'il puisse choisir d'en créer plusieurs, qu'elles soient en outre compossibles, c'est-à-dire qu'il n'y ait pas contradiction entre des prédicats quelconques de deux d'entre elles. Chaque substance créée est donc accordée à toutes celles qui coexistent avec elles; chacune exprime de son point de vue le monde qu'elle forme avec toutes les autres. Mais il ne faut pas pour autant

---

523 Dès 1679, Leibniz avait consacré énormément de temps à cette analyse des notions qui s'inscrivait dans le projet d'élaboration d'un «alphabet des pensées humaines». Louis Couturat a publié in COUTURAT 1902 un texte inédit, contemporain du *Discours*, qui montre on ne ne peut plus clairement que ce *Discours* est effectivement un prolongement de cette recherche logiciste.

524 *Discours de métaphysique*, § 8, p. 43; GPh. IV p. 433.

525 *Ibidem.* Ou, comme Leibniz le précisera à Arnauld, «la notion de la substance individuelle enferme tous ses événements et toutes ses dénominations, même celles qu'on appelle vulgairement extrinsèques (c'est-à-dire que ne lui appartiennent qu'en vertu de la connexion générale des choses et de ce qu'elle exprime tout l'univers à sa manière)». (*Correspondance avec Arnauld, lettre du 4/14 juillet 1686,* p. 121, GPh. II p. 56).

s'imaginer qu'elles s'influencent. Ce serait en effet supposer ces substances situées dans l'espace et le temps, alors que, d'après la définition, si elles sont ensemble, c'est simplement qu'elles sont créées, et donc accordées – pour ainsi dire – de toute éternité. Enfin, suivant cette définition, il est impossible que deux substances se ressemblent parfaitement; et ce parce que, si tel était le cas, la différence entre ces deux substances n'aurait aucun fondement dans l'une ou l'autre de ces substances et que celles-ci – conformément à la définition – seraient donc identiques, c'est-à-dire qu'elles ne seraient en fait qu'une seule et même substance.

A raisonner en logicien, on se trouve donc conduit à admettre qu'un monde constitué de substances est un ensemble dont les éléments, tous différents, sont indestructibles et ingénérables, ne s'influencent pas et forment néanmoins un tout harmonieux[526].

4.11 Les hésitations de la correspondance avec Arnauld

Le *Discours de métaphysique,* cependant, ne vas pas au-delà de cette conclusion. Malgré son titre, ce n'est qu'un préalable: il y est encore montré qu'il seyait parfaitement à Dieu de créer un tel monde, que l'existence de substances permettrait d'expliquer l'union de l'âme et du corps, et de rendre compte de notre aptitude à connaître, mais rien n'y est dit de ce qui est réellement substance ni, *a fortiori,* de la manière dont les phénomènes sont produits à partir de telles substances. Leibniz note simplement que chacune des propriétés de la substance s'apparente à un «paradoxe»[527], et semble même reconnaître qu'il ne voit guère que l'exemple de l'âme pour illustrer la définition qu'il propose d'adopter. De fait,

> quand on considère bien la connexion des choses, on peut dire qu'il y a de tout temps dans l'âme d'Alexandre des restes de tout ce qui lui est arrivé, et les marques de tout ce qui lui arrivera, et même des traces de tout ce qui se passe dans l'univers[528];

526 Bien entendu, il est hors de question de laisser entendre que ce raisonnement et ses prémisses ne posent aucun problème. Cf. le Complément 33 (p. 267).

527 *Discours de métaphysique,* § 9, p. 44; GPh. IV p. 433.

528 *Discours de métaphysique*, § 8, p. 43-44; GPh. IV p. 433.

et l'on n'éprouve donc aucune difficulté à admettre que cette âme existe de toute éternité, diffère de tout autre et y est accordée sans pour autant l'influencer. Mais, tandis qu'il paraît ainsi suggérer qu'il n'est en fait de substance que spirituelle, il laisse clairement entendre en d'autres endroits du même texte qu'il pourrait également exister des substances corporelles[529]. Et nulle part, il ne tente de se justifier de poser ces deux affirmations simultanément, se satisfaisant de prétendre que celui qui aurait reconnu la nécessité de réintroduire les formes substantielles de la scolastique, pour concilier les leçons de la physique et la spiritualisation de l'univers, verrait immédiatement qu'il n'y a là qu'une contradiction apparente[530].

Rien, cependant, – comme le savait pertinemment Leibniz[531] – n'était moins clair et c'est à raison qu'Arnauld, ayant reçu le sommaire du *Discours,* lui demandera de s'expliquer. Le cartésien qu'il était n'avait en effet aucune peine à admettre que, si le monde était bien – comme il le croyait lui-même – composé de corps qui se choquent, il était effectivement impossible de soutenir que certains de ces corps étaient de véritables substances, au sens que Leibniz donnait à ce terme: la matière étant indéfiniment divisible, aucun ne paraissait indestructible ou ingénérable; rien, en outre, ne semblait s'opposer à ce que deux d'entre eux fussent parfaitement identiques; et si chacun reflétait en quelque sorte tout l'univers parce qu'il n'existait aucun vide, il n'en restait pas moins enfin que tous s'influençaient manifestement. Mais, pour le convaincre que le monde était néanmoins constitué de substances qui n'étaient pas spirituelles, il aurait fallu avancer un argument et non se contenter, comme l'avait fait Leibniz, d'affirmer que la découverte de la force[532] – cet élément naturel qui avait échappé à Descartes et qui était encore absent de l'*Hypothesis physica nova* – suffisait à prouver que la matière et toutes ses modifications résultaient de l'activité de telles substances.

529 Cf. *Discours de métaphysique*, par exemple § 34, p. 72; GPh. IV p. 459.

530 Cf. *Discours de métaphysique*, § 10, p. 44-45; GPh. IV p. 434.

531 Recopiant le brouillon de son texte, il avait supprimé le début du paragraphe 34, à savoir: «C'est une chose que je n'entreprends pas de déterminer si les corps sont des substances, à parler dans la rigueur métaphysique, ou si ce ne sont que des phénomènes véritables comme est l'arc-en-ciel, ni par conséquent s'il y a des substances, âmes ou formes substantielles qui ne soient pas intelligibles» (noté par G. Le Roy dans son commentaire du paragraphe 34 à la page 268 de son édition du *Discours*).

532 C'est-à-dire de ce qu'il appellera «force vive», bien entendu.

Durant toute la *Correspondance avec Arnauld,* Leibniz se contentera cependant de réaffirmer qu'

> il n'y a que les substances indivisibles et leurs différents états qui soient absolument réels[533]

et, suivant une technique éprouvée, de soumettre cette thèse à la critique de son interlocuteur pour se convaincre lui-même de sa solidité[534]. Ce n'est qu'une fois ce dialogue épuisé, c'est-à-dire à la fin des années quatre-vingt, qu'il cessera de conjecturer et qu'il entreprendra sérieusement de rapprocher sa physique et sa métaphysique ou – plus exactement – de rapprocher sa physique et sa logique pour construire une véritable métaphysique. Il relira très soigneusement les *Principes de la philosophie* de Descartes et la *Métaphysique* d'Aristote, réévaluera sereinement la portée du principe de la conservation de la force vive, découvrira de quelle utilité peut être pour le métaphysicien le calcul différentiel et intégral[535], et rédigera enfin en 1695 le *Specimen dynamicum*; seul texte dans lequel il dira jamais clairement quelles raisons nous enjoignent, selon lui, d'admettre l'existence de véritables substances, et précisera pour la première fois quelles elles sont.

---

533 *Correspondance avec Arnauld, lettre du 9 octobre 1687,* p. 187; GPh. II p. 119.

534 Cette discussion roulera sur trois thèmes principaux à propos desquels les précisions apportées par Leibniz lui permettront respectivement de se démarquer de Spinoza, de Malebranche et Newton, et de Descartes: le problème de la distinction entre nécessité absolue et nécessité hypothétique, la question du rapport entre sa thèse de la concomitance, selon laquelle les substances sont «indépendantes mais exactement accordées» (*Correspondance avec Arnauld, lettre du 4/14 juillet 1686,* p. 122; GPh. II p. 57), et celles des causes occasionnelles et des impressions, et le problème du rapport entre les substances et les corps; seul de ces problèmes à propos duquel il restera désespérément imprécis durant toute la discussion. (Pour s'en convaincre, on pourra comparer ses affirmations posées aux pages 141, 142, 144, 161, 164, 167, 186, et 199 de la *Correspondance*; il n'était pas nécessaire de le faire ici).

535 Entre octobre 1688, date de la fin de la *Correspondance avec Arnauld,* et 1695, date de la publication partielle du *Specimen dynamicum,* Leibniz composera, entre autres choses, le long commentaire des *Principes de la philosophie* reprenant un à un tous les articles des deux premières parties du texte de Descartes, intitulé *Animadversiones in partem generalem Principiorum Cartesianorum* et pour lequel il ne trouvera pas d'éditeur (cf. GPh. IV pp. 354-392; L. pp. 382-412), la très longue *Dynamica de potentia et legibus naturae corporae* qui restera également impubliée (GM. VI pp. 281-514) et vingt des quelques trente articles mathématiques qu'il publiera dans les *Acta Eruditorum* entre 1682 et 1716 (cf. *La naissance du calcul différentiel*).

4.12 Une nouvelle lecture du monde: le *Specimen dynamicum*

Dans ce texte – aussi difficile qu'important[536] –, la question à laquelle répond Leibniz est très précisément celle de savoir si, comme il l'avait pressenti lors de la découverte du principe de conservation de la force vive et comme il n'avait cessé de le repéter à Arnauld, les forces doivent effectivement être considérées comme les traces phénoménales de l'activité de constituants fondamentaux qui seraient tous différents, ingénérables et indestructibles, et indépendants mais néanmoins accordés.

Il commence par remarquer qu'en dépit du fait que tout se tient dans le monde et que rien n'y est jamais isolé, il n'est pas impossible de concevoir que les constituants ultimes de la nature soient réellement indépendants les uns des autres. Il suffit pour s'en convaincre, d'envisager le cas du choc entre deux corps A et B, de masses m_A et m_B, dans le référentiel où le centre de gravité, du système qu'ils forment, est au repos et où leurs vitesses respectives sont v_A et v_B avant le choc, et v_A' et v_B' après[537]. Comme on le sait, un tel choc est élastique, c'est-à-dire que

> si les corps A et B se dirigent l'un vers l'autre, et viennent de A_1 et B_1 à l'endroit A_2B_2 de la collision, ils y sont progressivement comprimés comme deux ballons gonflés, et s'approchent de plus en plus l'un de l'autre à mesure que la pression augmente

536 Le titre complet en est *Specimen dynamicum pro admirandis naturae legibus circa corporum vires et mutuas actiones detegendis et ad suas causas revocandis.* Seule la première partie en fut publiée dans les *Acta Eruditorum.* La difficulté que nous lui trouvons est fonction de l'importance que les lacunes du *Discours* et de la *Correspondance avec Arnauld* nous suggèrent de lui accorder. Sorti de son contexte, ce texte pourrait en effet sembler dénué de tout intérêt: Leibniz paraît tenter de convaincre les cartésiens d'accepter sa thèse de l'identité de la substance et de la force en montrant qu'il est possible d'en dériver les lois de la physique. Mais, sitôt qu'on note que l'identité qu'il y propose est celle de la substance et de la force *primitive,* et non celle de la substance et de la force *vive,* et qu'il s'agit là d'une thèse qu'il n'avait jamais soutenue, ni même énoncée auparavant, son originalité devient évidente; et l'on se trouve par conséquent forcé d'essayer de reconstituer à partir de ce seul texte le raisonnement par lequel il conclut à cette nouvelle identité, et donc de chercher – faute de mieux – parmi les conséquences qu'il prétend en tirer, l'observation nouvelle qui – vraisemblablement – la lui suggéra.

537 Notons que Leibniz considère le cas d'une collision parfaitement frontale, ce qui l'autorise à négliger le caractère vectoriel de la vitesse.

continûment; et que par le fait même, le mouvement s'affaiblit et la force du conatus est transférée à l'élasticité des corps, de sorte qu'ils finissent par se trouver complètement au repos (fig. 25); et que précisément, tandis que l'Elasticité des corps se rétablit d'elle-même, ceux-ci s'écartent l'un de l'autre par un mouvement rétrograde, commençant par le repos et croissant continûment jusqu'à ce qu'ils retrouvent la même vitesse que celle qu'ils avaient lorsqu'ils s'approchaient l'un de l'autre, mais dans la direction opposée de sorte qu'ils aillent à contresens et rejoignent les positions A_3 et B_3, qui coïncident avec A_1 et B_1 si les corps sont posés égaux et de mêmes vitesses[538].

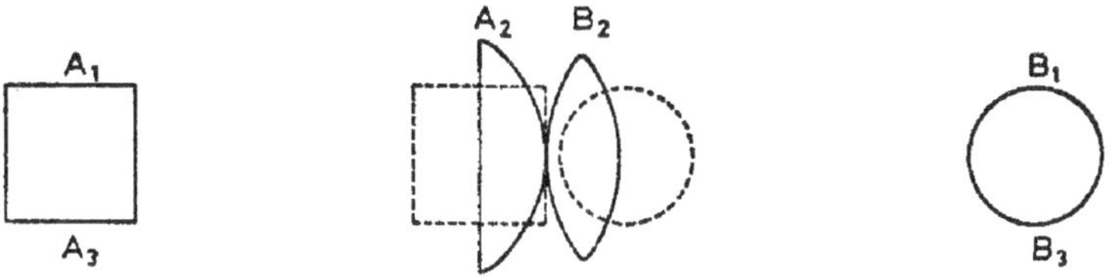

Figure 25

On voit donc immédiatement que, pour peu que l'on prenne en compte l'élasticité des corps, tout se passe comme si aucun choc ne se produisait jamais dans la nature: au lieu de dire que le corps A rencontre le corps B, on pourrait dire que la forme de A varie au cours du temps d'une manière parfaitement accordée à la variation de la forme de B. Et il est aisé de vérifier que l'équivalence de ces deux descriptions tient à la nature de la force vive. De fait, tandis que, lors d'un choc, il y a toujours échange de quantité de mouvement, il est toujours possible, à l'inverse, de trouver un référentiel dans lequel ce choc n'est accompagné d'aucun transfert de force vive d'un corps à l'autre. Il suffit, à chaque fois, de choisir comme ci-dessus le référentiel qui, selon le mot de Leibniz, se déplace à la vitesse «commune». Dans ce référentiel, la force vive de chaque corps après le choc est égale à celle qu'il avait avant le choc

$$m_A v'^2_A = m_A v^2_A \text{ et } m_B v'^2_B = m_B v^2_B.$$

Tant que l'on ne considère que l'instant initial et l'instant final, tout se passe donc comme si ces deux corps n'exerçaient aucune influence l'un sur l'autre, c'est-à-dire comme si aucun choc ne se produisait[539]. Mais cela ne

---

538 *Specimen dynamicum,* deuxième partie, GM. VI pp. 248-249; L. pp. 446-447.

539 Alors que $m_A V_{A'} = -m_A V_A$ et $m_B V_{B'} = -m_B V_B$, ce qui traduit bien un échange de quantité de mouvement (cartésienne) entre les deux corps A et B.

signifie pas, bien entendu, que rien ne se produit. Tout au contraire : les corps changent de forme, et ce changement est le résultat d'une variation de force vive. En effet, lorsque les corps entrent en contact, la force vive de chacun d'entre eux «est transférée à son élasticité» avant de leur être progressivement rendue tandis qu'ils s'écartent l'un de l'autre; ou, plus exactement, les particules composant chaque corps échangent de la force vive entre elles, dans ce même référentiel, et ce jusqu'à ce que chacune d'elles ait une vitesse v_i, ou v_j, telle que

$$\sum_i m_i v_i^2 = m_A v_A^2 \text{ et } \sum_j m_j v_j^2 = m_B v_B^2,$$

après quoi elles restituent progressivement cette force vive au tout qu'elles constituent. Donc, lorsqu'un choc se produit, il y a – même dans le référentiel où aucune force vive n'est échangée entre les corps choqués – variation de force vive. Mais cette variation est celle de la force vive des particules qui composent les corps choqués, et l'échange de force vive dont elle témoigne s'effectue entre des particules appartenant au même corps et peut donc, lui aussi, être annulé par un changement de référentiel approprié[540]. Autrement dit, quel que soit le choc que l'on considère, deux lectures en sont toujours également possibles, qui ne diffèrent que par la précision de la description des corps que l'on choisit de se donner[541] : l'une revient à admettre qu'il y a échange de force vive entre les deux corps, c'est-à-dire qu'ils se choquent effectivement; l'autre consiste à affirmer au contraire qu'il n'y a pas véritablement de choc entre eux et qu'ils sont isolés l'un de l'autre mais que les variations de force vive de leurs constituants respectifs sont parfaitement accordées les unes aux autres[542]. La lecture cartésienne du monde n'est donc pas la seule possible. Comme l'avait entrevu Leibniz, la découverte de la force vive ouvre indéniablement la voie à une nouvelle métaphysique: malgré les apparences, il se pourrait qu'en définitive la nature soit constituée d'éléments ayant la propriété substantielle d'être indépendants et néanmoins accordés[543].

540 Il suffit de prendre comme référentiel celui du centre de gravité de cet ensemble de particules.

541 Ou, si l'on préfère, par le choix du référentiel dans lequel on les décrit et par celui de l'intervalle de temps durant lequel on les considère.

542 Il n'est pas interdit de penser que Leibniz avait déjà eu cette idée précédemment et que c'est Arnauld qui lui rappela. Cf. le Complément 34 (p. 268) à ce propos.

Il semble même que cette nouvelle lecture fasse s'évanouir toutes les autres contradictions que se devait d'affronter quiconque admettait l'*Hypothesis physica nova* et les conclusions de la recherche logico-métaphysique du *Discours de métaphysique.* En effet, ramenant systématiquement les phénomènes apparaissant à un certain niveau à des variations de force vive se produisant à un niveau inférieur, cette lecture présente tout d'abord l'avantage d'être pleinement conforme à l'hypothèse de la division infinie de la matière admise dans l'*Hypothesis.* Elle s'accorde d'autre part parfaitement à ce que cette même *Hypothesis* avait par ailleurs mis en évidence, à savoir qu'en toute rigueur il ne faudrait pas parler du monde mais de l'univers, c'est-à-dire du monde et de son histoire. Isolant chaque partie du monde de toutes les autres, cette lecture souligne en effet le rapport existant entre l'état de chacun de ses constituants à un moment donné et ses états aux instants antérieurs et postérieurs, rendant de la sorte littéralement impossible, en raison de la continuité du temps postulée, d'abstraire de ceux-ci leur dimension temporelle et suggérant invinciblement de considérer ces constituants comme autant d'aspects momentanés des constituants de l'univers. Selon cette lecture, il paraît manifeste enfin que deux constituants de la nature ne seront jamais identiques. Ceci exigerait en effet que les suites de valeurs instantanées de la force vive qui caractérise chacun d'entre eux soient tout à fait identiques; ce qui est impossible si les variations de ces forces sont accordées de telle façon que l'on puisse croire, comme dans l'*Hypothesis,* à l'existence d'une influence de l'une sur l'autre s'exerçant à travers le plein par le biais de chocs entre corps élastiques[544]. En un mot, une physique d'allure cartésienne s'accommoderait d'une métaphysique affirmant la seule existence de substances, c'est-à-dire d'éléments naturels qui soient non seulement indépendants et accordés, mais encore différents, ingénérables et indestructibles.

Toutefois, cela n'est pas prouvé; et quand bien même ce le serait, rien ne garantirait qu'il est légitime de prétendre substituer une telle métaphysique à celle de Descartes. Mais il reste que le seul moyen de s'en assurer paraît bien être de construire effectivement un monde de substances et de montrer

---

543 C'est bien ce qu'écrit Leibniz, qui indique par la même occasion comment doit être lu son texte: «De nos notions de corps et de force, il suit que *tout ce qui se produit dans la substance peut être conçu comme se produisant spontanément et de manière ordonnée*» (*Specimen dynamicum,* deuxième partie, GM. VI p. 248; L. p. 446).

544 Parce que, bien entendu, ceci impliquait qu'aucune influence ne pouvait être instantanée.

ensuite qu'il coïncide avec celui que l'on observe, et que, pour ce faire, la nouvelle lecture proposée est encore le meilleur guide qui soit: elle est – comme nous l'avons vu – extrêmement suggestive et, du fait qu'elle prend explicitement acte de l'existence de la force vive, elle ne pourrait en outre conduire qu'à l'élaboration d'un *monde* rendant compte de phénomènes qui avaient échappé à Descartes. Aussi est-ce en poussant à bout cette lecture que Leibniz entreprend de justifier, dans la suite du *Specimen dynamicum,* les allégations faites à Arnauld quelques années auparavant.

4.13 L'identification des substances

Il s'agit donc de constuire un monde de substances dont on puisse montrer qu'il se confond avec celui qu'on observe; en d'autres termes, d'identifier au sein de la nature les éléments substantiels dont l'activité engendre tous les phénomènes, et de le faire en s'efforçant de ne plus considérer la nature comme un ensemble de corps qui se choquent mais comme un jeu de variations accordées de forces vives. Tâche dont on entrevoit la première difficulté sitôt qu'on remarque que le jeu de variations de forces vives se poursuit à l'infini. Rien ne permet en effet de supposer que la décomposition de la matière en constituants dont les forces vives varient de manière accordée ait un terme; tout au contraire, la valeur de cette approche tient notamment – comme cela a été relevé – à sa conformité avec l'hypothèse de l'actuelle division infinie de la matière. On ne peut donc choisir de se laisser guider par celle-là sans obligatoirement accepter celle-ci et, par conséquent, s'interdire du même coup de parvenir un jour au but que l'on s'est fixé, à savoir identifier ces constituants ultimes de la nature que seraient les substances. Il semble, en d'autres termes, qu'il y ait contradiction entre l'objectif visé et la méthode choisie pour essayer de l'atteindre. Et supposer, comme l'invite à le faire cette même lecture, que ces constituants ne seraient en fait que la manifestation momentanée des véritables substances ne permet pas de la lever. Elle fait plutôt apparaître une seconde difficulté; celle de conférer une véritable unité à ce qui ressemble davantage à une succession d'éléments distincts qu'à une suite ordonnée d'états d'une même substance.

Dans le *Specimen,* Leibniz ne s'embarrasse pas de préciser comment il est arrivé à tourner ses deux difficultés et se contente de donner sa solution au problème global de l'identification des substances, mais cela suffit pour reconstituer sa démarche et montre clairement qu'il dut, pour réussir à l'élaborer, tirer tout le parti qu'il pouvait de ses découvertes mathématiques et de son éducation scolastique[545].

Pour lui qui s'était penché dès 1671 sur le problème de la composition du continu, la première difficulté n'avait rien de neuf en effet: il s'agissait de comprendre de quoi était constitué ce continu particulier qu'était la matière et c'est sans hésiter qu'il pouvait reprendre la proposition qu'il avait faite en 1675 et qui consistait à considérer que le continu était composé d'infiniment petits[546]. Car, transposée au cas du continu matériel, cette thèse offrait – outre la solution au problème de sa composition – la clarification tant attendue du rapport existant entre l'esprit – ou l'âme – et la substance, et une justification inespérée de l'introduction de ces quantités «plus petites que toute grandeur pouvant être donnée» mais néanmoins divisibles. S'il avait soutenu cette thèse, c'était en effet qu'il s'était résolu à accepter le fait qu'une ligne par exemple, bien qu'elle contienne indéniablement des points, n'en était pas pour autant composée, et qu'il avait formellement reconnu que c'étaient de telles quantités qui permettaient de la composer[547]; mais il n'avait pas découvert la raison profonde pour laquelle ces infiniment petits réussissaient où ces indivisibles, qu'étaient les points, échouaient. Or c'était précisément ce que rendait enfin compréhensible l'application de cette solution au cas de la matière dès lors qu'on osait postuler que la nature était exclusivement constituée de substances; c'est-à-dire que rien n'existait qui ne résultât de leur activité. La matière se confondant avec l'étendue au niveau phénoménal[548], cette hypothèse invitait en effet à assimiler les infiniment petits à des manifestations de cette activité et, partant, à saisir en quoi ils différaient réellement des points. Si l'on se souvenait qu'Aristote n'avait pas seulement défini la substance comme sujet mais comme composé de matière et de forme[549], il devenait de fait évident que le point avait exactement la même fonction que l'âme, à savoir celle d'une forme: comme

545 En d'autres termes, nous reconstituons le raisonnement qui semble l'avoir conduit à la conclusion par laquelle il ouvre le *Specimen dynamicum*. Cf. note 536 (p. 202).

546 Cf. page 180.

547 Cf. par exemple, *Dix-neuvième lettre à Foucher (~ avril 1693)*, GPh. I p. 416.

548 Sur ce point, Leibniz est en effet «cartésien» et le restera toujours: il n'y a pas de vide.

549 La théorie aristotélicienne de la substance (οὐσία) est, en effet, – comme c'est bien connu – une théorie «hylémorphique» de la substance: celle-ci est ὑποκείμενον (sujet), mais aussi σύνολον (tout concret), c'est-à-dire composé de ὕλη (matière) et de εἶδος (forme). Cf. par exemple *Métaphysique* Δ8 et Z3.

l'âme de Socrate ou l'âme d'Alexandre conférait à chacun cette unité qui, malgré la division de son corps en «organes, vases, humeurs, esprits», faisait de lui une véritable substance[550], c'étaient les points qui, en tant qu'extrémités de segments de lignes, plutôt que de la composer eux-mêmes, individuaient, en en fixant les limites, les segments qui en étaient les véritables composants[551]. Le point était donc à la ligne ce que la forme était à la substance. Autrement dit, il lui manquait la matière pour qu'elle puisse la composer, matière dont l'infiniment petit devait forcément porter la trace s'il exprimait l'activité d'une substance.

La première difficulté paraissait donc susceptible d'être surmontée: il n'y avait qu'un semblant de paradoxe à chercher les constituants ultimes d'une nature véritablement continue. Mais il restait néanmoins à les identifier et l'on ne pouvait espérer y parvenir que si l'on réussissait à préciser le rapport qu'ils entretenaient avec les infiniment petits d'étendue qui étaient supposés exprimer leur activité; problème qui s'avérait intimement connecté à la seconde difficulté signalée. En suggérant de ne voir dans la nature que des variations de forces vives, la lecture retenue invitait en effet à considérer chaque partie du monde indépendamment des autres et, corrélativement, à ne rattacher chacune d'elles qu'à sa propre histoire. Chaque corps paraissait ajusté aux autres en vertu de lois qui déterminaient, à chaque instant, les valeurs des forces qui le faisaient exister; chaque portion d'étendue

---

550 *Correspondance avec Arnauld, lettre du 9 octobre 1687,* p. 187; GPh. II p. 120.

551 Cette conception du point est exprimée à de nombreuses reprises dans les écrits leibniziens (cf. par exemple GPh. I p. 416, II pp. 300 et 370, VI p. 627, VII p. 560 et *Opuscules et fragments inédits*, p. 522). Mais l'analogie avec l'âme n'est, semble-t-il, développée que dans la *Première lettre à Fardella (mars 1690)*, où il écrit: «Quod puncta sunt in resolution imaginariâ, id anima in verâ». (*Nouvelles lettres et opuscules*, p. 323). Il pourrait sembler que, bâtissant cette analogie, Leibniz revenait sur la thèse qu'il avait soutenue en 1663 et selon laquelle «tout individu est individué par son Entité toute entière, [...] l'Entité totale d'un composé étant la matière et la forme unies» (*Disputatio metaphysica de principio individui*, PhJ. p. 28; GPh.IV p. 18). Comme nous le verrons, il n'en était rien: l'individuation des segments par les points n'était pas davantage qu'une analogie. D'autre part, il n'est pas du tout certain non plus qu'en proposant cette analogie, Leibniz déformait la pensée aristotélicienne. Même s'il semble, en effet, qu'Aristote soutenait la thèse de l'individuation par la matière (*Métaphysique*, Z8), aujourd'hui encore bon nombre de commentateurs s'interrogent sur le sens de certaines de ses affirmations (cf. par exemple RODIER 1926 p. 775 et WITT 1989 pp. 176-177) et la scolastique avait, elle-même, développé quantité d'interprétations divergentes (cf. ROSS 1924 pp. CXV-CXIX, et le *De ente et essentia*, pp. 24-26, pour la thèse thomiste).

– si petite fût-elle – semblait engendrée par des forces dont les suites de valeurs instantanées se trouvaient fixées par des lois propres à chacune d'elles. Cette lecture soulignait, en d'autres termes, le rôle que tenaient forcément les lois dans le jeu de la nature; lois qui, en plus de conférer une unité à certaines suites de valeurs, comme on s'attendait à ce que le fassent les substances, semblaient posséder toutes les propriétés que la logique attribuait à celles-ci, de sorte qu'il devenait impossible de ne pas songer que les unes et les autres puissent en fait se confondre. En effet, régissant des suites différentes, ces lois devaient l'être également; situées hors du temps et de l'espace, elles existaient de toute éternité et ne pouvaient en aucun cas s'influencer mais devaient être adaptées les unes aux autres sous peine de ne pouvoir coexister.

Seul un recours aux mathématiques les plus récentes pouvait cependant convaincre de la légitimité d'une telle identification. Il semblait en effet dépourvu de sens d'accorder aux lois cette propriété que partageaient manifestement toutes les substances, à savoir la spontanéité. Alors qu'il était indéniable que Socrate n'avait cessé d'agir spontanément ou – plus exactement – que la substance qu'il était agissait sans concours extérieur, il paraissait évident qu'aucune loi n'agissait, ni – *a fortiori* – n'agissait d'elle-même. Une loi exprimait simplement la fixité du rapport qu'entretenaient plusieurs grandeurs variables. En un mot, ce n'était qu'une fonction. Ainsi, supposer qu'il existait une loi régissant les valeurs que prenait une force vive au cours du temps, c'était faire de cette force une fonction du temps. Du fait de cette loi, la suite de valeurs acquérait une unité; chaque point s'inscrivait dans la courbe dessinée par la loi. Mais une substance faisait bien davantage: Socrate était certes cette personne assise qui, ensuite, se trouvait debout, mais il était plus que cela; il était aussi celle qui se levait. Il n'était pas seulement la suite de ses états, il était aussi la source de l'activité qui lui faisait la parcourir[552]. Il s'avérait donc impossible de confondre les substances et les forces vives, considérées comme des fonctions du temps: les substances ne pouvaient décidément être assimilées aux courbes tracées dans le demi-plan défini par t et mv^2. Le rapport ne pouvait être aussi immédiat, et il convenait, avant même de tenter de le déterminer, de s'assurer qu'il était effectivement autorisé de concevoir la substance comme une

552 Pour Leibniz, «ôter l'action aux substances créées», c'était, comme il le dira dans sa *Théodicée,* risquer de «tomber dans le spinozisme, qui est un cartésianisme outré» (*Essais de théodicée,* § 393, p. 348; GPh. VI p. 350).

fonction. Car, si l'analogie entre les états successifs d'une substance et les valeurs d'une fonction du temps était trop manifeste pour être d'emblée délaissée, et s'il semblait même qu'elle pouvait être étendue aux changements d'états et aux différentes valeurs, rien n'indiquait à première vue qu'elle pouvait être maintenue jusqu'au bout. En raison de l'activité substantielle, il apparaissait en effet – comme cela a été noté – que chaque état d'une substance résultait d'une action menée à partir de son état antérieur, c'est-à-dire de l'exercice de son activité durant un certain laps de temps, de sorte qu'il fallait reconnaître qu'une substance était, plus encore que la suite de ses états, la somme de toutes ses actions. Et il paraissait douteux qu'une fonction pût avoir cette même propriété; d'autant que, suivant l'analogie développée, à chaque action de la substance devait correspondre la différence de valeur de cette fonction entre deux instants successifs et que, par conséquent, puisque le temps était continu, devait correspondre à la somme définissant la substance une somme de quantités aussi petites que toute quantité pouvant être donnée.

Pour Leibniz cependant, qui dès 1666 avait remarqué que la somme des différences entre termes successifs de certaines suites était égale à la différence entre le premier et le dernier terme et avait ainsi réussi à calculer la somme de séries infinies, il n'était nullement inimaginable que la valeur d'une fonction pût être égale à la somme de ses différences de valeurs[553]. Il suffisait de considérer celle-ci comme la somme d'une série infinie, et celle-là comme la somme des différences infiniment petites qui séparaient ses termes; somme infinie que permettait de calculer l'algorithme des infiniment petits. Si l'on notait alors, comme l'avaient entrevu Torricelli, Fermat, Gregory et Barrow, que la suite de ces différences infiniment petites était elle-même régie par une fonction du même argument que la fonction «primitive», calculable au moyen de ce même algorithme, et que le produit de cette fonction «dérivée» par un accroissement infiniment petit de l'argument fournissait la valeur exacte de la différence des valeurs que subissait la

553 Dans le *De arte combinatoria,* il avait noté que la différence, 36 – 0, des termes extrêmes de la suite (0, 1, 4, 9, 16, 25, 36) était égale à la somme des termes de la suite (1, 3, 5, 7, 9, 11) composée des différences entre ses termes successifs: 36 = 1 + 3 + 5 + 7 + 9 + 11; ce qui lui avait permis de calculer la somme de la série 1 + 1/3 + 1/6 + 1/10 + … que lui avait proposée Huygens en 1672. Il avait ensuite étendu cette méthode aux séries géométriques. (Cf. par exemple BARON 1969 pp. 268-269, BELAVAL 1962 p. 85, DAHAN-DALMEDICO et PEIFFER 1986 p. 195, DHOMBRES et alii 1987 pp. 172-174).

fonction «primitive» du fait de cet accroissement[554], il devenait évident qu'en dépit des apparences, une fonction avait la propriété qui semblait caractériser les substances: une «primitive» était la somme infinie des produits de sa «dérivée» et des accroissements infiniments petits de son argument; ou – comme on le dira plus tard[555] – l'«intégrale» de sa fonction «dérivée» selon leur argument commun; ou – comme on l'écrira en s'inspirant d'ailleurs de la notation leibnizienne –

$$f(t) = \int f'(t)\, dt \qquad \text{où } f'(t) \equiv \frac{d}{dt} f(t).$$

Contre toute attente, l'analogie pouvait donc être maintenue. Elle commandait même, si l'on persistait à prendre le temps comme argument, de faire correspondre à l'activité de la substance la fonction «dérivée» qui, de la même façon que celle-ci engendrait tous les états de celle-là au fil du temps, produisait successivement toutes les valeurs de sa «primitive»[556].

Dès lors, l'identification des constituants fondamentaux de la nature n'offrait plus aucune difficulté. Puisque les infiniment petits d'étendue composaient l'étendue et que celle-ci se confondait avec la matière, puisque ces mêmes infiniment petits étaient supposés résulter de l'activité de certaines substances, puisque les mathématiques, non seulement prouvaient que

---

554 Si, en d'autres termes, on avait compris que le problème des tangentes était inverse au problème des quadratures; ce qu'avait aperçu Leibniz dès 1673 en lisant le *Traité des sinus du quart de cercle* de Pascal. Il avait alors noté, comme il le rappellera dans son *Histoire et origo calculi diffrentialis,* que «pour trouver la superficie d'une figure donnée, on cherche une autre figure dont les sous-normales soient égales aux ordonnées» (DHOMBRES et alii 1987 p. 176). Nous ne pouvons nous attarder ici sur cette découverte leibnizienne et renvoyons aux livres cités à la note précédente ainsi qu'au long commentaire de Marc Parmentier qui accompagne sa traduction d'un grand nombre d'articles mathématiques de Leibniz donnée in *La naissance du calcul différentiel.*

555 A propos de ce résultat fondamental et d'une trace de la réflexion leibnizienne dans notre vocabulaire mathématique, cf. Complément 35 (p. 268).

556 Selon nous, la correspondance leibnizienne entre substance et fonction est donc la suivante:

substance	fonction $f : R \to R : t \to f(t)$
états de la substance	valeurs de la fonction $f(t)$
activité	fonction dérivée $f' = \frac{d}{dt} f$
actions	$f'(t)\, dt$

les fonctions avaient toutes les propriétés des substances, mais suggéraient en outre, dans le cas où l'on considérerait ces substances comme des fonctions, de confondre leur activité et la dérivée de celles-ci, et puisque les variations de forme des portions de matière étaient couplées à des variations de forces vives, qui étaient elles-mêmes des fonctions du temps, une solution s'imposait: les constituants fondamentaux de la nature étaient effectivement des substances et celles-ci n'étaient autres que les primitives des forces vives.

Et c'était à cette même conclusion que l'on aboutissait lorsqu'on rapprochait la logique de la physique plutôt que des mathématiques. Il était indéniable en effet qu'il existait des forces vives puisque c'était leur conservation qui régissait tous les phénomènes. Il n'était pas moins certain, de ce fait, qu'il existait aussi des primitives de ces forces[557]. Et l'on ne pouvait que constater, une fois admise leur existence, qu'elles possédaient toutes les propriétés requises pour être des substances. Car la force vive, qu'exprimait mathématiquement l'expression mgh, apparaissait comme la manifestation d'une puissance d'agir[558] – et donc d'une force plus fondamentale – qui, en raison de la division infinie de la matière, ne pouvait être ultimement celle d'aucun corps mais devait être, en conséquence, reconnue comme cette réalité dernière dont elle était dérivée et qui engendrait ses valeurs successives, c'est-à-dire comme sa primitive. D'autre part, en tant que primitive d'une fonction du temps dont l'expression mathématique était aussi le produit d'une vitesse élevée au carré et d'une grandeur constante, m, qui mesurait la quantité de matière animée de cette force vive, cette primitive incluait automatiquement en sa formule ce facteur constant, comme cela se devait d'un composé de matière et de forme[559]. Enfin, comme les forces vives qui en dérivaient, ces primitives étaient indestructibles, toutes différentes, et indépendantes mais accordées: étant elles aussi des fonctions, elles étaient hors de l'espace et du temps, et ne pouvaient ni s'influencer, ni périr ou naître; mais pour exister ensemble, elles devaient être accordées; et, puisque les forces vives qui leur correspondaient étaient toutes différentes, elles

557 La continuité étant une condition suffisante de l'intégrabilité, ceci était garanti par l'élasticité qui faisait des forces des fonctions continues du temps.

558 Cf. page 196.

559 Nous voulons tout simplement dire que, si $f'(t)$ s'écrit $ms'(t)$, alors $\int f'(t)\,dt = m\int s'(t)\,dt$.

devaient toutes différer les unes des autres[560]. Propriétés qui, jointes aux deux autres, faisaient de ces primitives – ou, mieux encore, des ces «forces primitives» – de véritables substances.

D'où l'affirmation qui, en 1695, ouvre le *Specimen dynamicum*[561] :

> Dans les choses corporelles, il y a quelque chose en plus de l'étendue ou, plutôt, quelque chose d'antérieur à l'étendue, à savoir la force naturelle, partout introduite par l'Auteur de la nature. [Et] celle-ci doit constituer la nature intime des corps, puisqu'agir est caractéristique des substances et que l'étendue n'exprime que la continuation ou la diffusion d'une substance agissante et résistante, posée au préalable[562];

affirmation qui, cette fois, est immédiatement suivie des précisions justificatrices indispensables:

> Cependant, la *Force active* (qu'à bon droit, d'aucuns appellent *Vertu*) est double [duplex est]: elle est soit la force *primitive,* qui est dans toute substance corporelle comme telle (puisque, selon moi, un corps complètement au repos est contraire à la nature des choses); soit la force *dérivative,* qui s'exerce de différentes manières grâce à une limitation de la force primitive, résultant du conflit des corps entre eux. La force primitive (qui n'est pas autre chose que l'ἐντελέχεια ἡ πρώτη) correspond à *l'âme ou la forme substantielle,* mais par cela même ne se rattache qu'aux causes générales qui ne peuvent suffire à expliquer le phénomène. [...] De la même manière, la force passive est double: primitive ou dérivative. La *force primitive* de *passion* ou de *résistance* constitue précisément ce qui, dans l'Ecole, est appelé – lorsqu'elle est correctement interprétée – *matière première* [*materia prima*], c'est-à-dire ce qui fait qu'un corps n'est pas pénétré par un autre mais lui fait obstacle, et possède en même temps ce qu'on pourrait appeler une certaine paresse, ou répugnance au mouvement [...]. De sorte que la *force dérivative* de *passion* se manifeste d'elle-même de différentes manières dans la *matière seconde*[563].

---

560 Qu'une fonction intégrable ait une infinité de primitives (égales à une constante additive près) n'invalide évidemment pas ce raisonnement.

561 Affirmation qui apparaît donc comme la conclusion de ce texte lorsqu'on le lit en tenant compte des lacunes de la *Correspondance avec Arnauld.*

562 *Specimen dynamicum,* première partie, GM. IV p. 235; L. p. 435.

563 *Specimen dynamicum,* première partie, GM. VI pp. 236-237; L. pp. 436-437. Lorsqu'il s'exprimera en français à ce propos, Leibniz utilisera indifféremment les formules «force dérivée» et «force dérivative» (*Lettre à Jaquelot du 22 mars 1703*, GPh. III p. 457), mais la tradition veut que l'on traduise «derivativa» par «derivative» uniquement (cf. par exemple GUÉROULT 1934), et que l'on introduise ainsi une distinction qu'ont toujours ignorée les anglo-saxons.

4.14 Le *monde* du physicien et le *monde* du métaphysicien

S'étant inspiré de la loi de la conservation de la force vive, qu'il savait régir tous les chocs, pour proposer cette identification de la substance et de la force primitive, Leibniz n'a évidemment aucune peine à montrer ensuite que, pour peu que l'on suppose que la force vive est cette force dérivative dont la substance est la primitive[564], on retrouve toutes les caractéristiques du monde sensible: l'absence de vide, la division infinie de la matière, l'élasticité universelle, la dureté de certains corps, et surtout la relativité du mouvement et les lois exactes des chocs[565], que seule cette «hypothèse» permettait, selon lui, d'expliquer.

Comme il l'avait prétendu à Arnauld, les conclusions logiques du *Discours de métaphysique* s'accordent donc parfaitement à la physique. Mais la physique n'est plus celle de Descartes, c'est – comme il convient à un monde qui est un univers – une dynamique. L'image d'un monde composé d'éléments indestructibles et ingénérables, tous différents, et indépendants mais accordés, est sans doute incompatible avec celle qu'avait proposée Descartes d'un monde pleinement rempli d'une matière indéfiniment divisible, où tout changement se fait instantanément sentir partout; mais elle ne contredit pas celle d'une monde plein, fait d'une matière infiniment divisée dont la moindre portion est dotée d'une force et dans lequel tout changement se propage de proche en proche à l'infini. Et ceci tient au fait que cette force est – comme le dit Leibniz – «double»: elle est, à la fois, cet élément naturel qu'avait mis en évidence la *Brevis demonstratio* et ce qui possède toutes les propriétés substantielles dégagées dans le *Discours*; elle est dérivative ou primitive, et selon qu'on choisit de la considérer d'une manière ou de l'autre, on se fait du monde une image tout à fait différente, mais également acceptable: celle qu'en donne le physicien ou celle que fournit le métaphysicien.

---

564 Toute la première partie du *Specimen* vise en fait à démontrer le bien-fondé de cette supposition. Leibniz y précise qu'il est possible d'y arriver de deux manières: l'une est *a posteriori* et c'est celle qu'il présente; l'autre est *a priori* et «basée sur la considération la plus simple de l'espace, du temps et de l'action» (*Specimen dynamicum,* première partie, GM. VI p. 243; L. p. 442). A propos de cette démonstration qu'il s'engage à donner ailleurs, on consultera GUÉROULT 1934 ch. V.

565 Cf. *Specimen dynamicum,* deuxième partie.

Mais que ces images soient compatibles ne signifie pas qu'elles sont équivalentes. Que la force soit double ne veut pas dire qu'une seule et même force peut être à la fois primitive et dérivative. Cette duplicité est celle du concept mathématique de fonction; elle exprime un rapport: celui de la primitive à sa dérivée. Comme le répétera très souvent Leibniz, il faut plutôt comprendre qu'il y a deux sortes de forces:

> [...] la force primitive est, pour ainsi dire, la loi de la série tandis que la force dérivative est la valeur déterminée que désigne un terme quelconque de la série[566];

ou encore

> [...] par *Force primitive,* j'entends le *Principe d'Action,* dont les forces changeables ne sont que les modifications[567].

En d'autres termes, la force que mesure le physicien dérive de celle que pose le métaphysicien: les forces vives, dont celui-là dote les corps, ne sont pas les substances que reconnaît celui-ci, mais seulement ce qui en dérive. Les descriptions qu'ils donnent du monde ne sauraient donc être équivalentes.

Cependant, pour saisir le rapport exact qu'entretiennent le *monde* du physicien et celui du métaphysicien, il ne suffit pas de noter que les forces de l'un dérivent des forces qu'admet l'autre. Il faut remarquer que ce rapport de dérivée à primitive n'est lui-même qu'une conséquence d'une duplicité plus fondamentale. Toute force, en effet, – qu'elle soit primitive ou dérivée – est à la fois passive et active. Et cette duplicité n'est plus celle d'un concept, fut-il mathématique: une force est réellement double, c'est-à-dire qu'elle est composée de deux éléments qui, ensemble, font d'elle ce qu'elle est. Leibniz le précisera chaque fois que l'occasion s'en présentera: il ne s'agit pas de dire qu'une force peut être conçue comme passive ou active, mais que, pour être une force, elle doit être l'une et l'autre[568]. En effet,

566 *Lettre à de Volder du 21 janvier 1704,* GPh. II p. 262.

567 *Lettre à Lady Masham du 30 juin 1704,* GPh. III p. 356.

568 Pour être complet, il conviendrait de signaler que Leibniz distinguait encore la force dérivative active *vive* et la force dérivative active *morte* (cf. *Specimen dynamicum*, GM. VI pp. 238-239). La première était celle qu'il appelait généralement «force vive» et qui intervenait en dynamique, la seconde était la «tendance au mouvement» qui intervenait surtout en statique (cf. L. p. 451 note 7).

> Nous remarquons dans la matière une qualité que quelques-uns ont appelé l'inertie naturelle, par laquelle le corps résiste en quelque façon au mouvement; en sorte qu'il faut employer quelque force pour l'y mettre (faisant même abstraction de la pesanteur) et qu'un grand corps est plus difficilement ébranlé qu'un petit corps[569].

Mais ce serait une erreur de croire que cette qualité, que possède chaque corps, diffère de sa force. Car,

> s'il est certain que la matière ne commence pas par elle-même le mouvement, il ne l'est pas moins (ce que montrent de très-belles expériences sur le mouvement imprimé par un moteur en mouvement), que le corps conserve par lui-même l'impétuosité [impetus] qu'il a une fois acquise, qu'il est constant dans sa légèreté, c'est-à-dire qu'une fois entré dans une certaine série de son changement, il fait effort pour y persévérer[570];

ce qui est tout à fait conforme au principe de la relativité du mouvement. Cependant, ce serait mal comprendre cette relativité que de conclure, de l'observation précédente, que la force passive ou l'inertie d'un corps n'est autre que sa force, telle qu'elle s'exprime dans le référentiel où il est en repos, et que sa force active est cette même force, telle qu'elle se fait sentir dans un référentiel où il est en mouvement. De fait, lorsqu'un corps est en mouvement, il ne perd pas pour autant son inertie:

> il ne peut changer de lui-même la vitesse ou la direction qu'il a une fois reçue; ni souffrir facilement et sans résistance qu'elles soient changées par un autre corps[571].

Tout corps qui agit est donc un corps qui résiste, et inversement; la passion est indissociable de l'action; sans inertie, il est impossible d'agir et, sans action, il n'y a pas de résistance possible. Que la quantité qui se conserve dans le monde soit la force vive, le montre d'ailleurs très clairement: cette force est fonction de la masse, c'est-à-dire de la quantité de matière contenue dans le corps qui en est doué; quantité dont Kepler a montré que l'inertie lui était proportionnelle. Un corps n'a donc une force vive que parce qu'il possède une inertie, et réciproquement, puisque le mouvement est

---

569 *Lettre sur la question, si l'essence du corps consiste dans l'étendue, (1691)*, J. II p. 520.

570 *De ipsa natura,* § 11, J. II p. 564; GPh. IV p. 511; L. p. 503. Ce texte de 1698 qui, très significativement, portait le titre de *De ipsa natura sive de vi insita actionibusque Creaturarum, pro Dynamicis suis confirmandis illustrandisque,* était un véritable complément au *Specimem dynamicum.* (Nous en donnons la traduction proposée par Paul Janet dans son édition des *Œuvres philosophiques de Leibniz,* parue en 1866, et de laquelle nous avons aussi extrait la citation précédente. Nous renvoyons à cette traduction au moyen de l'initiale J.).

571 *De ipsa natura,* § 11, J. II p. 564; GPh. IV p. 510; L. p. 503.

relatif. La force que mesure le physicien, la force dérivative, est, en conséquence, à la fois passive et active[572]. Et il en va de même pour la force primitive dont s'occupe le métaphysicien: elle aussi, en tant que force, est à la fois active et passive. C'est du reste ce qui invite à la confondre avec la substance. Cette indissociabilité[573] de la passion et de l'action au sein de la force est tout à fait identique, en effet, à celle qui fait que la substance soit ce qu'elle est. Saint Thomas ne rappelait-il pas que

> dans les substances [...], la forme et la matière se présentent à nous à la manière de l'âme et du corps de l'homme[574]

---

572 Comme l'a montré H. Bernstein in BERNSTEIN 1981, les newtoniens que nous sommes ne doivent donc pas se laisser abuser par le fait qu'en parlant de l'inertie, Leibniz se référait souvent à Kepler, pour qui celle-ci n'était qu'une tendance au repos. Il est manifeste, en outre, que nous devons également nous garder de confondre la force leibnizienne avec la force newtonienne, même si, pour la désigner, Leibniz emprunta aux *Principia* l'expression de «vis insita». Pour Newton, la force d'un corps est – comme on le sait – le produit de sa masse et de son accélération, tandis que, pour Leibniz, tout corps – même en mouvement (rectiligne) uniforme – possède une force. Il s'agit donc de deux concepts radicalement différents. A l'oublier, on s'interdirait tout simplement – comme le fit Clarke (cf. sa note à son *cinquième écrit* à la page 204 de la *Correspondance Leibniz-Clarke*) – de comprendre Leibniz.

573 C'est délibérément que nous n'utilisons pas ici le terme consacré d'«inséparabilité» pour désigner cette relation particulière, ce terme ayant pris récemment une toutre autre signification suite aux problèmes soulevés par l'interprétation de la violation expérimentale de l'inégalité de Bell.

574 *De ente et essentia*, p. 20. Notons que saint Thomas écrivait cela à propos des substances «composées», mais qu'il n'est pas pour autant déplacé de le citer ici puisque, pour Leibniz, les seules substances créées étaient de ce type (cf. GPh. II p. 124, VII p. 406, et infra). Cf. également *De principiis realitatis*, chap. I, et bien entendu, la *Métaphysique* (Z3, 8, particulièrement) d'Aristote pour qui, selon D. Ross, «An individual must have both being and character; without matter it could not have being, but without form, it could not have character. And being and character are inseparable from one another; nothing has either without the other; form and matter exist only in union and are separable only in thought» (ROSS 1924 p. CXIX). Comme il est – ou deviendra – évident que, pour Leibniz, la substance était le σύνολον aristotélicien (tel qu'il est défini dans la *Métaphysique*, c'est-à-dire le tout concret, sensible et individuel), nous laissons de côté la question de savoir ce qu'était précisément la substance pour Aristote (cf. par exemple BRUN 1961 pp. 96-103, LALANDE 1926 pp. 1048-1052, MOREAU 1985 ch. X, RODIER 1926 pp. 165-176, ROSS 1924 pp. LXXVI-CXXX, WITT 1989).

et ne démontrait-il pas que

> l'on ne peut dire que l'essence soit l'un ou l'autre de ces composants seulement[575] ?

Aussi, une fois posées l'identité de la force primitive passive et de la matière première d'une part, et celle de la force primitive active et de la forme d'autre part, celle de la force primitive et de la substance se trouve-t-elle du même coup également établie. Mais ces substances, ne sont pas les parties ultimes de l'étendue matérielle [massa] qui, étant continue, ne peut qu'en être dépourvue: ce sont les constituants fondamentaux de l'univers. Ce sont des forces, et la matière et la forme qui les composent sont celles qui, de par leur union substantielle, engendrent l'infinité des forces dérivatives et le continu matériel dont celles-ci animent les différentes parties. La forme est

> une *entéléchie première,* un πρῶτον δεκτικὸν activitatis, ou une force motrice primitive[576];

la matière [moles] est la matière première, ou

> τὸ δὺναμικὸν πρῶτον παθητικόν, πρῶτον ὕποκείμενον, c'est-à-dire la puissance passive primitive, ou principe de résistance, qui ne consiste pas dans l'étendue, mais dans l'exigence [exigentia] d'étendue[577];

---

575 *Ibidem.* Vu l'influence de la scolastique sur la conception leibnizienne de la substance, il n'est peut-être pas inutile de rappeler cette démonstration. On la trouvera en Complément 36 (p. 269).

576 *De ipsa natura,* § 11, J. II p. 564; GPh. IV p. 511; L. p. 503.

577 *Lettre à des Bosses du 11 mars 1706,* F. p. 84; GPh. II p. 306. (Nous citons la traduction de Christiane Fremont in *L'être et la relation,* à laquelle nous renvoyons au moyen de l'initiale F.). Même s'il est incontestable que Leibniz fut rarement aussi clair, il est donc indéniable – contrairement à ce que semblent penser de nombreux auteurs (cf. par exemple DUGAS 1954 pp. 467-474, GALE 1970 pp. 117-118, GALE 1974, JAMMER 1961 pp. 75-80) – qu'à cette époque, la matière première n'était plus pour lui comme elle l'était en 1669, «ce qui ne contient rien d'autre que l'étendue et l'antitypie ou impénétrabilité» (cf. citation correspondant à la note 460 (p. 176)), mais ce qui est au principe de l'étendue, c'est-à-dire ce qui, indissociablement uni à la forme, compose la substance et «fait qu'un corps n'est pas pénétré par un autre [...] et possède [...] une certaine répugnance au mouvement» (cf. citation correspondant à la note 563 (p. 213)). Il s'agissait donc dorénavant, comme s'en expliqua souvent Leibniz, d'un concept métaphysique, et non plus d'un concept physique: c'était la matière aristotélicienne, qui «ne se trouve jamais toute nue» (*Nouveaux essais*, livre III, chap. X, § 15, p. 300; GPh. V p. 325) et qui – associée à la forme dans la substance – fonde la matière cartésienne ou la matière seconde des scolastiques (cf. aussi, en outre, GPh. II p. 306 p. 260, p. 357, V pp. 308-309 et 420-421, VII p. 322).

et, du fait de l'union en elle de ces deux principes indissociables, dont l'un est potentialité pure[578] et l'autre «tient le milieu entre la faculté d'agir et l'action elle-même»[579], les substances agissent, engendrent spontanément les suites de leurs états, s'actualisent et, ce faisant, produisent l'étendue en s'associant une force dérivée qui, à la fois vive et inertielle, génère l'impénétrabilité permettant de faire surgir d'un point un infiniment petit d'étendue.

Lorsque le métaphysicien décrit le monde comme un ensemble de substances, il fait donc bien davantage que compléter l'image qu'en donne le physicien. Il n'affine, ni ne rend plus exacte, la description que fournit celui-ci de la matière étendue et de toutes ses modifications. Ce ne sont là que phénomènes dont il exhibe, pour sa part, le fondement ultime:

> non seulement la lumière, la chaleur, la couleur, et les qualités semblables sont apparentes mais aussi le mouvement, la figure et l'extension. Et [...] s'il y a quelque chose de réel, c'est uniquement la force d'action et de passion, en laquelle consiste par conséquent la substance du corps[580].

En un mot, le métaphysicien décrit le réel. Son *monde* est l'image de ce dont dérive tout ce qu'aperçoit le physicien, il reprend le moindre détail du *monde* que celui-ci se dessine et lui emprunte son exactitude. Bref, il est non seulement exact et complet, mais fondamentalement adéquat.

4.15 Les corps, l'espace, le temps et les monades

A partir de 1695, Leibniz n'aura de cesse que ses contradicteurs reconnaissent qu'il en est bien ainsi et qu'il convient donc de substituer ce *monde* métaphysique à celui du physicien; ce qui le contraindra à préciser constamment le rapport qu'entretiennent ces deux *mondes* et, finalement, à proposer du monde l'image la plus épurée qu'il pût concevoir: celle de la *Monadologie*.

---

578 A propos de la matière aristotélicienne, on peut par exemple consulter le deuxième chapitre du *De principiis realitatis* de Thomas d'Aquin, LUYTEN 1963, OWENS 1963 et ROSS 1924.

579 *De primae philosophiae emendatione, et de notione substantiae, (1694)*, J. II p. 525; GPh. IV p. 469; L. p. 433.

580 *De modo distinguendi phaenomena realia ab imaginariis* (*non daté*), GPh. VII p. 322; L. p. 365.

Nombreux, en effet, sont ceux qui, sitôt qu'ils prennent connaissance de la proposition leibnizienne, lui objectent son coût exorbitant. Car admettre que le monde n'est constitué que de substances, c'est aussi admettre que ni les corps, ni l'espace et le temps, ne sont véritablement réels; et, tant aux yeux des tenants du plein qu'à ceux des atomistes et des newtoniens, cela paraît inacceptable. Ce l'est même d'autant plus qu'à entendre Leibniz, ce serait en outre tout à fait inutile puisque le *monde* de l'*Hypothesis physica nova*, pourvu que la loi de la conservation de la quantité de mouvement y soit remplacée par celle de la conservation de la force vive, est déjà une description exacte[581]. Il n'y aurait donc rien à gagner à supposer, comme il le propose, que les forces que l'on mesure ne sont que des forces dérivées; tout au contraire, à le concéder, on verrait s'effondrer ce que l'on tient généralement pour le plus assuré.

Pour convaincre ses correspondants, Leibniz s'emploie alors à démontrer que ce qu'ils considèrent tous comme des conséquences inacceptables d'une hypothèse gratuite et stérile constituent au contraire autant de faits irrécusables dont l'explication requiert précisément que l'on postule l'existence de ces seules substances.

Le problème de la réalité des corps est au centre de la correspondance qu'il échange avec Jean Bernoulli, Foucher, Burnett, de Volder, Jaquelot, et des Bosses. L'argument qu'il y développe est celui qu'il avait ébauché dans ses lettres à Arnauld et paraît être celui-ci[582].

Nous n'avons aucune raison de penser que tout ce qui existe ne doit son existence qu'à Dieu et à soi-même. Laissant de côté la dépendance à l'égard de Dieu qui n'est pas discriminante, nous sommes donc en droit de répartir tout ce qui existe en deux classes: celle des choses dont l'existence dépend d'autre(s) chose(s), et celle des choses qui existent par elles-mêmes. Il

581 Dans le sommaire de son *Discours* qu'il avait envoyé à Arnauld au début de leur correspondance, Leibniz avait déjà annoncé qu'en dépit des progrès de sa métaphysique, il estimait que la démarche du physicien gardait toute sa valeur (cf. *Correspondance avec Arnauld, lettre au Landgrave du 1/11 février 1686*); et il ne revint jamais – à notre connaissance tout au moins – sur cette déclaration.

582 Cf. GM. III pp. 111-973, GPh. I pp. 363-427, III pp. 149-329, II pp. 139-283, III pp. 437-482, II pp. 285-521, respectivement, et tout particulièrement GM. III p. 542, GPh. II pp. 171-172 et 261-262, III pp. 227, 260-261, 457-458 et 622-623, ainsi que le *Système nouveau de la nature et de la communication des substances* et les textes afférents in GPh. IV pp. 471-503. La position qu'allait désormais défendre Leibniz avait, semble-t-il, été exposée pour la première fois dans le *Projet de lettre à Arnauld datant du mois de novembre 1686* (cf. *Correspondance avec Arnauld*, p. 141; GPh. II p. 71).

semble conforme à l'usage des termes d'appeler la première la classe des «phénomènes», et la seconde le «réel». De plus, suivant en cela Descartes et les scolastiques, nous pouvons appeler «substance» «ce qui n'a besoin que de soi-même pour exister»[583], et donc – sans même nous préoccuper de savoir ce que sont ces substances – identifier le réel à l'ensemble des substances. Ceci fait, il est aisé de démontrer ensuite qu'il est impossible de soutenir simultanément que la matière est infiniment divisée et que les corps sont des substances. En effet, comme les corps sont des parties de la matière, si celle-ci est infiniment divisée, chacun d'eux – quelle qu'en soit la dimension – est composée d'une infinité d'autres corps, dont dépend par conséquent son existence. En d'autres termes,

> on ne trouvera jamais un corps dont on puisse dire que c'est véritablement une substance[584].

Donc, les corps ne sont pas réels: ce sont des phénomènes. Cependant, il convient de distinguer deux types de phénomènes: ceux qui ne sont que pure apparence, c'est-à-dire qui – comme l'arc-en-ciel par exemple – n'existent que parce que nous existons, et ceux qui – à l'inverse – paraissent «bien fondés», c'est-à-dire ceux dont nous sommes portés à croire qu'ils existeraient même si nous n'existions pas[585]. Certains phénomènes, en effet, semblent avoir une certaine réalité même si, par définition, ils ne sont pas véritablement réels. Un troupeau, par exemple, s'il n'est pas aussi réel que les animaux qui le composent, n'est manifestement pas dépourvu de toute réalité. Mais il faut remarquer qu'il ne doit cette réalité, qu'on se sent autorisé à lui accorder, qu'à la réalité des animaux qui en font partie; personne ne songera à contester que si ces animaux n'existaient pas, le troupeau n'existerait pas non plus. Nous sommes donc contraints de subdiviser la classe des phénomènes ou – si l'on préfère – de répartir les choses existantes en trois classes, au lieu de deux: celle des choses véritablement réelles, celle des purs phénomènes et celle – intermédiaire – des choses qui ne sont pas véritablement réelles mais qui ne

---

583 Cf. *Principes de la philosophie*, première partie § 51.

584 *Correspondance avec Arnauld, projet de lettre de novembre 1686*, p. 141; GPh. II p. 72.

585 L'expression «phénomène bien fondé» se trouve très souvent sous la plume de Leibniz. Cf. p. ex. GPh. II p. 268, III p. 622, IV p. 492, VII p. 564. Il va de soi qu'en faisant de l'arc-en-ciel un pur phénomène, Leibniz n'entendait pas prétendre que la réfraction et la réflexion de la lumière solaire dans des gouttes de pluie ne se produiraient pas si nous n'existions pas, mais au contraire qu'à la différence de l'arc-en-ciel précisément, ces phénomènes étaient «bien fondés».

sont pas pour autant de purs phénomènes, et dans laquelle beaucoup seront sans doute tentés de ranger les corps. Il paraît en effet inconcevable de prétendre que si nous n'existions pas, les corps n'existeraient pas non plus. Il semble dès lors qu'il en aille des corps comme il en va d'un troupeau. Mais si tel est le cas, il faut absolument que, de la même façon qu'un troupeau tient sa réalité de la réalité des animaux qui le composent, un corps soit constitué de choses véritablement réelles, c'est-à-dire de substances puisqu'en raison de la division infinie de la matière, ce sont les seules qui soient telles. Autrement dit,

> [un corps] sera toujours un agrégé de plusieurs [substances][586];

lesquelles – de toute évidence – ne sauraient être des corps, même si l'analogie avec les animaux qui composent un troupeau pourrait inciter à le penser. Enfin, pour déterminer quelles sont exactement ces substances, ou «requisits»[587], qui fondent ces phénomènes que sont les corps, il suffit de remarquer que le rapport entre ceux-ci et celles-là n'est ni le rapport qu'il y a entre un corps et ses parties, ni celui de la ligne aux points qu'elle contient, mais le rapport qu'entretiennent l'étendue et ce qui l'engendre, l'infiniment petit et ce qui le fait surgir[588]. On voit immédiatement alors que la matière

586 Suite de la citation précédente. Quatre ans plus tard, il écrira à Fardella: «Je ne dis pas qu'un corps est composé d'âmes, ou qu'un corps est constitué d'un agrégat d'âmes, mais de substances» (*Nouvelles lettres et opuscules*, p. 322). Et de la même manière, il affirmera à Jaquelot en 1703 et à de Volder en 1704: «la matière (j'entends la seconde ou la masse) n'est pas une substance, mais des substances, comme un troupeau de brebis et un étang plein de poissons» (GPh. III p. 457) et «les corps que l'on prend vulgairement pour des substances ne sont pas davantage que des phénomènes réels, et [ne sont] pas plus substances que les parhélies et les arcs-en-ciel [...]. Les Monades seules sont substance; un corps [est] des substances, pas une substance» (GPh. II p. 262).

587 D. Rutherford a récemment étudié la signification de ce terme courant du langage leibnizien in RUTHERFORD 1990 a.

588 Ce qu'avait déjà aperçu Leibniz en 1690, comme le prouve ce passage de sa *première lettre à Fardella*: «Il y a une infinité de substances simples ou de créatures dans chaque particule de matière; et la matière est composée de celles-ci, non comme de parties, mais comme de principes constitutifs ou de requisits immédiats, de la même manière que les points entrent dans l'essence d'un continu et [n'y entrent] cependant pas comme des parties» (*Nouvelles lettres et opuscules*, p. 324). Observation qu'il ne précisera toutefois qu'après 1695; ainsi écrira-t-il par exemple à de Volder en 1704; «Rigoureusement parlant, cependant, la matière n'est pas composée de ces unités constitutives, mais en résulte [resultat], puisque la matière ou la masse étendue n'est pas autre chose qu'un phénomène fondé dans les choses, comme un arc-en-ciel ou un parhélie, et qu'il n'y a pas d'autre réalité que celle des unités» (*Lettre à de Volder du 30 juin 1704*, GPh. II p. 268).

qui entre dans la composition de la substance ne saurait être la matière étendue, ou matière seconde [massa], mais celle dont parlait Aristote, c'est-à-dire la matière première [moles], conçue comme «exigence d'étendue»; exigence dont la physique et les mathématiques montrent qu'elle ne peut être satisfaite qu'en identifiant respectivement la matière et la forme des substances aux forces primitives, passives et actives, dont dérivent les forces prises en compte par le physicien[589].

La question de la réalité de l'espace et du temps, quant à elle, sera – comme on le sait – au cœur du débat qui opposera Clarke, disciple de Newton, à Leibniz qui, à cette occasion, reformulera une dernière fois les thèses centrales de son système et explicitera les arguments qui le conduisaient à admettre l'idéalité de l'espace et du temps.

L'argument le plus clair qu'il invoque à l'appui de la thèse de l'idéalité de l'espace est celui qui consiste à montrer que, si l'espace était réel, le principe de raison serait violé. Selon lui, ce principe est un axiome : il est l'expression de la sagesse divine, et l'on ne peut le refuser sans que toute démarche intellectuelle devienne aussitôt nulle et non avenue. Il énonce que

> *il n'y a rien sans une raison suffisante, pourquoy il est, et pourquoy il est ainsi plustost qu'autrement*[590].

Quant à l'argument, Leibniz le présente comme suit :

> L'Espace est quelque chose d'uniforme absolument, et sans les choses y placées un point de l'espace ne diffère absolument en rien d'un autre point de l'espace. Or il suit de cela, supposé que l'espace soit quelque chose en luy même outre l'ordre des corps entre eux, qu'il est impossible qu'il y ait une raison pourquoy Dieu, gardant les mêmes situations des corps entre eux a placé les corps dans l'espace ainsi et non pas autrement; et pourquoy tout n'a pas été mis à rebours (par exemple) par un échange de l'orient et de l'occident[591].

L'espace n'est donc pas réel : ce n'est pas une substance. C'est un phénomène, mais bien fondé. Il suffit de reconstituer la manière «dont les hommes

---

589 C'est, nous semble-t-il, ce qu'écrivait très explicitement Leibniz dans une *Lettre à Burnett (fin 1699)* que nous citons en Complément 37 (p. 270).

590 *Correspondance Leibniz-Clarke, troisième écrit de Leibniz* (*25 février 1716*), § 7, p. 54; GPh. VII p. 364. (Nous donnons de cette correspondance, le texte – légèrement allégé – de l'édition d'A. Robinet).

591 *Correspondance Leibniz-Clarke, troisième écrit de Leibniz* (*25 février 1716*), § 5, pp. 53-54; GPh. VII p. 364.

viennent à s'en former la notion»[592] pour en donner la définition correcte et, du même coup, s'en assurer:

> Ils considèrent que plusieurs choses existent à la fois, et ils y trouvent un certain ordre de coëxistence, suivant lequel le rapport des uns et des autres est plus ou moins simple. C'est leur situation ou distance. Lorsqu'il arrive qu'un de ces coëxistens change ce rapport à une multitude d'autres, sans qu'ils en changent entre eux, et qu'un nouveau venu acquiere le rapport tel que le premier avoit eu à d'autres, on dit qu'il est venu à sa *place*. Et on appelle ce changement un *mouvement* qui est dans celuy où est la cause immédiate du changement. Et quand plusieurs ou même tous, changeroient selon certaines regles connues de direction et de vitesse, on peut tousjours determiner le rapport de situation que chacun acquiere à chacun; et même celuy que chaque autre auroit, ou qu'il auroit à chaque autre, s'il n'avait point changé, ou s'il avait autrement changé. Et supposant ou feignant que, parmy ces coexistens il y ait un nombre suffisant de quelques uns qui n'ayent point eu de changement en eux; on dira que ceux qui ont un rapport à ces existens fixes, tel que d'autres avaient auparavant à eux, ont eu la même *place* que ces derniers, avaient eue. Et ce qui comprend toutes ces places, est appelé *espace*[593].

Ce qui montre que

> pour avoir l'idée de la place, et par conséquent de l'Espace, il suffit de considerer les rapports et les regles de leurs changemens, sans avoir besoin de se figurer icy aucune realité absoluë hors des choses dont on considere la situation[594],

et donc que l'espace, pour phénoménal qu'il soit, possède néanmoins une certaine réalité qu'il doit aux corps et à leurs rapports. Et, comme cette réalité ne peut en définitive être dérivée que de celle des choses qui existent par elles-mêmes, à savoir des substances, ceci prouve en outre que ces substances doivent être telles que, non seulement les corps, mais leurs rapports, acquièrent une certaine réalité grâce à elles; ce qui – puisque ces substances sont antérieures à l'étendue et à l'espace – n'est manifestement possible que si celles-ci sont, comme cela a été suggéré, des lois accordées les unes aux autres de toute éternité et, plus précisément encore, des primitives des forces dont les valeurs à chaque instant suffisent au physicien pour expliquer les phénomènes[595].

Et, selon Leibniz, on aboutit à la même conclusion lorsqu'on s'interroge sur les raisons qui nous poussent à postuler la réalité du temps. Aucune, en

---

592 *Correspondance Leibniz-Clarke, cinquième écrit de Leibniz* (*mi-août 1716*), § 47, p. 142; GPh. VII p. 400.

593 *Correspondance Leibniz-Clarke, cinquième écrit de Leibniz* (*mi-août 1716*), § 47, pp. 142-143; GPh. VII p. 400.

594 *Correspondance Leibniz-Clarke, cinquième écrit de Leibniz* (*mi-août 1716*), § 47, p. 143; GPh. VII p. 400.

effet, ne saurait être tenue pour valable puisque poser cette réalité revient en fait aussi à abandonner le principe de raison[596]. Le temps est donc un phénomène, mais ni plus ni moins que l'espace, c'est-à-dire qu'il est, lui aussi, un phénomène bien fondé :

> le temps est un ordre des successions, comme [l'espace] est un ordre des coëxistences[597]

et il doit en définitive sa réalité à celle des différents états de la substance, dont il faut dès lors reconnaître qu'elle consiste, comme annoncée, en une suite réglée de valeurs qui ne peuvent qu'être celles d'une force s'exprimant au niveau phénoménal sous la forme de forces vives et inertielles.

En conclusion : les corps, l'espace et le temps sont bien des phénomènes, mais pourvus d'une certaine réalité : ils existeraient même si nous n'existions pas. Et ceci suffit à prouver que le monde est bien – en réalité – un monde exclusivement constitué de substances et que celles-ci ne sont autres que les primitives des forces dont s'occupe le physicien. Si ces substances n'existaient pas, tant les corps que l'espace et le temps ne seraient qu'apparences et ne pourraient être objets d'aucune science. Autrement dit, si l'image du monde que fournit la physique est exacte, c'est nécessairement parce que le monde est bien tel que le décrit le métaphysicien.

---

595 Il pourrait – à juste titre – sembler contradictoire d'affirmer que l'espace est idéal et qu'il a une certaine réalité. C'est pourtant ce que faisait Leibniz : l'espace était «l'ordre des coexistences» et «un phénomène bien fondé». Nous ne pouvons tenter ici de montrer que cette affirmation était justifiée et devons nous contenter de suggérer que nous ne pourrons espérer le comprendre que lorsque nous cesserons de considérer la monade comme un petit corps ou comme une substance spirituelle, et que nous admettrons qu'elle est la primitive de la force, active et passive, dont sont doués les corps, c'est-à-dire lorsque nous reconnaîtrons qu'elle n'est pas autre chose que ce composé de matière première et de forme, qu'Aristote appelait «substance». (cf. ISHIGURO 1967 et WINTERBOURNE 1982 ainsi que HARTZ 1984 et COVER 1988 pour quelques tentatives récentes de clarification de la position leibnizienne). Concernant le problème connexe de la relativité de l'espace, nous croyons de même que «l'ontologie leibnizienne de la substance est trop souvent négligée» (PERL 1969 p. 526) : c'est aux substances que doit être rapporté l'espace, et non aux corps, pour que la relativité que lui attribuait leibniz devienne compréhensible.

596 Cf. p. ex. *Correspondance Leibniz-Clarke, troisième écrit de Leibniz* (*25 février 1716*), § 6, p. 54; GPh. VII p. 364.

597 *Correspondance Leibniz-Clarke, troisième écrit de Leibniz* (*25 février 1716*), 6 4, p. 53; GPh. VII p. 363.

Il faut donc l'accepter: il n'existe que des substances. Mais il convient d'insister: ces substances ne sont pas de petits corps, et elles ne se trouvent en aucun lieu à aucun instant. Elles ne sont pas composées, comme on serait tenté de le croire, d'une forme et de matière seconde, mais d'une forme et de matière première, ce qui – précisément – leur permet de «réaliser» ces phénomènes que sont l'espace et le temps en engendrant l'étendue. Bref, – pour reprendre le terme qu'utilisera systématiquement Leibniz à partir de 1698 – ce sont des «monades», c'est-à-dire des «êtres complets», «uns par soi», «sans parties», et le monde n'est pas autre chose que l'ensemble, dénué de toute spatialité et de toute temporalité, dont elles sont les éléments[598].

4.16 Les substances corporelles, les âmes et la *Monadologie*

Que le monde soit ainsi réduit aux seules monades n'interdit cependant nullement qu'il puisse néanmoins exister ce que l'on pourrait appeler des «substances corporelles», des «substances composées», ou – mieux encore – des «substances secondes». Le nier serait encore mal comprendre ce qu'est une substance. En effet, il ne s'agit pas de prétendre qu'il pourrait exister des corps qui soient des substances – ce qui serait une contradiction – mais simplement qu'il se pourrait qu'une forme confère une unité substantielle à ce qui, sans elle, serait seulement un agrégat de monades, c'est-à-dire un corps. Or ceci paraît tout à fait possible dès lors qu'on se souvient qu'une monade, étant composée de matière première et non de matière seconde, n'est attachée à aucune portion particulière de l'étendue, puisque de ce fait un groupe de monades pourrait, en raison d'un accord plus marqué établi entre elles, se trouver en quelque sorte coiffé, ou chapeauté, par une substance qui, tout en étant «dominante», n'en resterait pas moins une monade parmi les autres; de la même façon que toutes les forces vives attribuées aux différentes parties d'un corps peuvent, tant que ce corps subsiste, être remplacées par la seule force vive de ce corps[599].

A bien y réfléchir, il semblerait d'ailleurs que cette hypothèse de l'existence de substances corporelles soit non seulement soutenable mais

598 A propos de la première occurrence de ce terme et de sa définition, cf. le Complément 38 (p. 270).
599 Cf. pp. 202-204.

nécessaire. Comment, sans elle, justifierait-on en effet l'usage du modèle qui a permis l'élaboration de la notion de substance? Depuis Aristote, les exemples que choisissent les philosophes pour illustrer cette notion ne sont-ils pas justement de telles substances secondes? Ni la statue sculptée dans un bloc de marbre, ni l'être vivant qu'est Socrate, ne sont en tout cas des monades; et cependant, les propriétés qu'on attribue à celles-ci leur sont indiscutablement empruntées. La forme que le sculpteur donne au marbre, et surtout l'âme qui fait de Socrate un seul individu agissant, ont servi de modèles à la force primitive active dont on a supposé la monade constituée; et de même, le marbre et la matière dont est composée la personne de Socrate, ont été le modèle sur lequel a été conçu l'autre composant de la monade qu'est la force primitive passive. Sauf à admettre qu'il s'agit là d'un accident et que l'on a déduit le vrai du faux, il semble donc qu'il faille reconnaître une certaine substantialité à de tels êtres composés.

Cette hypothèse apparaît même comme certaine, dès lors qu'on tente de rendre compte de l'union de l'âme et du corps. Car le nombre d'explications que l'on peut songer à donner de cette union, qui fait plus que jamais problème depuis que Descartes a dissocié la *res cogitans* de la *res extensa*, semble très limité. Outre celle proposée par Spinoza, qui consiste à faire de l'âme l'idée du corps et qui doit être absolument rejetée parce qu'elle n'a de sens que si l'on admet que l'une et l'autre sont des modes d'une substance unique, tantôt conçue comme Pensée, tantôt comme Etendue, et qui est de ce fait sous-tendue par un nécessitarisme aveugle, niant la liberté divine et contredisant par ailleurs ce que l'on sait de l'univers[600], on ne voit en fait que trois solutions possibles, dont deux doivent être fermement écartées. En effet,

> Figurés vous deux horloges ou montres qui s'accordent parfaitement. Or cela se peut faire *de trois façons*: *la première* consiste dans une influence naturelle. C'est ce qu'experimenta Monsieur Hugens à son grand etonnement. Il avait suspendu deux pendules à une même piece de bois; les battemens continuels des pendules avaient communiqué des tremblemens semblables aux particules du bois, mais ces tremblemens ne pouvant subsister dans leur ordre, et sans s'entr'empecher, à moins que les pendules ne s'accordassent, il arrivait par une espece de merveille que lorsqu'on avait même troublé leurs battemens tout exprès, elles retournaient à battre ensemble, à peu pres comme deux cordes qui sont à l'unisson. *La seconde maniere* de faire tousjours accorder deux horloges, bien que mauvaises, serait d'y faire tousjours prendre garde par un habile ouvrier, qui les redresse et les mette

---

600 Nous ne pouvons détailler la critique leibnizienne du spinozisme. Nous nous permettons donc de renvoyer à FRIEDMANN 1945.

d'accord à tous momens. *La troisième maniere* est de faire d'abord ces deux pendules avec tant d'art et de justesse, qu'on se puisse asseurer de leur accord dans la suite.

Mettés maintenant l'ame et le corps à la place de ces deux montres; leur accord en sympathie arrivera aussi par une de ces trois facons. *La voye de l'influence* est celle de la Philosophie vulgaire; mais comme on ne scauroit concevoir ny des particules materielles, ny des especes ou qualités immaterielles, qui puissent passer d'une de ces substances dans l'autre, on est obligé d'abandonner ce sentiment. *La voye de l'assistance* est celle du systeme des causes occasionnelles. Mais je tiens que c'est faire venir *Deum ex machina* dans une chose naturelle et ordinaire, où selon la raison il ne doit entrevenir que de la maniere qu'il concourt à toutes les autres choses naturelles. Ainsi il ne reste que mon hypothese, c'est-à-dire que la voye de l'harmonie pré-établie, par un artifice divin prevenant, lequel a formé dès le commencement chacune de ces substances, qu'en ne suivant que ses propres loix qu'elle a receues avec son estre, elle s'accorde pourtant avec l'autre, tout comme s'il y avait une influence mutuelle, ou comme si Dieu y mettait tousjours la main au delà de son concours general[601].

Autrement dit, pour expliquer l'union de l'âme et du corps, il est nécessaire de supposer que cette union se ramène en fait à l'accord établi entre certaines monades; ce qui suggère en définitive – puisqu'un corps n'est qu'un agrégat de monades – que l'on identifie l'âme à la forme de la monade qui domine l'ensemble des monades constituant le corps qui lui est associé[602], et, par conséquent, que l'on admette que les êtres humains sont effectivement des substances.

Mais une fois ceci admis, plus rien ne paraît empêcher que l'on prétende que les animaux et les végétaux sont aussi des substances. Tout comme les

601 *Post-scriptum du 3 janvier 1696 à une lettre à Basnage de Beauval*, GPh. IV p. 498-499. Nous remercions Monsieur Marcel Crabbé de nous avoir rappelé l'existence de ce texte.

602 Bien que – pour des raisons qui apparaîtront clairement plus loin – Leibniz se laissait parfois aller à écrire que l'âme était la monade dominante, il est évident qu'en toute rigueur, l'âme ne pouvait être que la forme de cette monade, ou – comme il l'écrivait parfois – l'«entéléchie dominante» (cf. citation correspondant à la note 604 (p. 229) p. ex.). A la différence de l'âme qui était une forme, la monade était en effet – comme nous l'avons vu – un composé de matière et de forme: ce n'était donc pas un esprit ou une «substance spirituelle». Dans la *Lettre à de Volder du 20 juin 1703*, on trouve ce passage destiné à dissiper toute confusion: «Je distingue donc (1) l'Entéléchie primitive ou Ame, (2) la Matière première ou puissance passive primitive, (3) la Monade complétée pour les deux précédentes, (4) la Masse ou matière seconde, c'est-à-dire la Machine organique, à [la formation de] laquelle concourent d'innombrables Monades subordonnées, (5) l'Animal ou substance corporelle, que rend Une la Monade dominante dans la Machine» (GPh. II, p. 252).

êtres humains, ils ne semblent en effet devoir leur unité qu'à eux-mêmes, et l'on est donc apparemment en droit d'affirmer qu'une monade dominante leur est associée.

En revanche, il ne saurait être question d'affirmer sans autre examen que des objets que l'on tient habituellement pour inanimés sont, eux aussi, de telles substances. A poser d'emblée, comme le faisaient Aristote et saint Thomas par exemple, qu'une statue de marbre est une substance, on courrait en effet le risque de tomber dans la contradiction qui consisterait à substantialiser un corps. La prudence nous conseille plutôt de

> [n']admettre de substance corporelle que là où il y a un corps organique avec une monade dominante, c'est-à-dire un être vivant, savoir, un animal ou l'analogue d'un animal[603];

ce qui, compte tenu de notre ignorance des conditions qui suffisent à l'existence d'une monade dominante, ne nous autorise nullement à préjuger de ce qui est vivant, mais tout au plus à supposer que

> les membres [d'un] corps vivant sont pleins d'autres vivants, plantes, animaux, dont chacun a encore son entéléchie, ou son âme dominante[604],

comme nous y encouragent par ailleurs les observations de Swammerdam, Malpighi et Leeuwenhoeck[605].

En clair: nous ne savons pas s'il existe d'autres substances corporelles que celles que nous considérons habituellement comme vivantes; cela se pourrait, rien ne l'interdit, mais nous ne disposons d'aucune preuve. Pour en être certain, il faudrait avoir dégagé le critère permettant de distinguer les êtres vivants de ceux qui ne le sont pas, c'est-à-dire avoir identifié les caractéristiques que doit posséder une monade pour qu'avec d'autres, elle constitue un être vivant et non plus simplement un corps; problème qui n'est pas sans intérêt et que Leibniz s'efforcera d'ailleurs de résoudre, mais qui n'est

---

603 *Lettre à des Bosses du 23 août 1713*, F. p. 187; GPh. II pp. 481-482.

604 *Monadologie*, § 70, p. 180; GPh. VI p. 619.

605 Leibniz avait été fortement impressionné par ces observations qu'avait rendu possibles l'invention du microscope (cf. *Système nouveau de la nature et de la communication des substances* GPh. IV p. 480, et *Monadologie* §§ 74-75 pp. 181-182; GPh. VI pp. 619-620). Aux alentours de 1675, Swammerdam et Malpighi avaient observé les tissus des plantes et les structures fines des animaux, et Leeuwenhoeck avait découvert les cellules du sang et les spermatozoïdes, «ajoutant [ainsi] une dimension nouvelle à la diversité du monde vivant et établissant un pont entre organismes visibles et nature inanimée» (Mayr 1982 pp. 106, 144, 309 et 604).

pas – comme il tentera en vain de le faire comprendre à des Bosses[606] – aussi crucial qu'il y paraît.

En effet, même si la plupart d'entre eux devaient être privés de ce principe d'unité qui en ferait des êtres aussi réels que les monades, les corps n'en demeureraient pas moins des phénomènes véritables, c'est-à-dire qu'ils auraient néanmoins cette réalité que leur assureront toujours les monades dont ils sont constitués. De surcroît, quelle que puisse être la réponse à cette question, l'essentiel resterait acquis. Les êtres humains sont bien des substances, et cela explique que nous puissions connaître: notre âme, étant l'«entéléchie dominante», c'est-à-dire la forme de la monade qui domine toutes celles dont résulte notre corps, est accordée à l'univers tout entier. Et comme cela signifie que les vivants sont en quelque sorte analogues aux monades, cela nous autorise d'autre part à décrire ces dernières en des termes que l'on réserve généralement à ceux-là et qui sont non seulement plus parlants que ceux tirés de la physique et des mathématiques, utilisés jusqu'ici, mais aussi plus convenables dans la mesure où ils ne font, contrairement à ceux-ci, aucune référence à l'espace et au temps. Tant que l'on conçoit la monade comme une fonction, on s'interdit en effet de la concevoir comme antérieure au temps; on ne peut s'empêcher de considérer celui-ci comme une réalité dont elle dépend, une fonction étant par définition une fonction d'une variable qui, de ce fait, paraît au moins aussi réelle qu'elle. Et il n'en va pas autrement lorsqu'on la conçoit comme une force. Cette force étant à la fois passive et active, comme la force physique qui en dérive, il est quasiment impossible d'imaginer qu'elle n'agit pas dans l'espace et qu'elle n'est attachée à aucune portion de l'étendue, mais que c'est elle qui, au contraire, fonde l'un et engendre l'autre. Or c'est précisément une description évitant ces deux écueils que suggère l'analogie entre l'être vivant et la monade.

Une considération attentive de l'être vivant permet en effet d'apercevoir une conséquence inattendue de l'indissociabilité de ces composants substantiels que sont la matière et la forme. De fait, cette indissociabilité porterait facilement à croire que la monade ne peut être complètement décrite sans que l'on prenne explicitement en considération ses deux composants. Et cependant, ce ne semble pas être le cas pour cette «substance»

---

606 Comme d'autres échanges épistolaires qu'eut Leibniz, la correspondance qu'il entretint avec le Père des Bosses à partir de 1709 (cf. BLONDEL 1893, et FREMONT 1981 et LECLERC 1990 p. ex.) nous paraît en effet bâtie sur un malentendu, que nous nous contentons de signaler dans le Complément 39 (p. 271).

composée d'un corps et d'une âme, qu'est l'être vivant. En effet, il est indéniable que l'être vivant que nous sommes «perçoit». Et il ne l'est pas moins que nos perceptions seraient différentes si les influences qu'exercent les corps extérieurs sur notre propre corps étaient différentes de ce qu'elles sont; c'est là une conséquence de l'union de l'âme et du corps, «qui les fait composer *unum per se*, un animal, un vivant»[607]. Mais cela signifie – si l'on y réfléchit – qu'un être vivant peut être complètement décrit sans que l'on doive préciser autre chose que l'état de son âme à chaque instant; cet état prend implicitement en compte la passivité de la substance, alors qu'il ne concerne apparemment que sa part active; de la même façon qu'en physique, la force vive d'un corps n'a la valeur qu'elle a que parce que sa force inertielle vaut ce qu'elle vaut. Si l'on choisit de maintenir l'analogie entre l'être vivant et la monade, on se trouve donc conduit à admettre que, contrairement à ce qu'on était spontanément tenté de croire, l'état de l'entéléchie, ou de la forme, d'une monade suffit à la décrire complètement à chaque instant. En d'autres termes, la monade peut être confondue avec la suite des états de sa seule entéléchie. Et cette confusion n'est pas sans incidence. Comme le montre à nouveau clairement l'exemple de l'être vivant, l'effectuer permet en effet de décrire la monade sans faire référence à l'espace ou au temps. De fait,

> Nous expérimentons nous-mêmes [...] que la moindre pensée dont nous nous apercevons, enveloppe une variété dans l'objet[608],

c'est-à-dire que chaque état instantané de l'âme, «qu'on appelle une *Perception*», n'est qu'

> [un] état passager, qui enveloppe et représente une multitude dans l'unité[609],

et constitue donc une description ne faisant aucunement référence à l'espace. Quant à la suite de ces états, il est tout aussi manifeste qu'elle n'est pas davantage construite à partir du temps puisque nous faisons en outre l'expérience de

> l'action du principe interne qui fait le changement ou le passage d'une perception à une autre, [et qui] peut être appelé *Appétition*[610].

---

607 *Lettre à Rémond du 4 novembre 1715,* GPh. VI p. 658.
608 *Monadologie*, § 16, p. 149; GPh. VI p. 609.
609 *Monadologie*, § 14, pp. 146-147; GPh. VI p. 608.
610 *Monadologie*, § 15, p. 148; GPh. VI p. 609.

Si l'on accepte de le confondre avec la suite des états de son âme, il est donc possible de donner de l'être vivant une définition ne faisant aucunement référence à l'espace et au temps: il apparaît alors comme ce qui est doué de perception et d'appétition. Cependant, cette description est incomplète; il est manifestement insuffisant de dire d'un être vivant qu'il perçoit et qu'il a des appétits: il faut ajouter qu'il a de la mémoire et qu'il perçoit plus ou moins distinctement[611]. Et c'est seulement du fait qu'elle doit être ainsi précisée que cette définition peut être transposée à la monade pour en donner enfin une définition qui lui convienne parfaitement. Cette transposition ne peut en effet être effectuée que s'il demeure légitime de postuler une analogie entre l'être vivant et la monade; ce qui exige que l'on détermine en quoi ils se ressemblent et en quoi ils diffèrent. Or, une fois cette précision fournie, cette détermination ne présente plus la moindre difficulté;

> Car nous expérimentons en nous-mêmes un état, où nous ne nous souvenons de rien et n'avons aucune perception distinguée; comme lorsque nous tombons en défaillance, ou quand nous sommes accablés d'un profond sommeil sans aucun songe[612]

Il suffit donc de poser que, lorsqu'un être vivant perçoit le moins distinctement possible et se trouve privé de mémoire, l'état de son âme ne diffère pas de l'état d'une entéléchie monadique. L'analogie est alors préservée, et la transposition qu'elle autorise, la plus simple qui se puisse concevoir, puisqu'elle revient à retenir, pour la monade, la définition qui, dans un premier temps, avait été élaborée pour l'être vivant. Suivant cette analogie, en effet, une monade n'est ni plus ni moins qu'un être vivant privé de mémoire et n'ayant que des perceptions peu distinctes. On peut donc en donner une définition qui ne présuppose ni l'espace ni le temps: la monade est simplement ce qui est doué de perception et d'appétition[613].

---

611 *Monadologie*, § 19, p. 152; GPh. VI p. 210. Cf. citation dans la note 164.

612 *Monadologie*, § 20, p. 152; GPh. VI p. 210. Cf. également §§ 21-25, et § 26 pour la définition de la mémoire.

613 Pour éviter toute confusion, il vaut la peine de citer le § 19: «Si nous voulons appeler Ame tout ce qui a *perception* et *appétits* dans le sens général, que je viens d'expliquer; toutes les substances simples ou Monades créées pourraient être appelées Ames; mais, comme le sentiment est quelque chose de plus qu'une simple perception, je consens que le nom général de Monades et d'Entéléchies suffise aux substances simples qui n'auront que cela; et qu'on appelle *Ames* seulement celles dont la perception est plus distincte et accompagnée de mémoire.» (*Monadologie*, pp. 151-152; GPh. VI p. 210).

Outre qu'elle permet de parfaitement saisir la nature de la monade et n'exige, pour être comprise, aucune connaissance mathématique, physique ou philosophique, cette définition présente l'avantage d'immédiatement suggérer l'idée d'une hiérarchisation monadique. Aussi n'est-il guère étonnant que ce soit celle que retient Leibniz en 1714 lorsqu'il entreprend, à la demande du Prince Eugène de Savoie, de rédiger cet exposé sommaire de sa philosophie qui deviendra la *Monadologie*. En l'adoptant, il se donne en effet le moyen de simplifier l'image du monde qu'il a patiemment élaborée, et de lui conférer par surcroît une dimension insoupçonnée. Son introduction le dispense de fournir de laborieuses explications touchant au calcul différentiel et intégral, et aux lois de la physique, rend inutile toute référence aux philosophies antérieures, et enrichit cependant considérablement l'ensemble de monades qui constitue son *monde*, en y induisant une structure très particulière. Car les monades – bien entendu – doivent rester des substances, et posséder par conséquent toutes les propriétés qu'avaient dégagées le *Discours de métaphysique* et l' *Hypothesis physica nova*:

> [elles] n'ont point de fenêtres, par lesquelles quelque chose y puisse entrer ou sortir,
> [... elles] ne sauraient commencer, ni finir, que tout d'un coup, c'est-à-dire, elles ne sauraient commencer que par création et finir que par annihilation,
> [... chacune] est différente de chaque autre,
> [... et chacune est] sujet au changement [...], et même [...] ce changement est continuel dans chacune[614].

Mais, sitôt qu'on les définit comme des êtres doués d'appétition et de perception, les monades deviennent hiérarchisables: perceptives, certaines doivent pouvoir percevoir plus distinctement que d'autres. L'analogie entre elles et les âmes, qui sous-tend cette nouvelle définition, ne sera d'ailleurs justifiée que s'il en est effectivement ainsi. Il faut qu'une telle hiérarchie existe pour que, les âmes y prenant place à un niveau supérieur à celui des monades, celles-ci puissent être considérées comme leurs analogues.

Ainsi le *monde*, dessiné par Leibniz dans la *Monadologie*, présente-t-il différents plans, correspondant aux divers degrés de distinction des perceptions monadiques. Les monades ne sont plus équivalentes; elles appartiennent à des niveaux distincts. Elles sont alignées suivant un nouvel axe qui quantifie l'analogie qu'il y a entre elles. Et cette hiérarchie, dans laquelle toutes s'inscrivent désormais, est naturellement de type pyramidal: chaque

614 Cf. *Monadologie*, §§ 7, 6, 9, 10 respectivement, pp. 143-146; GPh. VI pp. 607-608.

niveau est situé au-dessus d'un autre qui contient toutes les monades que domine chacune de celles qui lui appartiennent, et ainsi de suite jusqu'au sommet, occupé par la monade qui perçoit parfaitement et dont l'appétition est aussi la plus déterminée; monade unique que l'on se doit d'identifier à Dieu puisque

> Il y a en Dieu la *Puissance*, qui est la source de tout, puis la *Connaissance* qui contient le détail des idées, et enfin la *Volonté*, qui fait les changements ou productions suivant le principe du meilleur[615].

Dès lors, le monde n'apparaît plus coupé de Dieu. Celui-ci en est le prolongement analogique: il est la monade dominant toutes les autres, celle dont les autres ne sont que des analogues. En d'autres termes, Dieu est devenu la référence absolue: être une monade, ce n'est plus être composé de matière et de forme, ou être ce dont dérivent les forces qui s'exercent dans la nature, mais ressembler au créateur; sa connaissance et sa volonté,

> C'est ce qui répond à ce qui, dans les monades créées, fait [...] la faculté perceptive et la faculté appétitive. Mais en Dieu ces attributs sont absolument infinis ou parfaits; et dans les Monades créées ou dans les Entéléchies [...] ce n'en sont que des imitations, à mesure qu'il y a de la perfection.[616]

Bref, les monades sont dorénavant à l'image de Dieu. Et – autre fait nouveau qui aurait sans doute suffi pour que Leibniz le dessine – dans ce *monde*, l'homme est enfin représenté. Doté d'un esprit, qui se distingue de l'âme des animaux par une meilleure perception, il occupe, le long de l'axe, un niveau plus proche de Dieu; ce qui explique, en retour, qu'il soit à même de se faire une image adéquate du monde dans lequel il évolue. De même, en effet, que le physicien admet qu'un corps est d'autant plus sensible aux influences qui s'exercent sur lui que sa masse est moindre et que son état à chaque instant permet en conséquence de déterminer avec une plus grande exactitude ce qui se passe ailleurs dans la nature, le métaphysicien doit, pour sa part, reconnaître que

> une créature est plus parfaite qu'une autre, en ce qu'on trouve en elle ce qui sert à rendre raison *a priori* de ce qui se passe dans l'autre[617].

---

615 *Monadologie*, § 48, p. 168; GPh. VI p. 615.
616 *Ibidem*.
617 *Monadologie*, § 50, p. 169; GPh. VI p. 615.

Et ceci fait, l'homme ne peut, en raison de sa place sur l'axe qui mène à Dieu, que lui apparaître comme l'être vivant dont la monade dominante perçoit avec une distinction suffisante pour qu'il puisse se construire une représentation du monde, moins complète et moins exacte que celle de son créateur, mais néanmoins adéquate.

4.17 Le monde et la *Monadologie*

Le *Monde* que donne à lire Leibniz dans la *Monadologie* est donc particulièrement simple. C'est l'image épurée du monde qu'il a très précautionneusement mis au jour et qu'en métaphysicien, il a fini par accepter. Il est – pour ainsi dire – le résultat de la mise au net du *monde* qu'il a si souvent ébauché. Mais ce *monde* n'est pas pour autant sans surprise. En encrant son ébauche, Leibniz ne s'est pas contenté de n'en retenir que les traits principaux. Il l'a recomposée. Il lui a donné une profondeur en prenant Dieu comme point de fuite, et a réussi de cette manière à y intégrer celui qui l'a dessinée, la rendant du même fait définitivement inaltérable.

Malheureusement, ce *monde* est incompréhensible, ou presque. Sa simplicité le rend quasiment indéchiffrable. Plus rien n'indique comment il a pu naître. Leibniz a gommé tous les traits qui auraient pu nuire à sa clarté, et ceux qui restent sont rares. On y retrouve les thèses du *Discours de métaphysique* et des correspondances tardives. On y devine encore les réflexions sur l'harmonie du monde qui le guidaient à son retour de Paris, et la tentation qui fut sienne de spiritualiser l'univers. La conclusion de la *Confessio philosophi*, elle-même déduite de l'*Hypothesis physica nova*, est – bien entendu – présente. Mais on chercherait en vain la moindre trace lisible des développements qui y ont conduit: la critique du mécanisme, et plus particulièrement de l'atomisme, la tentative de résolution du problème de la cohésion, et l'élaboration d'une cosmologie, qui n'a pourtant jamais été reniée. Plus grave: la référence constante à Aristote est désormais absente, l'outil mathématique qui s'était avéré indispensable n'est même plus décrit et la recherche physique qui conduisit à l'identification des substances est soigneusement tue. Tant et si bien que du modèle à sa représentation, du phénomène à la description du réel dont il résulte, du monde au *monde*, la distance paraît dorénavant infinie.

5 Trois *mondes* négligés

Au début du XVIIIe siècle, qui cherchait à se faire une image adéquate du monde n'était donc pas condamné, comme semblait vouloir le laisser entendre Voltaire, à choisir entre celle défendue dans les *Principes de la Philosophie* et celle présentée dans les *Principia Mathematica Philosophiae Naturalis*.

Outre celui de l'*Opticks*, qui ne réussira pas davantage à s'imposer, au moins trois autres *mondes* sont alors disponibles.

Selon Malebranche, le monde n'est qu'étendue; une étendue infiniment divisée et continûment animée de mouvements. Les corps, composés d'une infinité de tourbillons, et pris eux-mêmes dans une infinité de tourbillons, sont des portions de cette étendue, auxquelles les corps environnants confèrent une certaine unité et une dureté relative, et toute modification de l'état de mouvement de l'un d'entre eux résulte d'un choc, à l'occasion duquel Dieu répartit le mouvement conformément à l'unique loi de la conservation de la quantité vectorielle de mouvement et, de ce fait, maintient continuellement dans l'existence cet ensemble de parties inertes en garantissant à chaque instant leur contiguïté, et donc l'unité du tout qu'elles forment.

Pour Spinoza, en revanche, n'existe fondamentalement que la substance, unique et divine, et ses attributs; au nombre desquels l'étendue; une étendue infiniment divisée et continuellement traversée de mouvements qui, lorsqu'ils s'y trouvent en proportion déterminée avec du repos, y découpent ces individus que sont les corps. Et ces modifications de l'étendue, conformément à l'unique loi de conservation de la proportion de mouvement et de repos, qui traduit au niveau phénoménal l'unité substantielle, se composent de proche en proche pour finalement constituer cet individu véritable qu'est le monde.

Selon Leibniz, enfin, n'existe réellement qu'une infinité de substances, ingénérables, indestructibles, toutes différentes, indépendantes mais accordées, situées hors du temps et de l'espace, et ordonnées suivant une hiérarchie dont Dieu occupe la place la plus élevée. Forces primitives, à la fois passives et actives, ces monades, en s'actualisant, engendrent l'étendue grâce aux forces, inertielles et vives, qui en dérivent et génèrent l'impénétrabilité; impénétrabilité qui est à l'origine des corps, et donc de l'espace et du temps, c'est-à-dire du monde, cet ensemble de phénomènes harmoniques soumis à l'unique loi de la conservation de la force vive.

Le choix était donc nettement plus large que ne l'écrivait Voltaire, et si ces trois autres *mondes* étaient indiscutablement plus difficiles d'accès parce qu'aucun ouvrage ne leur avait été spécifiquement consacré, il reste que, compte tenu de la réputation de leurs auteurs, personne, dans l'Europe savante, ne pouvait ignorer leur existence. Et qui s'y était sérieusement intéressé devait savoir que s'ils étaient indéniablement plus spéculatifs que ceux de Newton, ces trois *mondes* n'en avaient pas moins été conçus par des esprits aussi soucieux d'exactitude que de complétude, et devait au moins avoir relevé qu'en la matière, Spinoza, Malebranche et Leibniz, s'étaient de toute évidence affranchis de l'influence de Descartes et ne partageaient quasiment plus avec lui que le refus du vide et de tout autre mode d'action que le choc.

Compléments

1. [Note 26, p. 10] — Il n'est pas très original de le relever: l'étude de la philosophie cartésienne est sans doute l'une de celles qui ont le plus souffert des progrès réalisés en science et de l'humiliation qu'ont curieusement cru devoir en ressentir bon nombre de philosophes. Sans aller jusqu'à prétendre que cette philosophie se réduit à une philosophie de la nature et sans refuser de reconnaître que, si l'on avait dû ne connaître de Descartes que sa seule physique (pour autant que ceci soit imaginable), son nom n'évoquerait vraisemblablement pour nous – comme cela semble d'ailleurs être le cas pour la majorité des physiciens contemporains – que le souvenir d'un étrange égarement, nous voudrions toutefois dénoncer ici l'erreur qui consiste à ne voir en cette physique qu'un prolongement malheureux d'une grande philosophie. Tout d'abord, Descartes entendait clairement être physicien, et le fut; il suffit de parcourir ses œuvres pour se rendre compte de l'immense proportion de textes consacrés à des questions dont on traite aujourd'hui dans les manuels de physique. Ensuite, tous les philosophes qui vinrent après lui et que l'on s'accorde généralement à qualifier de physiciens, de Huygens à Newton, le reconnurent comme tel; A. Koyré et plus récemment J. Herivel, par exemple, ont remarquablement montré comment la physique newtonienne, et donc la nôtre, s'est érigée en prenant appui sur des points précis de cette physique que l'on préfère désormais oublier. Enfin, Descartes luimême, bien loin de la tenir pour accessoire, considérait sa physique – en ce compris sa physiologie – comme l'achèvement de son système; sa biographie et son œuvre maîtresse en témoignent.

C'est plus d'une douzaine d'années après la nuit d'illumination mystique du 10 novembre 1619, au mois de juin 1632, que Descartes entreprit la composition du *Monde ou Traité de la lumière*. Au mois de novembre de l'année suivante, tandis qu'il rédigeait le *Traité de l'homme* qui devait prolonger ce premier livre, il apprit la condamnation de Galilée par le Saint-Office et choisit aussitôt d'ajourner *sine die* la publication de ces deux traités qu'attendaient pourtant avec la plus grande impatience tous ceux qui, comme Beeckmann, avouaient n'avoir jamais rencontré personne «qui unît si étroitement dans ses études la physique et la mathématique»[618]. Ce n'est finalement qu'en 1664, soit quatorze ans après sa mort, que Clerselier publia ces textes sous les titres que nous connaissons. Descartes, cependant, ne cessa jamais d'y faire allusion et renvoya fréquemment à «son Monde» les correspondants qui l'interrogaient sur sa physique. En 1636, ses disciples de plus en plus nombreux, purent en lire une longue évocation dans la cinquième partie du *Discours de la méthode*, première œuvre qu'il publiait mais n'illustrait qu'au moyen de la *Dioptrique*, des *Météores* et de la *Géométrie*, fruits de recherches antérieures et seules parties de sa physique qu'il osait alors dévoiler. Il n'en révéla enfin le contenu précis qu'en 1644 dans un ouvrage dont il désirait faire un manuel à l'intention des étudiants et qu'il avait songé intituler *Summa Philosophiae*[619]. Le livre reçut finalement le titre de *Principia Philosophiae* et parut en français en 1647, dans une traduction revue par Descartes, sous le titre de *Principes de la philosophie*. Il est divisé en quatre parties de longueurs croissantes. La première, *Des principes de la connaissance humaine*, compte une cinquantaine de pages et reprend le contenu des quatre premières parties du *Discours de la méthode* et celui des cinq premières *Méditations métaphysiques* parues en latin en 1641. La deuxième partie, *Des principes des choses matérielles*, s'ouvre par un court résumé de la sixième *Méditation métaphysique* et présente, en quelque septante pages, l'élaboration de ce que l'on peut appeler, à la suite de Leibniz, une physique abstraite. Les troisième et quatrième parties, intitulées *Du monde visible* et *De la Terre*, comptent respectivement cent trente et deux cent soixante pages, et sont entièrement consacrées à la présentation de la physique concrète. S'il est incontestablement l'œuvre d'un philosophe, ce livre, que Descartes garda toute sa vie par-devers lui et qu'il entendait présenter comme une somme de sa philosophie, est donc avant

618 Cité in MOUY 1934 p. 2.

619 Cf. *Lettre à Regius du 31 janvier 1642*, A.T. III p. 523, citée in MOUY 1934 pp. 17-18.

tout un traité de physique, dont des œuvres aussi fréquemment citées que le *Discours de la méthode* et les *Méditations métaphysiques* n'apparaissent que comme les prolégomènes.

Pour cette raison, et parce que tous les auteurs que nous étudions se sont également permis de le faire, il nous a semblé que ce n'était pas trop s'éloigner de la vérité que de feindre que le but premier de Descartes était la construction de son *Monde*.

2. [Note 53, p. 17] — Les deux remarques qu'il nous semble nécessaire de faire à propos de cette quantité de mouvement introduite par Descartes sont les suivantes. La première est qu'il semble tout à fait injustifié de noter cette quantité sous la forme du produit m·v (où v désignerait la vitesse et m, la masse). Cette transcription est très fréquemment proposée, et les auteurs qui la défendent le font généralement en prétextant de l'homogénéité parfaite de la matière dans le monde de Descartes et en arguant du fait qu'une telle notation rend très évident ce que la physique moderne doit à celui-ci. En l'adoptant, on s'interdit cependant selon nous de prendre l'exacte mesure de la révolution considérable qui consista à doter la matière d'une masse et qui fut l'œuvre des successeurs de Descartes. Ce faisant, on se condamne en outre à ne plus apercevoir la raison profonde pour laquelle Descartes définit cette quantité et qui tient à ceci que cette quantité est la seule dont des variations locales soient compatibles avec l'absence de vide qu'il postule; autrement dit, cette quantité est celle que Descartes doit prendre en compte pour que son *Monde* puisse contenir du mouvement. Si l'on tient absolument à noter symboliquement cette quantité de mouvement, la seule solution correcte consiste donc à adopter la notation (g · v) (où v désigne la vitesse et g, la grandeur ou le volume du corps). La seconde remarque que nous devons faire concerne l'hypothèse, très souvent attribuée à Descartes, d'une chiquenaude initiale que Dieu aurait donnée au monde lors de la création. A la lecture des *Principes de la philosophie*, il apparaît en effet clairement qu'une telle interprétation est intenable. Comme l'a notamment signalé M. Guéroult[620], selon Descartes, lorsque Dieu crée le monde, Il crée à la fois l'espace, le repos et le mouvement, et Il ne crée pas l'espace et le repos, puis le mouvement; ce qui rendrait d'ailleurs totalement incompréhensible la thèse, bien cartésienne celle-là, de la conservation de la quantité de mouvement initiale.

---

620 GUÉROULT 1953 et 1954 p. ex.

3. [Note 55, p. 18] — Suivant la suggestion faite dans le Complément 2, nous pourrions écrire la première loi sous la forme $g \cdot v = cste$. Mais pour transcrire symboliquement la deuxième, nous devrions inventer un symbole susceptible de traduire ce que Descartes entendait par «détermination» d'un corps. En choisissant de l'interpréter comme ce que nous appelons aujourd'hui un «vecteur», mais privé de grandeur, nous pourrions par exemple représenter cette détermination par une flèche et dès lors donner à cette loi la forme $g \cdot \rightarrow = cste$ qui, pour inutilisable qu'elle serait, aurait au moins le mérite de rappeler que ces deux lois n'annoncent le principe d'inertie, $m\vec{v} = cste$, qu'à la condition d'être considérées simultanément. Notons encore que dans *Le Monde*, Descartes présentait ces deux lois séparées l'une de l'autre par la troisième. Les *Principia Philosophiae* marquent donc incontestablement un progrès, mais un progrès insuffisant; pour parvenir à énoncer le principe d'inertie, il aurait non seulement fallu encore attribuer une masse à la matière, mais aussi penser vectoriellement la vitesse, c'est-à-dire joindre en un seul concept la vitesse et la «détermination».

4. [Note 117, p. 44] — Il est amusant de noter que, d'après une confidence qu'aurait faite Newton lui-même à Coste bien après la mort de Locke en 1704 et que le traducteur s'empressa de mettre en note de la deuxième édition française de l'*Essay Concerning Human Understanding* parue en 1729[621], le scénario ébauché ici serait précisément celui auquel faisait allusion Locke lorsqu'il écrivait dans un passage de son *Essay*, à propos duquel Leibniz n'allait d'ailleurs cesser de s'interroger[622], que

> si nous voulions nous éloigner un peu des idées communes, donner l'essor à notre esprit, & nous engager dans l'examen le plus profond que nous pourrions faire de la nature des choses, nous pourrions en venir jusqu'à concevoir, quoique d'une manière imparfaite, comment la Matière peut d'abord avoir été produite, & avoir commencé d'exister par le pouvoir de ce premier Etre éternel[623].

Mais, pour autant toutefois que soient exactes les conclusions des études historiques consacrées aux influences qu'exercèrent l'un sur l'autre Locke et Newton[624], cette remarque nous indique plus sérieusement à quel point

621 Cf. LOCKE 1690 p. 523.
622 Cf. BENNETT and REMNANT 1978.
623 Cf. LOCKE 1690 pp. 522-523.
624 Cf. AXTELL 1965, MCGUIRE 1970 et ROGERS 1978 p. ex.

Newton tenait à ce scénario. Si celui-ci pensait, à tort ou à raison, l'avoir suggéré à Locke, c'est en effet que lors de leur première rencontre, soit à la fin de 1689 et donc après les *Principia,* il le jugeait encore plausible.

5. [Note 122, p. 46] — Si l'on en juge par les *Quaestiones quaedam philosophicam* insérées dans le *Philosophical Notebook* qu'il tint à partir de 1661, c'est très tôt que Newton s'intéressa aux phénomènes optiques. Elève au Trinity College de Cambridge, il fut rapidement convaincu de la nature corpusculaire de la lumière et ne put accepter ni l'explication mécanique de Descartes ni l'hypothèse ondulatoire de Hooke. Selon Descartes, le monde était constitué de trois éléments dont le deuxième, composé de «parties presque toutes rondes», formait la matière des Cieux; et la lumière, objet d'étude de la *Dioptrique,* des paragraphes 52 à 64 de la troisième partie des *Principes de la philosophie,* et du *Monde ou Traité de la lumière*, consistait en la pression instantanée qu'exerçaient les corps lumineux, tels le Soleil et les étoiles, sur les corps terrestres par l'intermédiaire du second élément; quant aux couleurs, elles résultaient de la rotation des «globules» de ce même élément. Après avoir beaucoup expérimenté, Hooke avait abandonné la théorie cartésienne et avait attribué la lumière à un mouvement de la matière du corps lumineux qui se communiquait, avec une vitesse très grande mais finie, aux corps éclairés par l'intermédiaire du milieu ambiant. Pour rendre compte de la non-décomposition de l'objet lumineux, siège d'un tel mouvement, il supposait celui-ci vibratoire, l'inclinaison de la vibration par rapport à la direction de propagation permettant en outre d'expliquer les diverses couleurs. Sans négliger le progrès accompli par ces prédécesseurs, Newton choisit pour sa part – conformément à la méthode que résument les mots célèbres *Hypotheses non fingo* – de ne pas substituer à leurs hypothèses celle qui aurait sa préférence et de simplement «énoncer les propriétés de la lumière et de les prouver par raison et expériences»[625]. Il reprit vers l'*annus mirabilis* 1666 l'étude expérimentale de la dispersion chromatique et refit ensuite les expériences des lames minces décrites par Hooke dans sa *Micrographia.* Comme en témoignent les *Lectiones Opticae* rédigées vers la fin de 1669, ce ne fut pourtant qu'à l'étude des phénomènes prismatiques qu'il consacra ses premiers cours à Cambridge. Et dès qu'il se jugea en possession de sa théorie des couleurs, il l'exposa aux membres de

625 *Opticks* p. 5.

la Royal Society dans une lettre envoyée à Oldenburg qui, légèrement remaniée, parut le 19 février 1672 dans les *Philosophical Transactions.* Vinrent alors quatre années éprouvantes aux cours desquelles il dut répondre aux critiques de Hooke, Huygens, Pardies, Linus et Lucas, et à l'issue desquelles deux textes, reprenant enfin l'analyse des expériences des lames minces, furent lus devant la Royal Society. Newton s'opposa cependant à la publication de cette *Hypothesis Explaining The Properties of Light Discoursed of in my Several Papers* et de ce *Discourse of Observations,* et se détourna presque complètement de l'optique pendant une douzaine d'années pour se consacrer à des études de mathématiques, d'alchimie, de théologie et de mécanique. Après la parution des *Principia* en 1687, il reprit ses recherches alchimiques et entama la rédaction d'un traité d'optique qui devait se conclure par une démonstration de l'utilité du concept d'action à distance dans l'étude des phénomènes lumineux. Il écrivit le Livre I consacré à la théorie des couleurs en réorganisant la *New Theory about Light and Colours* envoyée à Oldenburg en 1672, rédigea le Livre II, dédié à l'étude de la réflexion, à partir de l'*Hypothesis Explaining the Properties of Light* et du *Discourse of Observations*, mais suspendit son projet vers 1694 en abandonnant l'idée du Livre IV qui devait couronner ses travaux d'optique et de mécanique. Ce ne fut finalement qu'en 1704 qu'il se rendit aux «instances de quelques amis»[626] et accepta de publier l'*Opticks*, composé des Livres I et II, d'un Livre III consacré au phénomène de diffraction et de seize *Queries*. Deux ans plus tard parut la première édition latine où il introduisit sept nouvelles *Queries*. Et en 1718, parut la deuxième édition anglaise dans laquelle il ajouta encore huit *Queries* qu'il fit placer entre celles de la première édition et celles de l'édition latine, revues à cette occasion[627].

6. [Note 122, p. 46] — Si – comme nous l'avons montré dans le Complément 5 – il est donc possible de reconstituer le développement chronologique général de l'*Opticks*, il faut néanmoins reconnaître qu'il est très difficile de dater exactement cette partie du Livre I qui précède l'exposé de la théorie des couleurs et à laquelle nous venons de faire référence. Comme nous l'avons laissé entendre, il est vraisemblable que sa rédaction date du début

626 *Optique* p. 33.

627 Cf. la postface de M. Blay à l'*Optique*, BLOCH 1908, COHEN 1987, FAUVEL et al. 1988, GJERTSEN 1986, HANSON 1960, RONCHI 1956, TATON 1957, WESTFALL 1970 et surtout WESTFALL 1980.

des années 1690. Que ce soit le cas et que l'on puisse en déduire avec tous les spécialistes qu'il ne faut considérer la décision de Newton de définir la lumière en termes de rayons que comme une tentative tardive d'escamoter l'hypothèse corpusculaire qui paraît avoir effectivement guidé ses recherches[628], nous n'en disconviendrons pas. Mais nous voudrions souligner que ce serait une erreur d'en conclure que ce sont les résultats de ses travaux qui ont conduit Newton à présenter l'optique comme il l'a fait.

A l'exception des définitions VII et VIII des lumières composées et simples et de leurs couleurs, et du commentaire qui suit la définition II et fait allusion à la mesure de la vitesse de la lumière par Roemer, toutes les définitions et tous les axiomes qui ouvrent l'*Opticks* auraient en effet pu être écrits par Newton dès le début de ses recherches: les axiomes énoncent les lois de l'optique («géométrique» comme nous l'appelons aujourd'hui) que connaissait déjà Descartes, et les définitions sont celles des seules caractéristiques de la lumière qu'avait à ce moment relevées Newton, qui ignorait encore le phénomène de diffraction étudié par Grimaldi dans son *De lumine* paru en 1665. Il est d'ailleurs fort probable que Newton ne prit connaissance de ce phénomène qu'après 1672 à la lecture d'un livre de Fabri qui mentionnait les résultats de Grimaldi, et le fait qu'il se refusa à mettre la flexibilité au nombre des dispositions des rayons de lumière apporte une preuve supplémentaire du caractère programmatique que nous attribuons à cette première partie du Livre I. Si nous lisons le texte de l'*Opticks* en suivant la chronologie résumé dans le Tableau 1 (p. 47), c'est en tenant compte de cette remarque, de l'historique retracé au Complément 5 et de l'avertissement de Newton

> *[Une] partie du Discours qui suit et concerne la lumière fut écrite à la demande de quelques Membres de la Royal Society, en l'an 1675, et envoyée ensuite à leur Secrétaire, et lue à leurs assemblées, et le reste fut ajouté, environ douze ans plus tard afin de compléter la Théorie; à l'exception du troisième Livre, et de la dernière Proposition du Second, qui furent rassemblés depuis à partir de Papiers épars*[629].

7. [Note 131, p. 51] — L'*Experimentum Crucis* de 1675[630] consistait à interrompre un faisceau de lumière solaire par un prisme, à envoyer successivement les lumières qui en émergent sur un autre prisme (au moyen du

---

628 Cf. par exemple la postface de M. Blay à l'*Optique* et RONCHI 1956.

629 *Opticks* p. 3.

630 *A New Theory about Light and Colours* in *Papers and Letters on Natural Philosophy* p. 50.

dispositif illustré à la fig. 26) et à constater que les rayons les plus réfractés par le premier prisme sont aussi ceux que réfractent le plus le second.

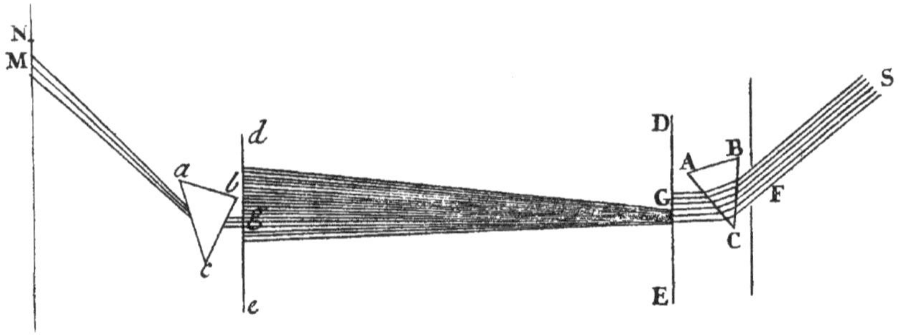

Figure 26

8. [Note 138, p. 52] — La plus jolie de ces expériences est celle qui consiste à envoyer un faisceau de lumière solaire sur deux prismes A B C D et à constater que, lorsqu'on fait tourner ces deux prismes dans l'ordre A, B, C, D, une lumière d'une couleur donnée émerge du prisme VXY dès que disparaît la lumière de même couleur qui sortait du prisme IKH, et que les lumières qui sont les premières à être réfléchies et à émerger du prisme VXY sont celles qui étaient les plus réfractées par le prisme IKH.

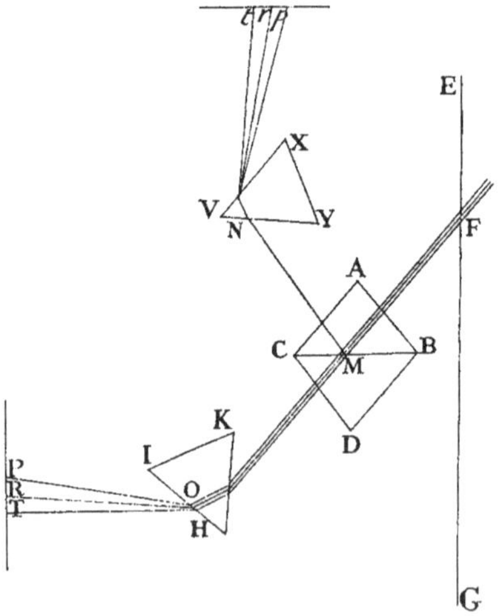

Figure 27

9. [Note 143, p. 54] — Si on se limite aux premiers anneaux réfléchis par une lentille de rayon de courbure R déposée sur une plaque de verre, l'épaisseur de la couche d'air se calcule aisément comme suit:

$$e = R - R\cos\theta = R(1 - \cos\theta)$$

$$\text{Si } \theta \text{ petit, alors } e \cong R\left(1 - \left[1 - \frac{\theta^2}{2}\right]\right) = \frac{R\theta^2}{2}$$

$$\text{et } \theta \cong \frac{r}{R}$$

$$\text{donc, } e \cong \frac{r^2}{2R}$$

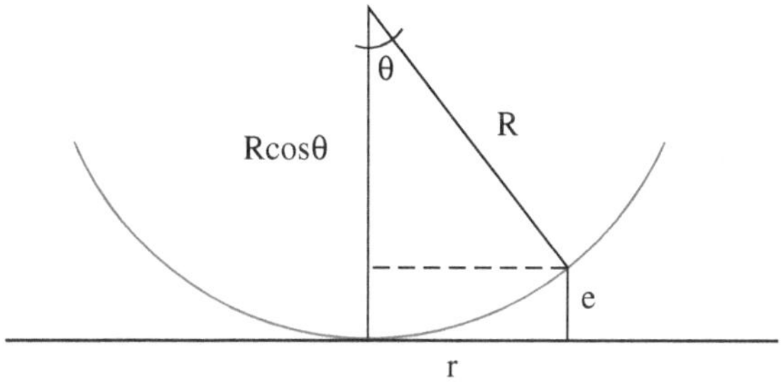

10. [Note 147, p. 56] — Newton cherchait à rendre compte de l'alternance d'arcs de cercles blancs et noirs dans la lumière réfléchie par une mince plaque de verre vue à travers un prisme (fig. 28), et il illustrait son explication par une figure montrant comment deux cercles concentriques de couleurs différentes AV et BX pouvaient – en fonction de ces couleurs – plus ou moins s'imbriquer lorsqu'ils étaient vus à travers un prisme (fig. 29).

Figure 28

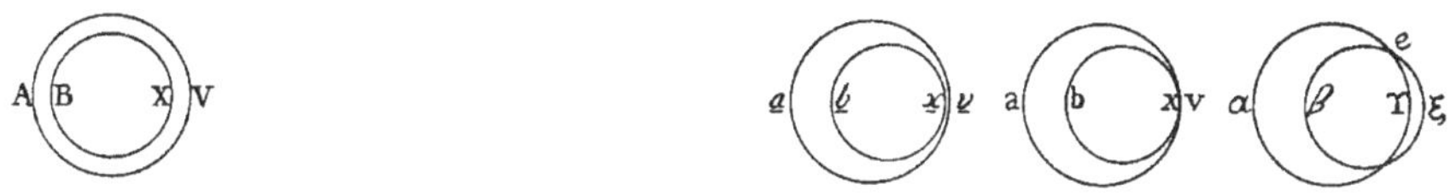

Figure 29

11. [Note 170, p. 66] — Newton ne qualifia jamais d'«essentielles» ces qualités fondamentales des corps qu'étaient pour lui la dureté, l'impénétrabilité, l'étendue, la mobilité et l'inertie, même si, dans la seconde édition des *Principia,* après avoir explicitement donné ces propriétés comme exemples de

> qualités des corps [qui ...] doivent être regardées comme appartenantes à tous les corps en général[631],

il juga bon de préciser:

> Cependant, je n'affirme point que la gravité soit essentielle aux corps[632].

Ce qui invite de fait à penser que dans son esprit, celles-ci, à l'inverse de cette gravité, étaient bien telles. Et l'étude des brouillons des *Principia* montre clairement son hésitation à user de cette appellation, sans toutefois en dévoiler les véritables raisons[633]. Peut-être faut-il y voir la conséquence d'une opposition à Locke et à Boyle, dont la distinction entre qualités premières, «originales» ou «essentielles», et qualités secondes[634], ne recoupait pas exactement celle que ses travaux d'optique lui inspirait[635].

12. [Note 171, p. 67] — A propos de cette troisième définition des *Principia*, on remarquera que, contrairement à ce qu'il faisait encore en 1664[636], Newton y parle, non plus d'un simple «état de mouvement» mais d'un «état de repos ou de mouvement *rectiligne uniforme*», c'est-à-dire qu'il y prend explicitement en compte le caractère vectoriel de la vitesse. Concernant cette même définition, il convient d'autre part de signaler que la nécessité de prendre en considération la masse des corps, et non plus leur simple volume, lui avait été clairement suggérée par Wallis et Wren qui, dès 1669, avaient établi les lois correctes des chocs entre corps inélastiques et entre corps élastiques en prenant en compte leurs poids. Leurs articles avaient en effet paru dans les *Philosophical Transactions* de la Royal Society. Rien n'indique, en revanche, que Newton avait alors eu connaissance de la

---

631 *Ibidem*, p. 3.

632 *Principia.* Livre III, troisième règle des *Règles nécessaires pour philosopher,* p. 4 du tome II de la traduction de Mme du Chastellet.

633 Cf. McGuire 1970

634 Cf. Locke 1690 et Alexander 1985.

635 Cf. note 166 (p. 64).

636 Cf. la citation afférente à la note 107 (p. 42).

dérivation de certaines de ces lois publiées par Huygens dans le *Journal des Savants* de cette même année[637].

13. [Note 191, p. 73] — Il convient de noter, comme l'a fait McMullin[638], que, lorsqu'il évoque les forces qui seraient responsables de la réfraction et de la réflexion, Newton parle de «forces [...] quasi proportionelles aux *densités* de ces [...] corps»[639], et non de forces quasi proportionnelles à leurs masses. Ceci pourrait laisser croire que, pour parvenir à expliquer les phénomènes optiques en termes de forces à distance, Newton était prêt à abandonner la fameuse loi des *Principia* que nous écrivons aujourd'hui:

$$\vec{F} = m\vec{a} \qquad \text{où } \vec{a} = \frac{d^2\vec{x}}{dt^2}$$

Le fait qu'il préféra généralement utiliser les termes de *puissance* et de *vertu* pour désigner ces nouvelles actions à distance et le fait qu'il n'ait pu obtenir les résultats évoqués à la note précédente qu'en utilisant cette loi indiquent toutefois clairement qu'il n'en était rien. En commettant ce que l'on pourrait interpréter comme une maladresse, Newton souhaitait – selon nous – simplement laisser entendre que ces forces pouvaient éventuellement différer davantage de la force gravitationnelle que par la valeur de la constante qui y aurait tenu la place de la constante G. Si l'on se souvient que l'intention qui animait Newton lors de ses premiers travaux était de découvrir «la nature des corps [...] et celle de la lumière»[640] et si l'on veut bien admettre qu'en dépit du succès des *Principia* cette intention était encore la sienne au moment d'utiliser cette expression – manifestement incorrecte pour les «newtoniens» que nous sommes –, on reconnaîtra qu'en fait, Newton cherchait alors à déterminer les propriétés des rayons lumineux, plutôt qu'à préciser l'expression mathématique d'une force. Il lui importait donc, dans un premier temps, de laisser cette expression la plus vague possible afin de ne pas négliger certaines propriétés, caractéristiques des corps, mais que pouvaient également posséder les rayons et dont les valeurs pouvaient par conséquent déterminer la grandeur des forces. Or, en disant seulement ces forces proportionnelles aux

637 Cf. DUGAS 1955 pp. 173-180 pour une analyse de ces travaux et, plus particulièrement, MOUY 1934 pp. 194-200 pour une étude du travail de Huygens.

638 P. ex. in MCMULLIN 1978 pp. 87-94.

639 Cf. citation afférente à la note 191 (p. 73).

640 *Opticks* p. 176.

densités des corps – et donc, en vertu de la troisième loi des *Principia*, proportionnelles à celles des rayons –, Newton laissait précisément ouvertes les deux possibilités qui restaient. Ni la dureté, ni l'impénétrabilité[641], ni la vitesse (puisque Flamsteed, l'astronome du roi, lui avait répondu négativement lorsqu'il lui avait demandé s'il avait constaté une variation de la couleur de la lumière lors de ses observations des éclipses des satellites de Jupiter[642], ne paraissait responsable de la variation du mouvement des rayons; seules s'avéraient susceptibles de l'être leur masse et leur étendue.

14. [Note 192, p. 74] — Newton ne connaissait évidemment pas l'expression mathématique exacte de cette force; il la cherchait et – comme nous le verrons – il abandonna d'ailleurs cette recherche assez rapidement. L'interprétation, que nous avons donnée dans le Complément 13, de la maladresse dont il aurait fait preuve en parlant de «forces proportionnelles aux densités des corps» permet cependant d'éviter de se perdre en conjectures. La force agissant sur un rayon lumineux devait manifestement être extrêmement forte et à très courte portée. Or, pour que restent acquis les résultats qu'il avait obtenus à la quatorzième section des *Principia* et qu'il entendait purement et simplement transposer au cas de rayons tombant sur un corps, Newton devait aussi supposer cette force proportionnelle à la masse des rayons. Il n'y avait donc que deux solutions possibles: soit cette force était directement proportionnelle au produit de la masse du rayon et de celle du corps sur lequel il tombe, et inversement proportionnelle à la distance, entre les rayons et le corps, élevée à une puissance supérieure à 2; soit cette force était analogue à la force gravitationnelle, c'est-à-dire proportionnelle au produit des masses et inversement proportionnelle au carré de la distance, mais la distance séparant le centre du rayon du centre du corps – ou de celui de son constituant à proximité duquel le rayon passe – pouvait être extrêmement petite. En optant pour la première de ces solutions, Newton aurait dû se résigner à ne pouvoir calculer l'effet total des différentes parties du corps attracteur en calculant l'effet produit par une masse, égale à la somme des masses des parties du corps, placée au centre de masse de celui-ci; cette équivalence ne tenant plus pour des forces inversement proportionnelles à la distance élevée à une puissance supérieure à 2. Cette solution s'avérait donc

641 Cf. la citation correspondant à la note 187 (p. 72).

642 Cf. McMullin 1978 p. 90 note 178 et Westfall 1980 p. 520.

fort pénible. La seconde n'avait pas cet inconvénient et offrait en outre la possibilité de mieux connaître les propriétés des rayons; si elle était exacte, elle permettait en effet de déterminer leurs masses et leurs dimensions. Newton choisit dès lors celle-là. Et d'autant plus volontiers qu'il y voyait assurément la possibilité de rendre compte du même coup de la variation de la réfrangibilité en fonction de la couleur, et donc de celle de la réflexivité, et qu'il y entrevoyait sans doute aussi la possibilité d'enfin expliquer la présence de ces *series lucidae*, ces traînées lumineuses et colorées, dont Grimaldi avait observé qu'elles bordaient l'ombre d'un objet opaque et avait noté qu'elles étaient bleuâtres vers l'intérieur de l'ombre et rougeâtres vers l'extérieur[643]. Si les forces qu'exercent les uns sur les autres les rayons de lumière et les constituants des corps étaient semblables aux forces gravitationnelles, il devenait en effet possible d'expliquer tous ces phénomènes en attribuant simplement une masse aux rayons et en faisant dépendre la couleur d'un rayon de sa dimension; ce que suggèrera explicitement Newton[644].

15. [Note 193, p. 74] — Cette citation de la Query 29[645] confirme ce que nous suggérions dans le Complément 13 et le Complément 14, à savoir que Newton entendait effectivement lier la couleur d'un rayon à sa taille et escomptait y parvenir en utilisant l'équivalence entre l'effet total produit par les masses de différentes parties d'un rayon et l'effet produit par une masse, égale à la somme de ces masses, placée au centre de masse du rayon; équivalence dont il avait démontré qu'elle ne tenait que pour des forces inversement proportionnelles à la distance ou au carré de la distance. Son idée était apparemment celle-ci: un rayon Violet, ayant la même masse mais un volume plus petit qu'un rayon Rouge, peut avoir son centre à distance plus petite du centre du corps, à proximité duquel il passe, que ne peut l'avoir un rayon Rouge. Ce rayon peut donc être davantage attiré, même si la force qu'il subira lorsque son centre occupera un point que pourrait aussi occuper le centre d'un rayon Rouge sera toujours égale à celle que subirait ce rayon Rouge. Et par la troisième loi des *Principia*, ce rayon peut donc davantage attirer le corps près duquel il passe, que ne peut le faire un rayon Rouge[646].

---

643 Pour une analyse du troisième livre de l'*Opticks* consacré à la diffraction, cf. p. ex. la postface de M. Blay à l'*Optique*.

644 Cf. citation afférente à la note 193 (p. 74).

645 *Opticks*, p. 240.

646 On comparera ceci avec l'analyse proposée in McMULLIN 1978 pp. 89-93.

16. [Note 228, p. 88] — En écrivant sous la forme

$$v = \left[\frac{e}{d}\right]^{1/2} = [e \cdot \rho]^{1/2}$$

(v, d, e et ρ désignant respectivement la vitesse, la densité, l'élasticité et la rareté) le résultat obtenu dans les *Principia*, on peut résumer le raisonnement précité de la manière suivante:

$$v_{\text{éther}} > v \text{ de la lumière} \cong 700.000\ v_{\text{air}} \text{ du son, et } v = [e \cdot \rho]^{1/2}$$

donc

$$[e_{\text{éther}} \cdot d^{-1}_{\text{éther}}] > (700.000)^2\ [e_{\text{air}} \cdot d^{-1}_{\text{air}}] = 490.000.000.000\ [e_{\text{air}} \cdot d^{-1}_{\text{air}}]$$

17. [Note 229, p. 89] — Newton postule ici ce qu'il allait déduire deux ans plus tard d'une expérience de Desaguliers[647], à savoir que la résistance r d'un milieu est proportionnelle à sa densité, c'est-à-dire $r \propto d$, et il utilise le rapport de 1 à 860 établi expérimentalement entre les densités de l'air et de l'eau. Son hypothèse consiste à réécrire le résultat précédent sous la forme

$$[e_{\text{éther}} \cdot d^{-1}_{\text{éther}}] > [700.000\ e_{\text{air}}] \cdot [700.000\ d^{-1}_{\text{air}}]$$

et à supposer que l'inégalité vaut pour chaque paire de facteurs. Il vient alors immédiatement:

$$r_{\text{éther}} \propto d_{\text{éther}} < \frac{1}{700.000} d_{\text{air}}$$

$$= \frac{1}{700.000} \cdot \frac{1}{860} d_{\text{eau}} \cong \frac{1}{600.000.000} d_{\text{eau}} \propto \frac{1}{600.000.000} r_{\text{eau}}$$

18. [Note 232, p. 90] — Si l'idée que nous avons tenté de nous faire, dans le Complément 14, de la force à distance entre les corps et les rayons, qu'avait proposée Newton, est correcte, cette nouvelle proposition touchant cette fois à la force de répulsion entre les particules d'éther semble en être la simple reprise: la force gravitationnelle exercée par un corps de masse M sur un autre de masse m étant d'autant plus grande qu'est petite la distance r séparant leurs centres, cette force *pourra* être d'autant plus grande qu'il sera possible au corps de masse m de se trouver à faible distance du centre du

647 Cf. p.ex. GJERTSEN 1986 p. 168.

corps de masse M. La force que *pourra* subir ce corps dépend donc tout simplement de la masse M et du rayon R du corps qui l'exerce. En d'autres termes, «l'extrême petitesse [de ce corps] pourrait contribuer à la grandeur de la force»[648]. Notons encore pour terminer que, comme n'a pas manqué de le remarquer Kant[649], cette idée convient nettement mieux à une force de répulsion qu'à une force d'attraction et que, si cette idée est bien celle qu'avait Newton, il n'est guère étonnant qu'il ait songé à remplacer les forces d'attractions qu'il avait précédemment introduites par des forces de répulsions dont la nature s'accordait du reste parfaitement à celle des particules du *milieu subtil* entre lesquelles elles devaient s'exercer.

19. [Note 237, p. 98] — Les commentateurs de Spinoza s'accordent pour reconnaître qu'il demeure très malaisé d'établir la chronologie exacte de la réflexion dont l'*Ethique* est généralement présentée comme le résultat. Expliquent cette difficulté la pauvreté des témoignages directs, la propre discrétion de Spinoza, les lacunes de sa correspondance, le fait qu'il ait très peu publié, les datations incertaines de nombreux textes qui nous sont parvenus, la brièveté de la période précédant celle de la rédaction de l'*Ethique*, et surtout l'originalité et la complexité de sa pensée. Plusieurs chronologies différentes ont donc été présentées, et, dans l'incertitude, de nombreux lecteurs ont préféré croire que le seul texte de l'*Ethique* suffisait à sa compréhension. Malheureusement, cette position minimaliste est intenable: on peut certes lire l'*Ethique* sans s'aider des textes qui l'ont précédée, mais on ne peut alors – nous semble-t-il – véritablement la comprendre. Le texte est en effet par endroits si peu explicite que celui qui choisit de s'y tenir se trouve forcé de deviner ce qu'il pourrait signifier. Et les textes antérieurs paraissent si souvent contradictoires que s'y référer sans y avoir préalablement découvert un ordre ne saurait suffire à l'éclairer. Nous nous sommes donc trouvé dans l'obligation de tenter de reconstituer la chronologie du travail spinoziste. Fort heureusement, la seule chronologie qui nous ait paru admissible

---

648 Il ne nous paraît donc pas y avoir – si cette interprétation est correcte – l'incompatibilité, que croient devoir dénoncer Cantor et Hodge in CANTOR and HODGE 1981, p. 21, entre la première suggestion de Newton qui consiste à faire dépendre l'activité de l'éther de son élasticité, c'est-à-dire de l'intensité des forces répulsives qui s'exercent entre ses constituants, et la seconde qui consiste à la faire naître de la petitesse de ses constituants; celle-ci serait plutôt un approfondissement de celle-là.

649 *Monadologie physique*, p. 34.

est quasiment identique à celle qui semble aujourd'hui s'imposer. A quelques nuances près, c'est en effet celle que retient Robert Misrahi, dernier traducteur en date de l'*Ethique*[650], à savoir celle établie par Filippo Mignini[651], laquelle diffère principalement des précédentes en ceci qu'elle place le *Court traité* après le *Traité de la réforme de l'entendement*. Les grandes étapes en sont reprises dans le Tableau 2 (p. 99).

20. [Note 255, p. 106] — Pour être exact, il convient de préciser qu'il serait trop simple de prétendre que les *Principes de la philosophie de Descartes* et les *Pensées métaphysiques*, tous deux publiés en 1663, résumeraient un travail effectué dans les années ayant précédé leur publication[652]. Nous sommes porté à donner raison à André Lécrivain lorsqu'il y voit des textes écrits à des moments différents de la réflexion spinoziste[653]. Mais il reste que si les *Pensées métaphysiques*, vraisemblablement contemporaines de son étude de la philosophie scolastique, de Descartes, Bacon et Hobbes, datent de 1658 environ, Spinoza a dû reprendre ou poursuivre cette réflexion au moment d'en revoir le texte pour publication, c'est-à-dire vers 1661-1662; et que si son étude de la partie métaphysique des *Principes de la philosophie* fut sans doute aussi antérieure, elle dut néanmoins être reprise lors de la rédaction de la deuxième partie des *Principes* dans le courant de l'année 1661, soit environ un an avant la rédaction de la première partie, qui fut quant à elle précisément écrite pour cette publication, c'est-à-dire à la fin de 1662. De sorte qu'il est néanmoins légitime d'affirmer que ces deux textes témoignent des principales préoccupations spinozistes aux alentours de 1662, c'est-à-dire juste avant et après la rédaction de la première partie de l'*Ethique*; même si, rédigés dans le but de présenter la pensée de Descartes et non celle de leur auteur[654], ils n'informent que très indirectement sur l'évolution de Spinoza à cette époque et autorisent tout au plus à imaginer ce qu'elle dut être, en s'aidant de l'*Ethique* et de la correspondance.

21. [Note 265, p. 111] — C'est l'un des soucis majeurs manifestés par Spinoza dans ses *Principes* que de progresser par rapport à Descartes sans

650 Cf. notes 3 et 67 aux pp. 325 et 390 de son édition.
651 MIGNINI 1987.
652 Cf. chronologie reprise dans le Tableau 2 (p. 99).
653 LÉCRIVAIN 1977 pp. 236-239.
654 Cf. préface de Louis Meyer, O.1. p. 235; G.I. pp. 130-131.

introduire autre chose dans l'étendue que du mouvement et du repos comme choisira de le faire Leibniz[655]. D'où cette idée:

> *la vitesse est conçue par nous de deux façons; ou bien en tant qu'un corps est séparé plus ou moins au même instant des corps le touchant immédiatement et, comme tel, participe plus ou moins du mouvement et du repos; ou bien en tant qu'il parcourt en même temps une distance plus grande ou plus petite et à cet égard est distinct du mouvement.*[656]

Distinction curieuse qui laisse cependant entrevoir la possibilité de définir un corps par son mouvement, c'est-à-dire par son *conatus*, plutôt que par sa vitesse, puisqu'elle permet de concevoir que

> de deux corps ayant même vitesse l'un puisse avoir plus de mouvement que l'autre; et inversement qu'ayant des vitesses inégales ils puissent avoir des mouvements égaux[657].

22. [Note 266, p. 111] — La double tentative, caractéristique des *Principes*, de concevoir des mouvements infinitésimaux et de tenir compte des corps environnants, qui s'y traduit par la volonté de raisonner vectoriellement et d'établir un principe de conservation valable pour les systèmes de corps, témoigne de ce que, pour Spinoza, la principale faiblesse de la physique cartésienne tenait effectivement au fait que les lois du choc étaient fondamentalement incompatibles avec l'absence de vide et la divisibilité infinie de la matière. On comprend donc aisément qu'il s'en soit désintéressé, ou – tout au moins – qu'il n'ait pas jugé nécessaire d'y faire plus explicitement référence dans l'*Ethique* et qu'après en avoir donné une nouvelle formulation dans les *Principes*, il ne se soit jamais nettement prononcé sur la validité des règles cartésiennes du choc: En paraphrasant Leibniz qui trouvera d'autres raisons de l'abandonner, on pourrait dire que, pour Spinoza, cette physique était peut-être exacte mais sans aucun doute imaginaire, et donc sans intérêt, même si rien ne contraignait à la compléter, c'est-à-dire à s'en écarter au point d'admettre l'existence du vide ou celle de forces par exemple.

23. [Note 267, p. 111] — Outre un ton inhabituel, les textes du *Traité de la réforme de l'entendement* et du *Court traité* présentent quelques rares

---

655 Cf. LÉCRIVAIN 1978 pp. 170-179.

656 *Principes de la philosophie de Descartes*, deuxième partie, proposition XXII, corollaire III, O.1. p. 311; G.I. p. 210.

657 *Ibidem*. A propos des similitudes et des différences entre ce *conatus* et le *conatus* défini ultérieurement dans l'*Ethique*, on pourra consulter LÉCRIVAIN 1978 pp. 159-161.

indications sur la chronologie de la réflexion spinoziste. Le premier est incomplet et s'achève par la reconnaissance d'une difficulté que seule l'*Ethique* parviendra à surmonter, et sur laquelle nous aurons donc l'occasion de revenir[658]. Quant au second, Spinoza a jugé bon de lui adjoindre deux appendices dont le deuxième se ferme sur une question et une suggestion qui n'est autre que celle que nous évoquons ici:

> [...] voyons si nous pouvons trouver concernant les modifications de l'étendue une définition plus précise [...]. Nous commencerons par poser comme chose démontrée qu'il n'y a dans l'étendue d'autres modifications que le mouvement et le repos et que chaque chose corporelle n'est rien d'autre qu'une proposition déterminée de mouvement et de repos, de sorte que, s'il n'y avait dans l'étendue que du mouvement, ou que du repos, pas une seule chose particulière ne pourrait s'y montrer ou exister [...][659];

suggestion dont – sauf erreur de notre part – c'est la première occurrence et qui, en cet endroit, se trouve tellement peu développée qu'on est en droit de soutenir que c'est à cette époque, soit vers 1661, après avoir réévalué la physique cartésienne en rédigeant la deuxième partie des *Principes*, que Spinoza envisage cette inversion déterminante pour la première fois. Notons aussi que c'est ici qu'apparaît également pour la première fois l'expression *proportion de mouvement et de repos*[660] qu'on ne peut absolument pas confondre avec celle de quantité de mouvement et de repos dont il est longuement question dans les *Principes*.

24. [Note 268, p. 112] — Rapprocher cette note du texte du *Court traité*, auquel elle est attachée[661], est extrêmement révélateur. Cela permet effectivement de constater que, dans le corps du texte, Spinoza défend la thèse selon laquelle l'étendue est un attribut de la substance, autrement dit de Dieu, et qu'à l'argument suivant lequel ceci ne peut être vrai

> car, l'étendue étant divisible, l'être parfait se trouverait ainsi formé de parties,

il répond alors simplement

> que le tout et la partie ne sont pas des êtres réels, mais seulement des êtres de raison et que par suite il n'y a dans la *Nature* ni tout ni partie;

---

658 Cf. note 366 (p. 139).

659 *Appendice II, O.1. p. 165; G.I. p. 120.*

660 «Zekere proportie van bewegingen en stilte», *Ibidem*.

661 *Court traité*, première partie, chapitre II, O.1. pp. 54-55; G.I. pp. 24-25.

tandis que dans la note attachée au mot *Nature*, il écrit en revanche:

> Dans la Nature, c'est-à-dire dans l'étendue substantielle, car, si celle-ci est divisée, son essence et sa nature sont du même coup anéanties, puisqu'elle consiste uniquement à être une étendue infinie ou un tout, ce qui est la même chose. Mais, direz-vous, n'y a-t-il pas des parties dans l'étendue avant qu'il n'y ait des modes? En aucune façon, dis-je. Mais, objectez-vous, s'il y a du mouvement dans la matière, ce mouvement doit être dans une partie de la matière, non dans le tout, puisque le tout est infini; dans quelle direction en effet pourrait-il se mouvoir, puisque rien n'existe en dehors de lui? C'est donc dans une partie. Réponse: Il n'y a pas de mouvement seul, mais à la fois du mouvement et du repos, et ce mouvement est dans le tout, et doit y être, car il n'y a pas de partie dans l'étendue.

Bref, ce rapprochement confirme la chronologie que nous suivons et la thèse selon laquelle Spinoza songea un moment à identifier purement et simplement la substance après avoir eu l'idée de faire résulter l'existence des corps de celle du mouvement et du repos.

25. [Note 293, p. 121] — Dans une note à la préface de la deuxième partie du *Court traité*, soit au moment de commencer la rédaction de la deuxième partie de l'*Ethique* au début de 1663, Spinoza écrit:

> [...] VII. Chaque chose particulière qui vient à exister réellement devient telle par le mouvement et le repos, et ainsi sont tous les modes, dans l'étendue substantielle, que nous nommons des *corps*.
>
> VIII. La distinction de ces corps résulte seulement de telle ou telle autre proportion de mouvement et de repos par laquelle celui-ci est *ainsi* et non *autrement*, ceci est *ceci* et non *cela*.
>
> IX. De cette proposition de mouvement et de repos provient aussi l'existence de ce *corps* qui est le *nôtre*; [...]
>
> X. Cependant ce corps qui est le nôtre était dans une autre proportion de mouvement et de repos, quand il était un enfant non encore né, et par la suite, après notre mort, il sera dans une autre encore; [...]
>
> XI. Si donc un tel corps a et conserve cette proportion qui lui est propre, par exemple de 1 à 3, ce corps [...] sera comme il est actuellement; soumis, à la vérité, à un changement constant mais non à un si grand qu'il dépasse la limite de 1 à 3; [...]
>
> XIV. Mais, si d'autres corps agissent sur le nôtre si puissamment que la proportion de 1 à 3 de son mouvement ne puisse pas subsister, alors c'est la mort [...][662].

---

662 O.1., pp. 86-87; G.I. p. 52.

26. [Note 297, p. 124] — L'*Horologium oscillatorium sive de motu pendulorum ad horologia adaptato demonstrationes geometricae* est publié à Paris en 1673. Huygens y donne pour la première fois sa solution au problème du centre d'oscillation, lequel lui avait été présenté par Mersenne «lorsqu'il était encore presqu'enfant»[663] et auquel il consacre la quatrième partie de son traité. Après avoir donné les définitions nécessaires, Huygens commence par y poser deux hypothèses:

> I. Lorsqu'un nombre quelconque de poids commencent à se mouvoir par leur propre gravité, le centre commun de gravité ne peut s'élever à une hauteur supérieure à celle où il se trouvait au début du mouvement[664].
>
> II. La résistance de l'air et tout autre empêchement manifeste étant absents, [...] le centre de gravité du pendule oscillant parcourt des arcs égaux en descendant et en montant[665];

hypothèses dont, pour la première, il démontre

> qu'elle ne signifie que ce que nul n'a jamais nié, savoir que les corps graves ne montent pas d'eux-mêmes[666]

et précise qu'elle

> s'applique aussi aux corps liquides [puisque] par elle [...] tout ce qu'Archimède a des corps flottants peut être démontré[667],

et dont, concernant la seconde, il rappelle que cela

> a été démontré pour le pendule simple

et signale

> que l'expérience fait voir que la même chose est vraie pour le pendule composé[668].

Ces hypothèses posées, il établit trois propositions touchant à la géométrie des masses. Puis il énonce la proposition:

> IV. Si un pendule composé de plusieurs poids et commençant son mouvement considéré à partir du repos, a exécuté une partie quelconque de son oscillation entière et qu'on se figure qu'à partir de ce moment, le lien commun étant rompu, chacun de ses poids tourne sa vitesse acquise vers le haut et s'élève à la plus grande hauteur possible, par ce fait le

663 *Œuvres complètes*, XVIII, pp. 242-243.
664 *Op. cit.* pp. 246-247.
665 *Op. cit.* pp. 249-250.
666 *Op. cit.* pp. 248-249.
667 *Op. cit.* pp. 250-251.
668 *Ibidem.*

centre commun de gravité remontera à la hauteur qu'il avait avant le commencement de l'oscillation[669];

proposition qu'il démontre 1° en imaginant (fig. 30) un pendule lâché d'une position faisant, avec sa position d'équilibre, un angle tel que son centre de gravité soit en E et dont les masses A,B,C le composant sont, à un instant donné, désolidarisées les unes des autres et renvoyées verticalement par la rencontre de certains plans inclinés en des points L,M,N tels que leur centre commun de gravité soit alors en P; 2° en notant qu'il serait contraire à l'hypothèse I que P soit plus haut que E et en démontrant qu'il serait absurde de supposer P plus bas que E puisque, dans ce cas, une fois le pendule reconstitué après que les masses A,B,C aient rebondi sur des plans inclinés QQ et poursuivant alors son oscillation, il atteindrait finalement une position faisant un angle tel que son centre de gravité R serait à même hauteur que E, et donc plus haut que P, ce qui serait à nouveau en contradiction avec l'hypothèse I.

Huygens en vient alors à la proposition principale:

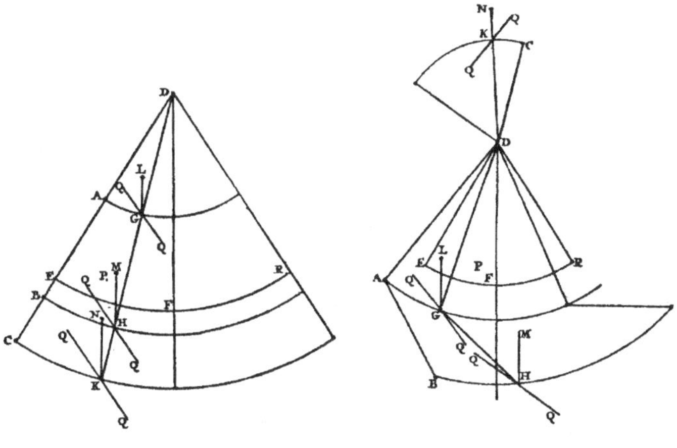

Figure 30

V. Etant donné un pendule composé d'un nombre quelconque de poids, si chacun des poids est multiplié par le carré de sa distance à l'axe d'oscillation et que la somme des produits est divisée par le produit de la somme des poids par la distance du centre commun de gravité de tous les poids au même axe d'oscillation, il en résultera la longueur du

669 *Op. cit.* pp. 254-255.

pendule simple isochrone avec le pendule composé, en d'autres termes la distance entre l'axe et le centre d'oscillation du pendule composé[670];

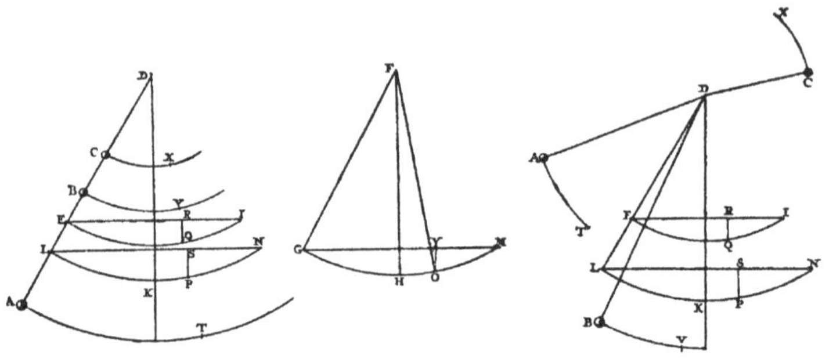

Figure 31

c'est-à-dire que (fig. 31) le centre d'oscillation L du pendule composé ABC de centre gravité E est situé à une distance x du point D telle que

$$x = \frac{p_A DA^2 + p_B DB^2 + p_C DC^2}{(p_A + p_B + p_C) \cdot DE}$$

où p_A, p_B et p_C désignent les poids des corps composant le pendule, DA, DB, DC leurs distances respectives au point D, et DE celle du centre gravité; proposition qu'il démontre en établissant que, du fait que chacun des corps A, B, C, possède à chaque instant une vitesse égale à celle qu'il aurait acquise en étant correctement dévié au moyen d'un plan incliné après être librement tombé d'une hauteur égale à celle de sa position d'origine, c'est-à-dire proportionnelle à la racine carrée de celle-ci, s'il se faisait que $L_D \neq x$, alors l'hypothèse IV se trouverait contredite.

On notera que ce résultat peut encore s'écrire:

$$x = \frac{m_A DA^2 + m_B DB^2 + m_C DC^2}{m_A DA + m_B DB + m_C DC}$$

puisque $$\begin{cases} p_i = m_i g & \text{pour } i = A, B, C \\ DE = \dfrac{m_A DA + m_B DB + m_C DC}{m_A + m_B + m_C} \end{cases}$$

670 *Op. cit.* pp. 258-259.

27. [Note 299, p. 125] — Il faut souligner que cette solution proposée par Huygens est bel et bien celle d'un physicien cartésien. On ne saurait en effet se laisser abuser par le fait que Huygens parle du *poids* du corps; pour lui, comme pour Spinoza sans doute, et pour tout cartésien, le *poids* n'est pas la force avec laquelle la Terre attire un corps mais le résultat de mouvements tourbillonnaires. Et si, comme le fera remarquer Lagrange[671], l'hypothèse I, sur laquelle repose la démonstration de Huygens, est effectivement équivalente à celle de la conservation de la force vive, il n'en reste pas moins que, contrairement à Leibniz qui affirmera la réalité de cet élément étranger à la physique cartésienne, Huygens entend simplement, en formulant cette hypothèse, prendre en considération ce qu'il tient pour un fait d'expérience. A l'inverse, on remarquera que – comme se devait de le faire un véritable cartésien – c'est toujours et exclusivement en imaginant le choc auquel ce corps aurait été soumis qu'Huygens entend expliquer le mouvement d'un corps; et qu'il y parvient effectivement, ce qui – de toute évidence – ne manqua pas d'impressionner Spinoza[672].

28. [Note 300, p. 126] — Pour voir pourquoi Spinoza traduit en termes de communication de mouvement la condition qu'il a découverte, il suffit de considérer deux pendules simples de longueur x_1 et x_2. A chaque instant, la vitesse de chaque masse oscillante est proportionnelle à la racine carrée de la longueur du pendule: $v_1 = k\sqrt{x_1}$ et $v_2 = k\sqrt{x_2}$ $(k \neq 0)$.

En revanche, si l'on considère que ces deux masses sont solidarisées et composent un seul pendule, à chaque instant, la vitesse de chacune sera proportionnelle à sa distance au point de suspension: $v'_1 \propto x_1$ et $v'_2 \propto x_2$; les deux masses partageant, dans ce cas, un même rapport

$$R = \frac{v'_1}{x_1} = \frac{v'_2}{x_2} = \frac{v}{x},$$

où x est la longueur du pendule simple isochrone et v la vitesse de l'extrémité de celui-ci à cet instant.

Supposant $x_1 < x_2$ et donc $x_1 < x < x_2$ puisque[673] $x = \dfrac{m_1x_1^2 + m_2x_2^2}{m_1x_1 + m_2x_2}$,

---

671 DUGAS 1955 p. 163.

672 Cf. Complément 29 (p. 262).

673 Cf. Complément 26 (p. 258).

on constate que $v'_1 = \frac{x_1}{x} \cdot v$ et $v'_2 = \frac{x_2}{x} \cdot v$

tandis que $v_1 = k\sqrt{x_1} = k \cdot \sqrt{\frac{x_1}{x}} \cdot \sqrt{x} = \sqrt{\frac{x_1}{x}} \cdot v$ et $v_2 = \sqrt{\frac{x_2}{x}} \cdot v$

et par conséquent que $\frac{v'_1}{v_1} = \sqrt{\frac{x_1}{x}} < 1$ et $\frac{v'_2}{v_2} = \sqrt{\frac{x_2}{x}} > 1$,

c'est-à-dire que, lorsqu'elle composent un seul pendule, les masses m_1 et m_2 ont respectivement, à chaque instant, une vitesse moindre et une vitesse plus élevée que quand elles oscillent seules.

Autrement dit, le lien, qui les unit lorsqu'elles composent un seul pendule, a pour effet de contraindre ces masses «à se communiquer leur mouvement», et de surcroît à le faire de telle sorte que $(v'_1)/x_1 = (v'_2)/x_2 = R$, c'est-à-dire «selon un certain rapport».

29. [Note 331, p. 135] — Cette «digression physique» est pour ainsi dire coincée entre le corollaire de la proposition 13 et la proposition 14 de la deuxième partie, et elle ne contient d'autres propositions, définitions, lemmes ou axiomes, que ceux et celles que nous avons cités, hormis un lemme précisant que tout corps doit son mouvement ou son repos à un autre corps, deux axiomes posant respectivement que la façon dont un corps est affecté par un autre est tout autant déterminée par sa propre nature que par celle de l'autre corps et qu'un corps est d'autant plus dur que sont grandes les surfaces par lesquelles ses parties s'appliquent les unes sur les autres, et enfin un axiome qu'il vaut la peine de citer parce qu'il énonce, en l'accompagnant exceptionnellement d'une figure, la seule loi physique de toute l'*Ethique* et qu'il témoigne, de ce fait, de l'effet déterminant qu'eut réellement sur la réflexion spinoziste la résolution par Huygens du problème du centre d'oscillation puisque cette loi est précisément la seule que paraissait aussi utiliser celui-ci dans sa démonstration[674]:

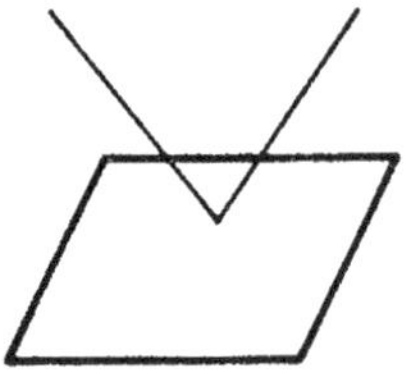

Figure 32

674 Cf. Complément 26 (p. 258).

Quand un corps en mouvement en rencontre un autre au repos qu'il ne peut mettre en mouvement, il est réfléchi de telle sorte qu'il continue de se mouvoir et l'angle formé par la ligne du mouvement réfléchi avec la surface du corps immobile sera égal à l'angle formé par la ligne du mouvement incident et la surface de ce corps immobile[675].

30. [Note 413, p. 156] — Que Malebranche fut le premier cartésien à écrire les lois correctes du choc est en effet attesté par le fait que la procédure qu'il propose ici pour les corps à ressort revient à écrire :

$$v'_A = \frac{(m_B - m_A)v_A + 2m_B v_B}{m_A + m_B} \text{ et } v'_B = \frac{(m_A - m_B)v_B + 2m_A v_A}{m_A + m_B}$$

pour la vitesse du corps, de masse m_A et de vitesse initiale v_A, vers la gauche après le choc et pour celle du corps, de masse m_B et de vitesse initiale v_B, vers la droite après le choc, lorsque la situation de départ peut être schématisée comme suit :

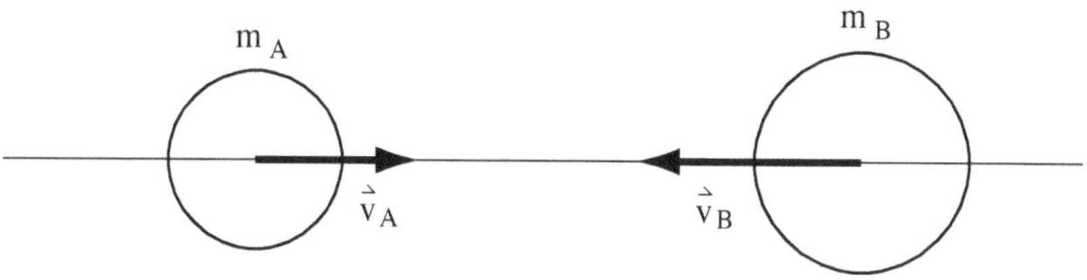

Figure 33

Formules que Malebranche n'hésite d'ailleurs pas à écrire[676] et qui sont tout à fait correctes pour des corps à ressort parfait. Quant au choc des corps sans ressort, il est aussi correctement décrit par la formule

$$v = \frac{m_A v_A - m_B v_B}{m_A + m_B}$$

qu'il réserve dorénavant aux corps parfaitement mous[677], précédemment considérés comme parfaitement durs[678].

675 *Ethique*, II, axiome II, pp. 116-117; G.II. p. 92.
676 O.c. XVII-1 p. 147.
677 O.c. XVII-1 p. 113.
678 Cf. note 402 (p. 152) et p. ex. BOUASSE 1895 pp. 231-232.

31. [Note 504, p. 191] — Même s'il est indéniable qu'à la fin de sa vie, Leibniz déclara qu'il

> ne croyai[t] point qu'il y eût des grandeurs véritablement infinies ni véritablement infinitésimales, que ce n'étaient que des fictions mais des fictions utiles pour abréger et pour parler universellement[679],

il est certain que lorsqu'il découvrit l'usage qu'il pouvait faire de celles-ci, il les tint pour réelles : le nier serait oublier qu'il avait précédemment posé l'existence d'«indivisibles ou inétendus» et rendrait incompréhensible toute son évolution philosophique future. Son hésitation ultérieure – ou ses nuances, voire ses imprécisions, langagières – s'explique par les deux propriétés, apparemment contradictoires, définissant ces infiniment petits : d'une part, ils étaient plus petits que toute quantité pouvant être donnée, ce qui semblait leur conférer une nature différente; d'autre part, ils étaient divisibles comme les quantités finies, ce qui paraissait annuler toute différence de nature entre eux et celles-là. Peut-être crut-il finalement impossible de concilier ces deux aspects et jugea-t-il plus prudent de prétendre user de «fictions». Quoi qu'il en soit, nous savons aujourd'hui que poser la réalité de tels infiniment petits était bel et bien une manière correcte de sortir du «labyrinthe du continu». Abraham Robinson a en effet montré qu'il était possible de construire un ensemble R*, (1) contenant tous les réels et des infiniment petits, c'est-à-dire des nombres tels que deux nombres réels ne différant que par une quantité égale à l'un de ceux-ci soient équivalents et puissent donc être substitués l'un à l'autre dans certaines relations conformément à la méthode leibnizienne, et (2) satisfaisant le même ensemble de propositions que R, c'est-à-dire tel que ses éléments aient les mêmes propriétés que les réels comme l'exigeait aussi Leibniz[680]. On trouvera un exposé élémentaire de cette analyse «non standard» in HENLE and KLEINBERG 1979.

---

679 *Lettre à Dangicourt du 11 septembre 1716* citée in ROBINSON 1974 p. 263.
680 Cf. ROBINSON 1974.

32. [Note 516, p. 195] — La démonstration leibnizienne de la conservation de la force vive peut être reconstituée de la manière suivante.

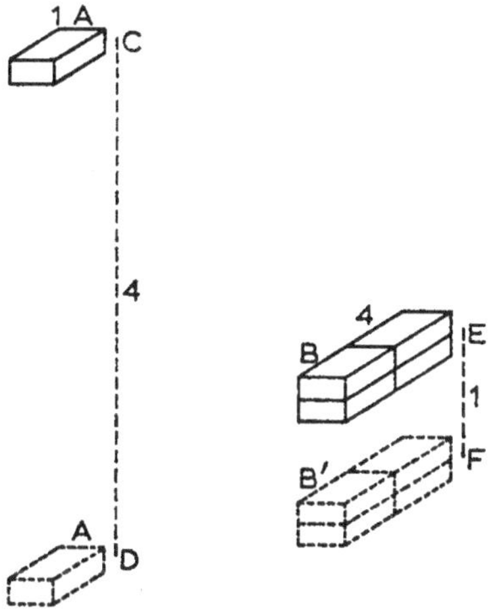

Figure 34

Soit les trois hypothèses cartésiennes:

H.1. si $m_A / m_B = EF / CD$, alors $f_A(D \rightarrow C) = f_B(F \rightarrow E)$

[loi de l'équilibre]

H.2. $f_A(C \rightarrow D) = f_A(D \rightarrow C)$ et $f_B(E \rightarrow F) = f_B(F \rightarrow E)$

[conservation de la force]

H.3. $f_A(C \rightarrow D) = m_A v_A(D) - m_A v_A(C)$

$f_B(E \rightarrow F) = m_B v_B(F) - m_B v_B(E)$

[définition de la force]

Soit l'hypothèse galiléenne:

G. $v_A(D) - v_A(C) = k \cdot \sqrt{CD}$ et $v_B(F) - v_B(E) = k \cdot \sqrt{EF}$

[loi de la chute libre]

• La première partie de la démonstration consiste tout d'abord à montrer qu'en soutenant à la fois H1, H2, H3 et G, on aboutit à une contradiction. En effet, si l'on pose $m_A/m_B = EF/CD$,

alors (par H.1.) $f_A(D \to C) = f_B(F \to E)$

et (par H.2.) $f_A(C \to D) = f_B(E \to F)$;

mais (par H.3.) $m_A v_A(D) - m_A v_A(C) = m_B v_B(F) - m_B v_B(E)$

et (par G.) $m_A \cdot k \cdot \sqrt{CD} = m_B \cdot k \cdot \sqrt{EF}$ ou $\dfrac{m_A}{m_B} = \dfrac{\sqrt{EF}}{\sqrt{CD}}$;

ce qui est en contradiction avec la condition $m_A/m_B = EF/CD$, sauf dans le cas où ce rapport vaut 1. (Ce n'est donc qu'à titre illustratif que Leibniz pose ce rapport égal à 1/4). La conclusion suit alors aussitôt: il faut abandonner l'une des hypothèses au moins et, comme H1 et G sont des lois expérimentalement vérifiées et comme H2 est un principe sans lequel on ne pourrait espérer rendre compte de l'existence du monde et des changements qui s'y produisent, la seule solution consiste à abandonner H3, c'est-à-dire à rejeter l'identification cartésienne de la quantité de mouvement et de la quantité dont on pose en principe la conservation et qu'on appelle «force».

• Dans la deuxième partie de la démonstration, Leibniz relève pour commencer que la condition contenue dans H1, à savoir $m_A/m_B = EF/CD$, invite à poser – si l'on souhaite maintenir H1 et H2 – que

$$f_A(C \to D) = m_A \cdot CD \text{ et } f_B(E \to F) = m_B \cdot EF.$$

Il montre ensuite que cela revient, moyennant G, à remplacer H3 par

$$: f_A(C \to D) = \frac{m_A(v_A(D) - v_A(C))}{k^2} \text{ et}$$

$$: f_B(E \to F) = \frac{m_B(v_B(F) - v_B(E))}{k^2};$$

ce qui s'écrit lorsqu'on pose $k \equiv 1$ et $v_A(C) = v_B(E) = 0$:

$$L_0 : f_A(C \to D) = m_A v_A^2(D) \text{ et } L_0 : f_B(E \to F) = m_B v_B^2(F)$$

Notons que poser $k \equiv 1$ revient en fait à effectuer un changement d'unités puisque, selon Galilée, le déplacement d'un corps en chute libre est précisément donné par $x = 1/2\, gt^2$, où $g \cong 9{,}81$ si x et t s'expriment respectivement en mètres et secondes, dans le cas où la vitesse initiale du corps est nulle, c'est-à-dire par $x = v^2/2g$. Au lieu de $k \equiv 1$, Leibniz aurait donc pu tout aussi bien poser $k \equiv \sqrt{2}$, et donc proposer

$$L'_0 : f_A(C \to D) = \frac{1}{2} m_A v_A^2(D) \text{ et } L'_0 : f_B(E \to F) = \frac{1}{2} m_B v_B^2(F)$$

définition qui n'est autre que celle de ce qu'on appelle, depuis le 19ᵉ siècle, l'«énergie cinétique»[681]; on pourra par ailleurs comparer notre présentation du raisonnement leibnizien avec celle donnée in MILHAUD 1900 par exemple. Remarquons enfin que ce n'est qu'en 1695, dans le *Specimen dynamicum*, que Leibniz justifiera l'appellation de «force vive», donnée à cette grandeur après 1686[682].

33. [Note 526, p. 199] — Même si Leibniz doit à des logiciens comme S. Kripke et D. Lewis[683] d'être devenu le philosophe classique auquel la philosophie contemporaine a sans doute le plus emprunté et s'il suffit de consulter par exemple BRADLEY AND SWARTZ 1979 et LOUX 1979 pour se convaincre de la force de pénétration de ses idées, il est certain que plus aucun philosophe ne se dira tout à fait leibnizien. Au début du siècle, le plus logicien des philosophes rejeta fermement sa définition de la substance[684] et, depuis lors, tout en étudiant sa logique et en essayant de préciser le rôle qu'elle tint dans l'élaboration de sa philosophie[685], on n'a cessé de s'interroger sur la viabilité des concepts qu'il a introduits et la valeur des thèses qu'il a défendues, ainsi que sur leur compatibilité[686].

---

681 Cf. p.ex. BOUASSE 1895 ch. XI.

682 Cf. GM. IV p. 238; L. p. 438.

683 KRIPKE 1963a, b, 1971, 1972, 1975, 1979, LEWIS 1968, 1973 et 1986.

684 RUSSELL 1900, 1903 et 1948.

685 COUTURAT 1901, PARKINSON 1965, MARTIN 1966, ISHIGURO 1967, RESCHER 1981 et MATES 1986.

686 Cf. p. ex. GUÉROULT 1946, 1947 et NASON 1942 à propos de sa définition de la substance, SELLARS 1965, FRIED 1981, ISHIGURO 1986 à propos de ses conceptions de la possibilité, de la nécessité et de la contingence, MATES 1972a, BLUMENFELD 1973, et COPP 1973 à propos de sa définition de la compossibilité, MATES 1972b, MONDADORI 1975, LLOYD 1978, GRACIA 1988 à propos de sa définition de l'individualité, et HINTIKKA 1972, EARMAN 1977a, WONG 1980, HUNTER 1985, COVER 1989, MUGNAI 1990 pour une discussion de sa thèse de la réductibilité des prédicats relationnels aux prédicats monadiques.

34. [Note 542, p. 204] — Apparemment l'idée de voir le monde de cette autre manière n'était pas tout à fait neuve pour Leibniz. Il semblait même avoir tenté, dès 1675, d'en tirer parti pour améliorer la régularité des montres. Comme l'explique en effet l'horloger Tardy dans un passage de son livre sur les échappements de montres, que nous a aimablement renseigné monsieur Laurent Herbiet :

> L'Allemand Leibniz eut une idée plus originale et tenta de rendre la marche de la montre plus régulière. Si sa montre n'a pas été construite, c'est qu'il ne trouva pas d'horloger partageant son enthousiasme et l'on doit se contenter de la description qu'il en donne dans le *journal des «Sçavants»* du 25 mars 1675. En voici le principe : deux ressorts sont remontés alternativement par le ressort principal de telle sorte que l'un se détend durant le temps mis par l'autre à être remonté et lorsque le remontage du second est achevé, le premier est complètement débandé puisqu'il est remonté durant la détente du second. En se détendant, le ressort met en mouvement une roue dentée entraînant un pignon sur lequel est fixé un volant dont le mouvement d'inertie, variable à volonté, règle la durée de détente du ressort[687].

L'idée paraît donc bien être la même que celle développée dans le *Specimen*: les deux ressorts sont parfaitement accordés l'un à l'autre et, même s'ils ne doivent en l'occurrence de l'être qu'au fait d'être tous deux remontés par le même ressort, rien n'empêche d'imaginer qu'ils puissent néanmoins être indépendants puisqu'il se pourrait que le troisième ressort soit lui aussi parfaitement accordés à ceux-ci tout en étant lui-même indépendant de l'un et de l'autre. Le système développé semble même en fait destiné à reproduire mécaniquement cette harmonie idéale. Notons encore que c'est Arnauld qui, dans sa *lettre du 28 septembre 1686*, avait demandé à Leibniz s'il avait pu «donner la dernière perfection [... à une] montre tout à fait juste [... qu'il] avait trouvée à Paris» et que celui-ci lui avait répondu dans sa *Lettre du 28 nov./8 décembre 1686*, qu'il espérait «pouvoir perfectionner le *chronomètre*»[688]; ce qui invite à penser que c'est peut-être Arnauld qui, en lui rappelant ce travail déjà ancien, lui permit d'enfin trouver l'argument décisif qui lui manquait.

35. [Note 555, p. 211] — Ce résultat est désormais connu sous le nom de «théorème fondamental du calcul différentiel et intégral» et il est généralement énoncé comme suit : Soit F une fonction continue sur R; alors, pour

---

687 TARDY pp. 16-17.

688 *Correspondance avec Arnauld*, pp. 136 et 150, respectivement.

toute fonction f, f est une primitive de F si et seulement si F est la dérivée de f, étant entendu qu'une primitive de F est une fonction f, telle que, pour tout a, b appartenant à R,

$$\int_a^b F(t)\,dt = f(b) - f(a)$$

Ce qui signifie que, si f est une quelconque fonction différentiable, on a

$$\int_a^b f'(t)\,dt = f(b) - f(a) \text{ pour tout a, b appartenant à } R^{689}.$$

Notons encore qu'il n'y a pas lieu de contester que c'est, comme on le dit souvent, Bernoulli qui proposa le terme d'«intégrale»[690], mais que, si notre interprétation de la métaphysique leibnizienne est correcte, il convient désormais de préciser que, lorsqu'en 1797 J.-L. Lagrange introduisit ceux de «primitive» et de «dérivée» dans le vocabulaire mathématique[691], c'est à Leibniz qu'il les emprunta.

36. [Note 575, p. 218] — Dans le *De ente et essentia* (p. 20), saint Thomas démontrait comme suit que l'essence ne pouvait être identifiée à la seule matière ou à la seule forme:

> [...] que la matière seule ne soit pas l'essence c'est clair, parce que c'est par son essence que la chose est connaissable et qu'elle appartient à l'espèce ou au genre; mais la matière n'est pas le principe de la connaissance et ce n'est pas elle qui détermine une chose à un genre ou à une espèce – (cette détermination vient de ce par quoi la chose est en acte). Et, de plus, la forme seule ne peut être l'essence de la substance composée, bien que certains s'efforcent de l'affirmer. C'est là une vérité qui ressort avec évidence de ce qui précède: l'essence est ce qui est signifié par la définition de la chose; or la définition des substances naturelles contient non seulement la forme, mais aussi la matière – autrement, en effet, les définitions naturelles ne différeraient pas des définitions mathématiques. On ne peut pas dire non plus que la matière soit introduite dans la définition de la substance naturelle comme ajoutée à son essence, ou comme un être extrinsèque à son essence. Cette sorte de définition en effet est propre aux accidents qui, n'ayant pas une essence parfaite, ont besoin d'inclure dans leurs définitions un sujet qui est en dehors de leur genre. Il est donc évident que l'essence comprend et la matière et la forme.

---

689 Pour une dérivation «leibnizienne» de ce résultat, on consultera HENLE and KLEINBERG 1979 pp. 52-83, et pour une présentation plus «classique» APOSTOL 1974 pp. 140-163 par exemple.

690 Cf. GM. V p. 408.

691 *Théorie des fonctions analytiques* in LAGRANGE 1867 tome 9 pp. 15-16.

37. [Note 589, p. 223] — Concernant les rapports entre matière et forme de la substance, force primitive passive et active, force dérivée, matière seconde et étendue, Leibniz fut rarement aussi explicite que dans sa *Lettre à Burnett (fin 1699)*, où il écrivait:

> Dans les corps je distingue la substance corporelle de la matiere, et je distingue la matiere premiere de la seconde. La matiere seconde est un aggregé ou composé de plusieurs substances corporelles, comme un trouppeau est composé de plusieurs animaux. Mais chaque animal et chaque plante aussi est une substance corporelle, ayant en soy le principe de l'unité, qui fait que c'est veritablement une substance et non pas un aggregé. Et ce principe d'unité est ce qu'on appelle Ame ou bien quelque chose, qui a de l'analogie avec l'ame. Mais outre le principe de l'unité la substance corporelle a sa masse ou sa matiere seconde, qui est encor un aggregé d'autres substances corporelles plus petites, et cela va à l'infini. Cependant la matiere primitive ou la matiere prise en elle même est ce qu'on conçoit dans les corps, tous les principes de l'unité mis à part, c'est à dire ce qu'il y a de passif, d'où naissent deux qualités: *resistentia et restitantia vel inertia*. C'est à dire qu'un corps ne se laisse point penetrer et cede plustost à un autre, mais qu'il ne cede point sans difficulté et sans affoiblir le mouvement total de celuy qui le pousse. Ainsi on peut dire que la matiere en elle même, outre l'etendue, enveloppe une Puissance passive primitive. Mais le principe de l'unité contient la puissance Active primitive, ou la force primitive, laquelle ne se perd jamais et persevere tousjours dans un ordre exact de ses modifications internes qui representent celles de dehors[692].

38. [Note 598, p. 226] — Il semble[693], que ce soit dans une *Lettre au marquis de l'Hôpital de 1695*[694] – et non, comme on le dit souvent, dans la *Lettre à Fardella du 3/13 septembre 1696*[695] – que Leibniz utilisa pour la première fois le terme de «monade» pour désigner la substance. Mais il ne l'employa systématiquement qu'à partir du *De ipsa natura* dans lequel il écrivait, après avoir explicitement identifié la monade et la substance, et très clairement désigné la matière première et l'entéléchie comme ses deux composants:

> c'est ce principe substantiel lui-même qui est appelé l'*âme* dans les êtres vivants et *forme substantielle* dans les autres, et qui, en tant qu'il compose vraiment une substance avec la matière, ou une unité par soi, fait ce que j'appelle une monade[696].

692 GPh. III pp. 260-261.
693 Cf. RUSSELL 1972, p. 429 et 1976, p. 13.
694 GPh. II p. 295.
695 *Nouvelles lettres et opuscules*, p. 326.
696 *De ipsa natura*, § 11, GPh. IV p. 511; L. pp. 503-504.

La définition généralement retenue – mais dont la compréhension requiert la connaissance de toute la philosophie leibnizienne – est celle de la *Monadologie*;

> une substance *simple* qui entre dans les composés; simple, c'est-à-dire, sans parties[697].

39. [Note 606, p. 230] — Si, dans sa correspondance avec des Bosses, Leibniz construit une hypothèse susceptible d'expliquer la conversion de la substance du pain en celle du corps du Christ, ce n'est assurément pas – comme on l'a parfois affirmé[698] – dans l'espoir d'accorder son système au dogme catholique romain de la transsubstantiation puisque, étant de la confession d'Augsbourg, il reconnaissait explicitement ne pas croire à cette conversion, et ce n'est pas davantage parce que ce problème l'aurait invité à se pencher sur le problème de la substantiation des corps puisque, pour lui, – comme nous l'avons noté – c'était alors un fait acquis dont son correspondant se refusa pourtant à prendre acte: les seules substances, les seules êtres complets, les seuls êtres composés de matière première et de forme étaient les monades. Les corps ne pouvaient donc être des substances; les corps ne seraient jamais que des phénomènes[699]; ce qui toutefois ne signifiait pas qu'ils étaient de pures apparences. Les corps avaient une certaine réalité[700]. Ils pouvaient même éventuellement être les corps de ce que Leibniz acceptait d'appeler des «substances corporelles». Il paraissait en effet indéniable que certaines portions de matière étaient particulièrement unies: les vivants, et notamment les êtres humains, avaient une âme qui semblait conférer à leurs corps une unité véritable, ou – plus exactement – certaines parties de la matière étaient unies par cette forme qu'était l'âme et qui, jointe au corps qu'elles composaient, faisait de celui-ci le corps d'un être vivant, d'une substance corporelle. Si bien qu'il y a lieu de penser que, tandis qu'il s'intéressait – ou feignait de s'intéresser – à la transsubstantiation, Leibniz se demandait en fait tout simplement si le pain pouvait être considéré comme une substance corporelle et non, comme le pensait son correspondant, si ce corps qu'était le pain pouvait être considéré comme une substance. C'est-à-dire que cette correspondance lui fournissait l'occasion de se demander s'il

---

697 *La monadologie*, § 1, p. 142 de l'édition d'E. Boutroux.
698 Cf. *La monadologie* (édition annotée par E. Boutroux) et RUSSELL 1900, par exemple.
699 Cf. page 221 et tout particulièrement la citation dans la note 586 (p. 222).
700 *Ibidem*.

n'existait pas d'autres substances corporelles que celles qu'il avait admises; hypothèse que la personnalité de son interlocuteur, pour qui la transsubstantion était un dogme, le forçait à prendre au sérieux et que rien n'empêchait, quant à lui, de soutenir puisqu'elle revenait simplement à élargir la classe des êtres vivants, ce qui l'amenait à s'interroger à nouveau sur la manière dont les monades constitutives d'un corps s'accordaient pour que ce corps fût un organisme, une «Machine de la nature», et non plus seulement un agrégat. C'était, en d'autres termes, l'occasion de tenter de préciser à quelles conditions une monade en dominait d'autres, et donc d'enfin mettre au jour la nature la plus intime de la monade.

Notons encore que, compte tenu de ce que nous avons appris de la monade ci-dessus et du résumé que donna Leibniz dans sa *Lettre du 13 janvier 1716* de sa solution au problème que lui avait suggéré des Bosses, rien ne paraît autoriser à affirmer que cette solution du *vinculum* constituait un amendement notable à sa métaphysique. Il écrivait en effet:

> ce que [les scolastiques] appellent matière première et forme substantielle sont, sans aucun doute, les puissances passive et active primitives du composé, et la chose complète qui en résulte est véritablement ce lien substantial dont j'ai besoin[701].

---

701 Cf. F. p. 201. Notons par ailleurs que CHAZERANS 1991 offre une intéressante tentative de reconstruction de la solution leibnizienne au moyen de fractales.

Bibliographie

ALEXANDER, P.

1985 – *Ideas, Qualities and Corpuscules. Locke and Boyle on the External World.* Cambridge, Cambridge Un. Pr., 1985.

ALQUIÉ, F.

1981 – *Le rationalisme de Spinoza.* Paris, P.U.F., 1981.

APOSTOL, T.M.

1974 – *Mathematical Analysis.* Reading (Mass.), Addison-Wesley, 2nd ed., 1974.

ARCHER-HIND, R.D.

1888 – *The Timaeus of Plato.* London, Mc Millan, 1888.

ARISTOTE

– *De la génération et de la corruption.* (trad. J. Tricot) Paris, Vrin, 1934.

– *Physique.* Tomes 1 et 2. (trad. H. Carteron) Paris, Les Belles Lettres, 1926 et 1931.

– *Métaphysique.* Tomes 1 et 2. (trad. J. Tricot), Paris, Vrin, 2e éd., 1940.

– *Traité du ciel.* Suivi du traité pseudo-aristotélicien *Du monde*, (trad. J. Tricot), Paris, Vrin, 1949.

AXTELL, J.L.

1965 – «Locke, Newton, and the elements of natural philosophy» *Paedagogical Europea* 1 (1965) 235-245.

BADINTER, E.

1983 – *Emilie, Emilie. L'ambition féminine au XVIIIe siècle.* Paris, Flammarion, 1983.

BARON, M.E.

1969 – *The Origins of the Infinitesimal Calculus.* Oxford, Pergamon, 1969.

BELAVAL, Y.

1960 – *Leibniz critique de Descartes.* Paris, Gallimard, 1960, nouv. éd., 1978.

1984 – *Leibniz. Initiation à sa philosophie.* Paris, Vrin, 1962, 5e éd., 1984.

BENNETT, J.

1971 – *Locke, Berkeley, Hume. Central Themes.* Oxford, Oxford Un. Pr., 1971.

1974 – «Counterfactuals and Possible Worlds» *Canadian Journal of Philosophy* 4 (1974) 381-402.
1984 – *A Study of Spinoza's Ethics*. Cambridge, Cambridge Un. Pr., 1984.

BENNETT, J. and REMNANT, P.
1978 – «How Matter Might at First be Made» *Canadian Journal of Philosophy* supplément IV (1978) 1-11.

BERNSTEIN, H.R.
1981 – «Passivity and Inertia in Leibniz's Dynamics» *Studia Leibnitiana* 13 (1981) 97-113.

BLOCH, L.
1908 – *La philosophie de Newton*. Paris, Félix Alcan, 1908.

BLONDEL, M.
1972 – *Le lien substantiel et la substance composée d'après Leibniz. Texte latin (1893)*. (introduction et traduction par Cl. Troisfontaines) Louvain, Nauwelaerts, Paris, Béatrice-Nauwelaerts, 1972.

BLUMENFELD, D.
1981 – «Leibniz's theory of the striving possibles» *Studia Leibnitiana* 5 (1973) 163-177; reproduit in WOOLHOUSE 1981, pp. 77-88.

BOEHM, A.
1962 – *Le «vinculum substantiale» chez Leibniz. Ses origines historiques*. Paris, Vrin, 2e éd., 1962.

BOREL, E.
1943 – *L'évolution de la mécanique*. Paris, Flammarion, 1943.

BOUASSE, H.
1895 – *Introduction à l'étude des théories de la mécanique*. Paris, Georges Carré, 1895.

BOUVERESSE, R.
1988 – «*Omnia, quamvis diversis gradibus, animata sunt*. Remarques sur l'idée d'animisme universel chez Spinoza et Leibniz» in CERISY (COLLECTIF)1988, pp. 33-45.

BRADLEY, R. and SWARTZ, N.
1979 – *Possible Worlds. An Introduction to Logic and its Philosophy*. Oxford, B. Blackwell, 1979.

BROWN, S.
1990 – «Malebranche's occasionalism and Leibniz's Pre-established Harmony: an ‹Easy Crossing› or an Unbridgeable Gap?» *Studia Leibnitiana* Suppl. Vol. XXVI (1990) 116-123.

BRUN, J.
1960 – *Platon et l'Académie*. Paris, P.U.F., 1960, 6e éd., 1979.
1961 – *Aristote et le Lycée*. Paris, P.U.F., 1961, 4e éd., 1977.

BRUNSCHVICG, L.
1912 – *Les étapes de la philosophie mathématique*. Paris, F. Alcan, 1912.
1922 – *L'expérience humaine et la causalité physique*. Paris, F. Alcan, 1922.
1951 – *Spinoza et ses contemporains*. Paris, P.U.F., 4e éd., 1951.

BUCHDAHL, G.
1969 – *Metaphysics and the Philosophy of Science*. Oxford, B. Blackwell, 1969.
BUCHWALD, J.Z.
1989 – *The Rise of the Wave Theory of Light. Optical Theory and Experiment in the Early Nineteenth Century*. Chicago and London, The Un. of Chicago Pr., 1989.
CANTOR, G.N. and HODGE, M.J.S. (eds)
1981 – *Conceptions of ether. Studies in the history of ether theories, 1740-1900*. Cambridge, Cambridge Un. Pr., 1981.
CAPEK, M. (ed.)
1976 – *The Concepts of Space and Time. Their Structure and their Development*. Dordrecht, D. Reidel, 1976.
CARNOT, L.
1797 – *Réflexions sur la métaphysique du calcul infinitésimal*. Paris, 1797; rééd. en 2 vols de l'édition de 1813, Paris, Gauthier-Villars, 1921.
CASSIRER, E.
1943 – «Newton and Leibniz» *Philosophical Review* 52 (1943) 366-391.
CAVEING, M.
1982 – «Quelques remarques sur le traitement du continu dans les *Eléments* d'Euclide et la *Physique* d'Aristote» in *Penser les mathématiques. Séminaire de philosophie et mathématiques de l'Ecole normale supérieure*. (édit. F. Guénard et G. Lelièvre), Paris, Editions du Seuil, 1982, pp. 145-166.
CERISY (Collectif)
1988 – *Spinoza. Science et religion. Actes du Colloque du Centre Culturel International de Cerisy-La-Salle. 20-27 sept. 82*. Paris, Vrin, 1988.
CHAZERANS, J.F.
1991 – «La substance composée chez Leibniz» *Revue Philosophique de la France et de l'Etranger* CLXXXVI (1991) 47-66.
CLARKE, D.M.
1989 – *Occult Powers and Hypotheses: Cartesian Natural Philosophy under Louis XIV*. Oxford, Clarendon Press, 1989.
COHEN, I.B.
1940 – «The First Explanation of Interference» *American Journal of Physics* 8 (1940) 99-106.
1987 – *The Birth of a New Physics*. Harmondsworth, Penguin, 1987.
COONEY, B.
1978 – «Arnold Geulincx: A Cartesian Idealist» *Journal of the History of Philosophy* 16 (1978) 167-180.
COPP, D.
1973 – «Leibniz's thesis that not all possibles are compossible» *Studia Leibnitiana* 5 (1973) 26-42.
CORNFORD, F.M.
1937 – *Plato's cosmology*. London, Routledge and Kegan Paul, 1937, 2nd ed. 1948.
CORTES, A.
1976 – «Leibniz's Principle of the Identity of Indiscernibles: A False Principle» *Philosophy of Science* 49 (1976) 491-505.

COSTABEL, P.
1951 – «La controverse Descartes-Roberval au sujet du centre d'oscillation» *Revue des Sciences Humaines* (1951) 74-86.
1960 – *Leibniz et la dynamique. Les textes de 1692.* Paris, Hermann, 1960.
COUTURAT, L.
1901 – *La logique de Leibniz.* Paris, F. Alcan, 1901.
COVER, J.A.
1989 – «Relations and Reduction in Leibniz» *Pacific Philosophical Quarterly* 70 (1989) 185-211.
CUSHING, J.T. and MCMULLIN, E. (eds)
1989 – *Philosophical Consequences of Quantum Theory. Reflections on Bell's Theorem.* Notre Dame (Indiana), Un. of Notre Dame Pr., 1989.
D'ABRO, A.
1952 – *The Rise of the New Physics.* 2 vols, New York, Dover, 1952.
D'AGOSTINO, F.
1976 – «Leibniz on Compossibility and Relational Predicates» *Philosophical Quarterly* 26 (1976) 125-138; reproduit in WOOLHOUSE 1981, pp. 89-103.
DAHAN-DALMEDICO, A. et PEIFFER, J.
1986 – *Une histoire des mathématiques. Routes et dédales.* Paris, Editions du Seuil, 1986.
DAUMAS, M.
1957 – *Histoire de la science.* Paris, N.R.F., La Pléiade, 1957.
DE LATTRE, A.
1970 – *Geulincx.* Paris, Seghers, 1970.
DELBOS, V.
1916 – *Le spinozisme.* Paris, Société française d'imprimerie et de librairie, 1916.
1922 – «Benedictus de Spinoza» *Chronicum Spinozanum* II, MCMXXII, VII-XXV.
1924 – *Etude de la philosophie de Malebranche.* Paris, Bloud et Gay, 1924.
DELEUZE, G.
1968 – *Spinoza et le problème de l'expression.* Paris, Les Editions de Minuit, 1968.
1981 – *Spinoza. Philosophie pratique.* Paris, Les Editions de Minuit, 1981.
1988 – *Le Pli. Leibniz et le baroque.* Paris, Les Editions de Minuit, 1988.
DESCARTES, R.
– *Œuvres de Descartes.* (édit. Ch. Adam et P. Tannery), 12 vols + 1 suppl., Paris, Léopold Cerf, 1897-1913.
– *Œuvres et lettres.* (édit. A. Bridoux), Paris, La pléiade-Gallimard, 1953.
DHOMBRES, J. et alii (ed.)
1987 – *Mathématiques au fil des âges.* Paris, Gauthier-Villars, 1987.
DIJKSTERHUIS, E.J.
1986 – *The Mechanization of the World Picture. From Pythagoras to Newton.* Princeton, Princeton Un. Pr., 1986.
DOBBS, B.J.T.
1975 – *The Foundations of Newton's Alchemy or «The Hunting of the Green Lyon».* Cambridge, Cambridge Un. Pr., 1975.

DUCASSE, P.

1942 – *Malebranche. Sa vie, son œuvre, sa philosophie.* Paris, P.U.F., 1942.

DUGAS, R.

1954 – *La mécanique au XVIIe siècle (des antécédents scolastiques à la pensée classique).* Neuchâtel, Ed. Du Griffon, 1954.

1955 – *Histoire de la mécanique.* Neuchâtel, Ed. du Griffon, 1955; trad. angl. *A History of Mechanics.* New York, Dover, 1988.

DUHEM, P.

1992 – *L'évolution de la mécanique*, Paris, Vrin, 1re éd. 1903, nouv. éd. 1992.

EARMAN, J.

1977a – «Perceptions and Relations in the *Monadology.*» *Stud. Leibnitiana* IX (1977) 212-230.

1977b – «Leibnizian Space-times and leibnizian Algebras» in *Historical and Philosophical Dimensions of Logic, Methodology and Philosophy of Science* (Butts and Hintikka eds), Dordrecht, Reidel, 1977; pp. 93-112.

1989 – *World Enough and Space-Time.* Cambridge (Mass.), MIT Pr., 1989.

ELIADE, M.

1977 – *Forgerons et alchimistes.* Paris, Flammarion, 1956, nouv. éd. revue et augmentée, 1977.

FAUVEL, J., FLOOD, R., SHORTLAND, M. and WILSON R.

1988 – *Let Newton Be! A New Perspective on his Life and Works.* Oxford, Oxford Un.Pr., 1988.

FEYNMAN, R.P., LEIGHTON, R.B. and SANDS, M.

1963 – *The Feynman Lectures on Physics.* 3 vols, Reading (Mass.), Addison-Wesley, 1963; version bilingue *Le cours de Physique de Feynman, The Feynman Lectures on Physics*, 5 vols, Reading (Mass.), Addison-Wesley, 1970; trad. franç. *Le cours de physique de Feynman.* 5 vols, Paris, InterEditions, 1979.

FOUCAULT, M.

1966 – *Les mots et les choses. Une archéologie des sciences humaines*, Paris, Gallimard, 1996.

FRANKFURT, H. (ed.)

1972 – *Leibniz: A Collection of Critical Essays.* New York, Doubleday, Anchor Books, 1972.

FREMONT, Chr.

1981 – *L'être et la relation. Avec Trente-cinq lettres de Leibniz au R.P. des Bosses.* Paris, Vrin, 1981.

FRESNEL, A.

1914 – *De la lumière.* Paris, A. Colin, 1914.

1868 – *Œuvres complètes.* (H. de Senarmont et alii ed.), Paris, Impr. Impériale, 1868.

– «Note sur les accès de facile réflexion et de facile transmission des molécules lumineuses, dans le système de l'émission» in *Œuvres complètes.* vol. 2, pp. 147-165.

FRIED, D.

1981 – «Necessity and contingence in Leibniz» *Philosophical Review* 87 (1978) 575-584; reproduit in WOOLHOUSE 1981, pp. 66-63.

FRIEDMANN, G.
1945 – *Leibniz et Spinoza*. Paris, Gallimard, 1945, 3e éd., 1974.

GALE, G.
1970 – «Leibniz and Some Aspects of Field Dynamics» *Studia Leibnitiana* 2 (1970) 28-48.
1974 – «The Physical Theory of Leibniz» *Studia Leibnitiana* 6 (1974) 114-126.

GARBER, D.
1985 – «Leibniz and the Foundations of Physics: The Middle Years» in OKRUHLIK AND BROWN 1985, pp. 27-130.

GASSENDI, P.
– *Exercitationes Paradoxicae Adversus Aristoteleos*. Liber I. Gratioanopoli, Verdier, 1624. Liber II. Lyon, Anisson, 1658 (trad. B. Rochot) Paris, Vrin, 1959.

GHINS, M.
1990 – *L'inertie et l'espace-temps absolu de Newton à Einstein. Une analyse philosophique*. Bruxelles, Académie Royale de Belgique, 1990.

GJERTSEN, D.
1986 – *The Newton Handbook*. London and New York, Routledge and Kegan Paul, 1986.

GOLDSTEIN, H.
1980 – *Classical Mechanics*. Reading (Mass.), Addison-Wesley, 2nd ed., 1980.

GRACIA, J.J.E.
1988 – *Individuality. An Essay on the Foundations of Metaphysics*. New York, State University of New York, 1988.

GRATTAN-GUINNESS, I. (ed.)
1980 – *From Calculus to Set Theory, 1630-1910. An Introductory History*. Princeton and Oxford, Princeton University Press, 1980.

GRENE, M. and NAILS, D. (eds)
1986 – *Spinoza and the sciences*. Dordrecht, Reidel, 1986.

GUÉROULT, M.
1934 – *Dynamique et métaphysique leibniziennes*. Paris, Les Belles Lettres, 1934.
1946 – «Substance and the Primitive Simple Notion in the Philosophy of Leibniz» *Philosophy and Phenomenological Research* 7 (1946) 293-315; reproduit in GUÉROULT 1970, pp. 229-251.
1946 – «L'espace, le point et le vide chez Leibniz» *Revue Philosophique* (1946) 431-452; reproduit in GUÉROULT 1970, pp. 252-275.
1947 – «La constitution de la substance chez Leibniz» *Revue de Métaphysique et de Morale* 52 (1947) 55-78; reproduit in GUÉROULT 1970, pp. 205-228.
1954 – «Métaphysique et physique de la force chez Descartes et chez Malebranche» *Revue de Métaphysique et de Morale* (1954) 1-37, 113-134.
1968 – *Spinoza. I. Dieu (Ethique I)*. Paris, Aubier-Montaigne, 1968.
1970 – *Etudes sur Descartes, Spinoza, Malebranche et Leibniz*. Hildesheim, Georg Olms Verlag, 1970.
1974 – *Spinoza. II. L'Ame* (*Ethique, II*). Paris, Aubier-Montaigne, 1974.

HANNEQUIN, A.
1908 – *Etudes d'histoire des sciences et d'histoire de la philosophie.* 2 tomes. Paris, F. Alcan, 1908.
HANSON, N.R.
1960 – «Waves, Particles, and Newton's ‹Fits›» *Journal of the History of Ideas* 21 (1960) 370-391.
HARTZ, G.A.
1984 – «Launching a Materialist Ontology: The Leibnizian way» *History of Philosophy Quarterly* 1 (1984) 315-332.
HENLE, J.-M. and KLEINBERG, E.-M.
1979 – *Infinitesimal Calculus.* Cambridge (Mass.), MIT Press, 1979.
HERIVEL, J.W.
1988 – «L'influence de Descartes sur Newton en mécanique» *Revue Philosophique de Louvain* 86 (1988) 467-484.
HINTIKKA, J.
1972 – «Leibniz, Plenitude, Relations and ‹the Reign of Law›» in FRANKFURT 1972, pp. 155-190.
HUNTER, G.
1985 – «Monadic Relations» in OKRUHLIK AND BROWN 1985, pp. 151-170.
HUTIN, S.
1987 – *L'alchimie.* Paris, P.U.F. 1951, 7e éd., 1987.
HUYGENS, Ch.
– *Œuvres complètes.* Tome XVIII. *L'horloge à pendule ou à balancier de 1666 à 1695. Anecdota.* La Haye, Martinus Nijhoff, 1934.
ISHIGURO, H.
1967 – «Leibniz's Denial of the Reality of Space and Time» *Annals of the Japanese Association for Philosophy* 3 (1967) 33-36.
1986 – «Pre-established harmony versus constant conjonction: a reconsideration of the distinction between rationalism and empiricism» in KENNY 1986, pp. 61-85.
JALABERT, J.
1947 – *La théorie leibnizienne de la substance.* Paris, P.U.F., 1947.
JAMMER, M.
1954 – *Concepts of Space. The History of Theories of Space in Physics.* Cambridge (Mass.), Harvard Un. Pr., 1954, 2nd ed. 1969.
1957 – *Concepts of Force. A Study in the Foundations of Mechanics.* Cambridge (Mass.), Harvard Un. Pr., 1957.
1961 – *Concepts of Mass in Classical and Modern Physics.* Cambridge (Mass.), Harvard Un. Pr., 1961.
JARRETT, Ch.E.
1977 – «The Concepts of Substance and Mode in Spinoza» *Philosophia* (1977) 83-105.
JUNG, C.G.
1952 – *Psychologie und Alchemie.* Zürich, Rascher, 1944, 2e éd. revue 1952; trad. franç. *Psychologie et alchimie*, Paris, Buchet/Chastel, 1970.

KANT, E.
– *La monadologie physique (1756), Nouvelle définition du mouvement et du repos (1758), De la fausse subtilité des quatre figures du Syllogisme (1762), Du premier fondement de la différence des régions dans l'espace (1768)* (traduction, introduction et notes par S. Zac) Paris, Vrin, 1970.
– *La dissertation de 1770* (traduction, introduction et notes par P. Mouy) Paris, Vrin, 1942.
– *Critique de la raison pure.* (trad. de J. Barni revue par P. Archambault), Paris, Garnier-Flammarion, 1976.
– *Réponse à Eberhard.* (traduction, introduction et notes par R. Kempf) Paris, Vrin, 2e éd., 1973.
– *Les progrès de la métaphysique en Allemagne depuis Leibniz et Wolf.* (trad. L. Guillermit) Paris, Vrin, 2e éd., 1973.

KAPLAN, F.
1989 – «Les définitions de la substance et du mode par Spinoza» *Les Etudes philosophiques* (1989) 21-37.

KATZ, B.D.
1983 – «The Identity of Indiscernibles Revisited» *Philosophical Studies* 44 (1983) 37-44.

KEELING, S.V.
1934 – «Cartesian Mechanism» *Philosophy* IX (1934) 51-66.

KENNY, A. (ed.)
1986 – *Rationalism, Empiricism and Idealism.* Oxford, Clarendon, 1986.

KITTEL, Ch. et alii
1965 – *Berkeley Physics Course.* 5 vols, New York, McGraw-Hill, 1965-1968; trad. franç. *Le cours de physique de Berkeley.* 5 vols, Paris, Armand Colin, 1972-1974.

KOESTLER, A.
1960 – *Les somnambules. Essai sur l'histoire des conceptions de l'univers.* Paris, Calmann-Lévy, 1960.

KOYRÉ, A.
1957 – *From the Closed World to the Infinite Universe.* Baltimore, John Hopkins Press, 1957; trad. franç. *Du monde clos à l'univers infini.* Paris, P.U.F., 1962, Gallimard, 1973.
1961 – *Etudes d'histoire de la pensée philosophique.* Paris, A. Colin, 1961, Gallimard, 1971.
1966a – *Etudes galiléennes.* Paris, Hermann, 1966.
1966b – *Etudes d'histoire de la pensée scientifique.* Paris, P.U.F., 1966; Gallimard, 1973.
1968 – *Etudes newtoniennes.* Paris, Gallimard, 1968
1971 – *Mystiques, spirituels, alchimistes du XVIe siècle allemand.* Paris, Gallimard, 1971.

KRIPKE, S.
1963a – Semantical Considerations on Modal Logic» *Acta Philosophica Fennica* 16 (1963) 83-94.

1963b – «Semantical Analysis of Modal Logic I. Normal Modal Propositional Calculi». *Zeitschrift für mathematische Logik und Grundlagen der Mathematik* 9 (1963) 67-96.
1971 – «Identity and Necessity» in *Identity and Individuation.* (M. Munitz ed.), New York, New York Un. Pr., 1971, pp. 135-164.
1975 – «Outline of a Theory of Truth» *Journal of Philosophy* 72 (1975) 690-716.
1979 – «A Puzzle About Belief» in *Meaning and Use* (A. Margalit ed.), Dordrecht, Reidel, 1979, pp. 239-283.
1980 – «Naming and Necessity» in *Semantics of Natural language* (G. Harman and D. Davidson eds.) Dordrecht, Reidel, 1972; revised and enlarged ed.: *Naming and Necessity.* Oxford, B. Blackwell, 1980.

LACHTERMAN, D.R.
1978 – «The Physics of Spinoza *Ethics*» in SHAHAN AND BIRO 1978, pp. 71-111.

LAGRANGE, J.L.
1867 – *Œuvres de Lagrange.* Paris, Gauthier-Villars, 1867.

LALANDE, A.
1926 – *Vocabulaire technique et critique de la philosophie.* Paris, P.U.F., 1926; 11e éd., 1972.

LECLERC, M.
1990 – *L'union substantielle. Déterminisme et finalité chez Maurice Blondel.* Dissertation doctorale, ISP, Louvain, 1990.

LÉCRIVAIN, A.
1977 – «Spinoza et la physique cartésienne» *Cahiers Spinoza* I (1977) 235-265.
1978 – «Spinoza et la physique cartésienne. La partie II des *Principia*» *Cahiers Spinoza* II (1978) 93-206.
1986 – «Spinoza and cartesian mechanics» in GRENE AND NAILS 1986, pp. 15-60.

LEIBNIZ, G.W.
– *Die philosophischen Schriften.* (édit. C.I. Gerhardt) 7 vols, Berlin, 1875-1890; reprod. Hildsheim, Georg Olms, 1965.
– *Mathematische Schriften* (édit. C.I. Gerhardt) 7 vols, Halle, 1849-1863; reprod. Hildesheim, Georg Olms, 1962.
– *Œuvres philosophiques de Leibniz.* 2 vols, (P. Janet ed.), Paris, Librairie philosophique de Ladrange, 1866.
– *Philosophical Papers and Letters* (ed. by L.E. Loemker, Dordrecht, Reidel, 1969; 2nd ed. 1976.
– *Nouvelles lettres et opuscules inédits* (édit. A. Foucher de Careil) Paris, Auguste Durand, 1857.
– *Textes inédits* (publiés et annotés par G. Grua) 2 vols, Paris, P.U.F., 1948.
– *Opuscules et fragments inédits* (édit. L. Couturat) Paris, F. Alcan, 1903.
– *Lettres et opuscules de physique et de métaphysique du jeune Leibniz (1663-1671)* (traduits et présentés par R. Violette) Nantes, Publication «Sciences et techniques en perspective» de l'Equipe de recherche «Sciences, Techniques et Sociétés» de l'Université, 1984-1985.
– *La naissance du calcul différentiel.* (introduction, traduction et notes par M. Parmentier) Paris, Vrin, 1989.

– *Confessio Philosophi. La profession de foi du philosophe.* (texte, traduction et notes par Y. Belaval) Paris, Vrin, 1970.
– *Malebranche et Leibniz. Relations personnelles* (présentées avec les textes complets des auteurs et de leurs correspondants revus, corrigés et inédits, par A. Robinet) Paris, Vrin, 1955.
– *Discours de métaphysique et Correspondance avec Arnauld* (introduction, texte et commentaire par G. Le Roy) Paris, Vrin, 3e éd., 1970
– *Correspondance Leibniz-Clarke* (édit. A. Robinet) Paris, P.U.F., 1957.
– *Nouveaux essais sur l'entendement humain* (édit. J. Brunschwig) Paris, Garnier-Flammarion, 1966.
– *Essais de théodicée. Sur la bonté de Dieu, la liberté de l'homme et l'origine du mal* (édit. J. Brunschwig) Paris, Garnier-Flammarion, 1969.
– *La monadologie* (éd. annotée par E. Boutroux) Paris, 1930; rééd. Paris, Librairie Delagrave, 1983..

LENNON, T.M.
1974 – «Occasionalism and the Cartesian Metaphysics of Motion» *Canadian Journal of Philosophy* Suppl. Vol. 1 Part. 1 (1974) 29-40.

LENOBLE, R.
1969 – *Esquisse d'une histoire de l'idée de Nature.* Paris, Albin Michel, 1969.

LEVY, Z.
1987 – «Sur quelques influences juives dans le développement philosophique du jeune Spinoza» *Revue des Sciences philosophiques et théologiques* 71 (1987) 67-76.

LEWIS, D.
1968 – «Counterpart Theory and Quantified Modal Logic» *Journal of Philosophy* 65 (1968) 113-126.
1973 – *Counterfactuals.* Oxford, B. Blackwell, 1973; reprinted with corrections, 1986.
1986 – *On the Plurality of Worlds.* Oxford, B. Blackwell, 1986.

LITT, TH.
1963 – *Les corps célestes dans l'univers de saint Thomas d'Aquin.* Louvain, Publications universitaires, Paris, Béatrice Nauwelaerts, 1963.

LLOYD, G.
1978 – «Leibniz on Possible Individuals and Possible Worlds» *Australian Journal of Philosophy* 56 (1978) 126-142.

LOCKE, J.
– *An Essay concerning Human Understanding.* London, 1690; 4th ed. by A.C. Fraser, 2 vols, New York, Dover, 1959; *Essai philosophique concernant l'entendement humain.* (trad. Coste) Paris, 4e éd., 1742; (rééd. par E. Naert) Paris, Vrin, 1994.

LOUX, M.J. (ed)
1979 – *The Possible and the Actual. Readings in the Metaphysics of Modality.* Ithaca and London, Cornell Un. Pr., 1979.

LUYTEN, N.
1963 – «Matter as Potency» in MCMULLIN 1963, pp. 102-113.

MACH, E.
1904 – *La mécanique. Exposé historique et critique de son développement.* Paris, Hermann, 1904, J. Gabay, 1987.
MACHEREY, P.
1994 – *Introduction à l'Ethique de Spinoza.* 5 tomes. Paris, P.U.F. 1994-1998.
MALBREIL, G.
1973 – «L'occasionalisme d'Arnold Geulincx» *Archives de Philosophie* 37 (1973) 77-105.
MALEBRANCHE, N.
– *Entretiens sur la Métaphysique et sur la Religion.* 2 tomes. Paris, Vrin, 1948;
– *Œuvres complètes.* I. *De la recherche de la vérité.* Livres I-III; II. *De la recherche de la vérité.* Livres IV-VI; III. *De la recherche de la vérité. Eclaircissements*; XVII+1. *Pièces jointes et Ecrits divers.* Paris, Vrin, 1960-1963.
MANSION A.
1913 – *Introduction à la physique aristotélicienne.* Louvain, I.S.P., Paris, F. Alcan, 1913.
MARÉCHAL, J.
1944 – *Le point de départ de la métaphysique. Leçons sur le développement historique et théorique du problème de la connaissance.* Bruxelles, L'Edition Universelle, Paris, Desclée de Brouwer, 3e éd., 1944-1949.
MARTIN, G.
1966 – *Leibniz. Logique et métaphysique.* Paris, Beauchesne, 1966.
MATES, B.
1986 – *The Philosophy of Leibniz. Metaphysics and Language.* Oxford, Oxford Un. Pr., 1986.
1972a – «Leibniz on Possible Worlds» in FRANKFURT 1972, pp. 335-364.
1972b – «Individuals and Modality in the Philosophy of Leibniz» *Studia Leibnitiana* 4 (1972) 81-118.
MATHERON, A.
1986 – *Spinoza and Euclidian Arithmetic: the Example of the Fourth Proportionnal* in GRENE AND NAILS 1986, pp. 125-150.
MAYR, E.
1982 – *The Growth of Biological Thought. Diversity, Evolution and Inheritance.* Harvard, The Belknap Press, 1982; trad. franç. *Histoire de la biologie. Diversité, évolution et hérédité.* Paris, Fayard, 1982.
MCGUIRE, J.E.
1970 – «Atoms and the ‹analogy of nature›: Newton's third rule of philosophizing» *Studies in History and Philosophy of Science* 1 (1970) 3-58.
MCMULLIN, E. (ed.)
1963 – *The Concept of Matter in Greek and Medieval Philosophy.* Notre Dame (Indiana), Notre Dame Un. Pr., 1963.
1978 – *Newton on Matter and Activity.* Notre Dame, Un. of Notre Dame Press, 1978.
1989 – «The Explanation of Distant Action: Historical Notes» in CUSHING AND MCMULLIN 1989, pp. 272-301.

MIGNINI, F.
1987 – «Données et problèmes de la chronologie spinozienne entre 1656 et 1665» *Revue des Sciences philosophiques et théologiques* 71 (1987) 9-21.
MISRAHI, R.
1990 – «La doctrine de l'*Ethique*». Introduction à sa traduction de l'*Ethique*. Paris, P.U.F., 1990.
1992 – *Spinoza. Un itinéraire du bonheur par la joie*. Paris, Jacques Grancher Editeur, 1992.
MONDADORI, F.
1975 – «Leibniz and the Doctrine of InterWorld Identity» *Studia Leibnitiana* 7 (1975) 22-57.
MOREAU, J.
1971 – *Spinoza et le spinozisme*. Paris, P.U.F., 1971; 2e éd., 1977.
1985 – *Aristote et son école*. Paris, P.U.F., 1985.
MOUY, P.
1927 – *Les lois du choc des corps d'après Malebranche*. Paris, Vrin, 1927.
1934 – *Le Développement de la Physique Cartésienne 1946-1712*. Paris, Vrin, 1934.
MUGNAI, M.
1990 – «A Systematical Approach to Leibniz's Theory of Relations and Relational Sentences» *Topoi* 9 (1990) 61-81.
NAMER, E.
1970 – *La philosophie italienne*. Paris, Seghers, 1970.
NASON, J.W.
1981 – «Leibniz and the logical argument for individual substances» *Mind* 51 (1942) 201-222; reproduit in WOOLHOUSE 1981, pp. 11-29.
NEWTON, I.
– *Papers and Letters on Natural Philosophy*. (ed. by I.B. Cohen) 2nd ed. Cambridge Mass., Harvard Un. Pr., 1978.
– *De la gravitation ou les fondements de la mécanique classique*. (introduction, traduction et notes de M.-F. Biarnais) Paris, Les Belles Lettres, 1985.
– *De la gravitation suivi de Du mouvement des cops*. (présentation de F. De Gandt, traductions respectives de M.-F. Biarnais et F. de Gandt) Paris, Gallimard, 1995.
– *Opticks: or, a Treatise of the Reflexions, Refractions, Inflexions and Colours of Light*. London, 1704; 2nd ed. 1717 reed. by S. Horsley in *Opera quae extant omnia*, vol. 4 London, 1782, Faksimile, Stuttgart, Friedrich Frommann Verlag, 1964.
– *Optique*. (trad. nouvelle faite par J.-P. Marat sur la dernière édition originale) Paris, Leroy, 1787; rééd. avec une préface de F. Balibar et une postface de M. Blay, Paris, Bourgois, 1989.
– *Principes mathématiques de la philosophie naturelle*. (trad. Madame La Marquise du Chastellet-Feve). 2 tomes, Paris, Dessaint et Saillant, Lambert, 1756; facsimile, Paris, A. Blanchard, 1966.
– *Les Principes Mathématiques de la Philosophie Naturelle*. (traduction nouvelle, postface et bibliographie établies par M.-F. Biarnais) Paris, Bourgois, 1985.

OKRUHLIK, K. and BROWN, J.R. (eds)
1985 – *The Natural Philosophy of Leibniz*. Dordrecht, Reidel, 1985.
OWENS, J.
1963 – «Matter and Predication in Aristotle» in MCMULLIN 1963, pp. 79-95.
PALTER, R. (ed.)
1970 – *The Annus Mirabilis of Sir Isaac Newton 1666-1966*. Cambridge, Cambridge Un. Pr., 1970.
PARKINSON, G.H.R.
1965 – *Logic and Reality in Leibniz' Metaphysics*. Oxford, Clarendon Pr., 1965.
PERL, M.R.
1969 – «Physics and metaphysics in Newton, Leibniz and Clarke» *Journal of the History of Ideas* 30 (1969) 507-526.
POLLOCK, F.
1880 – *Spinoza. His Life and Philosophy*. London, C. Kegan Paul, 1880; Dubuque (Iowa), Reprint Library.
RESCHER, N.
1981 – *Leibniz's Metaphysics of Nature*. Dordrecht, Reidel, 1981.
RIVAUD, A.
1914 – «Textes inédits de Leibniz publiés par M. Yvan Jagodinsky» *Revue de Métaphysique et de Morale* XXII (1914) 94-120.
1924 – «La physique de Spinoza» *Chronicum Spinozanum* IV, MCMXXIV-VI, 24-57.
1933 – «La nature des modes selon Spinoza» *Revue de Métaphysique et de Morale* (1933) 281-308.
ROBINET, A. (ed.)
1955 – *Malebranche et Leibniz. Relations personnelles* (présentées avec les textes complets des auteurs et de leurs correspondants). Paris, Vrin, 1955.
ROBINSON, A.
1967 – «The metaphysics of the calculus» in *Problems in the Philosophy of Mathematics* (I. Lakatos ed.) Amsterdam, North-Holland, 1967, pp. 28-46.
1974 – *Non-Standard Analysis*. Amsterdam, North-Holland, 1974.
ROCHOT, B.
1944 – *Les travaux de Gassendi sur Epicure et sur l'atomisme, 1619-1658*. Paris, Vrin, 1944.
RODIER, G.
1926 – *Etudes de philosophie grecque*. Paris, Vrin, 1926.
ROGERS, G.A.J.
1978 – «Locke's *Essay* and Newton's *Principia*» *Journal of the History of Ideas* 37 (1978) 217-232.
RONCHI, V.
1956 – *Histoire de la lumière*. Paris, A. Colin, 1956.
ROSS, W.D. (ed.)
1924 – *Aristotle's Metaphysics*. 2 vols, (A revised text with introduction and commentary) Oxford, Clarendon, 1924.
RUSSELL, B.
1900 – *La philosophie de Leibniz. Exposé critique*. Paris, Félix Alcan, 1908.

1903 – «Recent work on the philosophy of Leibniz» *Mind* 12 (1903) 177-201.
1927 – *Analysis of Matter*. London, G. Allen & Unwin, 1927.
1948 – *Human Knowledge. Its Scope and Limits*. London, George Allen and Unwin, 1948.
1961 – *History of Western Philosophy*. London, George Allen and Unwin, 1946; 2nd ed. London, Unwin, 1961.

RUSSELL, L.J.
1972 – «Leibniz, Gottfried Wilhelm (1646-1716)» in *The Encyclopedy of Philosophy* (P. Edwards, ed.). New York, Mc Millan, 1972.
1976 – «Leibniz's Philosophy of Science» *Studia Leibnitiana* VIII (1976) 1-17.
1977 – «Leibniz on the Metaphysical Foundations of Science» *Studia Leibnitiana* IX (1977) 101-110.

RUTHERFORD, D.P.
1990a – «Leibniz's ‹Analysis of Multitude and Phenomena into Unities and Reality›» *Journal of the History of Philosophy* 28 (1990) 525-552.
1990b – «Phenomenalism and the Reality of Body in Leibniz's Later Philosophy» *Studia Leibnitiana* XXII (1990) 11-28.

SELLARS, W.
1981 – «Méditations leibniziennes» *American Philosophical Quarterly* 2 (1965) 105-117; reproduit in WOOLHOUSE 1981, pp. 30-54.

SERRES, M.
1982 – *Le système de Leibniz et ses modèles mathématiques*. Paris, P.U.F., 1968, 2e éd., 1982.

SHAHAN, R.W. and BIRO, J.I. (eds)
1978 – *Spinoza: New Perspectives*. Norman, Un. of Oklahoma Pr., 1978.

SIWEK, P.
1930 – *L'âme et le corps d'après Spinoza* (*La psychophysique spinoziste*). Paris, F. Alcan, 1930.

SPINOZA, B. de
– *Ethique*. (traduction, introduction, notes et commentaires de R. Misrahi) Paris, P.U.F., 1990.
– *Spinoza opera*. 4 vols, (C. Gebhardt ed.) Heidelberg, Carl Winter, 1924-1926.
– *Œuvres. 4 volumes*. (traduction et notes de Ch. Appuhn) Paris, Garnier-Flammarion, 1964-1966.

STEIN, L.
1890 – *Leibniz und Spinoza. Ein Beitrag zur Entwicklungsgeschichte der Leibnizischen Philosophie mit neuenzehn Ineditis uns dem Nachlass von Leibniz*. Berlin, Georg Reimer, 1890.

TARDY, J.
– *La montre. Les échappements à recul, le spiral, la compensation*. Paris, chez l'auteur, s.d.

TATON, R. (dir)
1957 – *Histoire générale des sciences*. 4 tomes. Paris, P.U.F., 1957.

THOMAS D'AQUIN (Saint)
– *Les principes de la réalité naturelle.* (trad. J. Madiran) Paris, Nouvelles Editions Latines, 1963.
– *L'être et l'essence (De ente et essentia).* (trad. C. Capelle) Paris, Vrin, 8ᵉ éd., 1985.

THONNARD, F.-J.
1937 – *Précis d'histoire de la philosophie.* Paris, Desclée & Cie, 1937.

TORRETTI, R.
1997 – «From Physics to Metaphysics» *Studies in History and Philosophy of Modern Physics* 28 (1997) 291-298.
1999 – *The Philosophy of Physics.* Cambridge, Cambridge Un. Pr., 1999.

VAN RIET, G.
1968 – «Actualité de Spinoza» *Revue philosophique de Louvain* (1968) 36-84.

VOLTAIRE
– *Œuvres complètes.* 4 vols, Paris, J. Didot, 1827-1829.

WESTFALL, R.S.
1970 – «Uneasily Fitful Reflections on Fits of Easy Transmission» in PALTER 1970, pp. 88-104.
1980 – *Never at Rest. A Biography of Isaac Newton.* Cambridge, Cambridge Un. Pr., 1980.

WHITTAKER, E.T.
1951 – *A History of the Theories of Aether and Electricity. The classical Theories.* London, Thomas Nelson and Sons Ltd, 1951.
1964 – *A Treatise on the Analytical Dynamics of Particles and Rigid Bodies.* Cambridge, Cambridge Un. Pr., 4th ed. 1964.

WINTERBOURNE, A.T.
1982 – «On the metaphysics of leibnizian space and time» *Studies in History and Philosophy of Science* 13 (1982) 201-214.

WITT, Ch.
1989 – *Substance and Essence in Aristotle. An Interpretation of Metaphysics VII-IX.* Ithaca (N.Y.), Cornell Un. Pr., 1989.

WONG, D.
1980 – «Leibniz's Theory of Relations» *The Philosophical Review* LXXXIX (1980) 241-256.

WOOLHOUSE, R.S.
1981 – *Leibniz: metaphysics and philosophy of science.* Oxford, Oxford Un. P., 1981.

YOVEL, Y.
1989 – *Spinoza and Other Heretics. 1. The Marrane of Reason. 2. The Adventures of Immanence.* Princeton, Princeton Un. Pr., 1989; trad. franç. *Spinoza et autres hérétiques.* Paris, Le Seuil, 1991.

Index analytique

A

C

D

E

F

G – H

I – J

L

M

N - O

P

Q

R

S

T

U

V

Index des noms

A

B

C

D

E

F

G

H

I - J

K

L

M

N

O

P

R

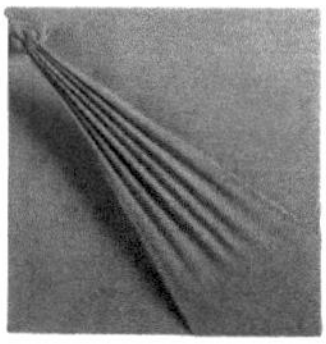

Philosophia Naturalis et Geometricalis

Collection dirigée par Luciano Boi et Dominique Lambert

La collection a pour but la publication et la promotion de travaux originaux et inédits concernant les différentes conceptualisations philosophiques de la pensée physique et mathématique contemporaine. Plus qu'à décrire les faits empiriques par des méthodes et des outils purement quantitatifs, ces travaux doivent viser à proposer des modèles explicatifs qui permettent d'élucider un ou plusieurs aspects conceptuels de la création mathématique et de l'invention physique. Ainsi, on privilégiera les travaux qui accordent une place fondamentale au rôle des idéalisations géométriques dans l'intelligibilité du réel et même de phénomènes très concrets.

La collection entend accueillir tout particulièrement les recherches qui explorent philosophiquement et approfondissent expérimentalement des idées essentielles à l'interface entre certaines théories mathématiques, notamment géométriques et topologiques, et les sciences de la nature comme la physique et la biologie, ou toute autre discipline théorique qui s'y rattache. Sa raison d'être réside dans l'exigence de repenser, selon une démarche philosophique à la fois critique et rigoureuse, les grandes découvertes scientifiques du XXe siècle qui ont changé en profondeur notre perception de la réalité, et de développer une réflexion autour des perspectives épistémologiques nouvelles qui s'en sont récemment dégagées.

Un certain nombre d'études et de recherches récentes montrent l'intérêt de réactualiser des idées issues de ce qu'on appelait à une époque la tradition «scientifique» de la philosophie naturelle. Ceci a permis de renouer avec certaines théories élaborées par les *Naturphilosophen*, de réhabiliter les idées des fondateurs de la psychophysique, de reprendre les intuitions et les analyses des phénoménologues et théoriciens de la *Gestalt*, de développer la pensée des pionniers de la morphologie et de la biologie théorique. Un des buts de la collection est de permettre que ces idées soient développées, débattues et mieux connues d'un plus grand nombre de chercheurs et de lecteurs.

Cette collection aspire à devenir un laboratoire d'idées: elle entend d'abord susciter l'élaboration d'une véritable «philosophie géométrique» des formes naturelles et des êtres organiques, ainsi que contribuer à renouveler les grands débats scientifiques et métaphysiques sur les concepts d'espace et de temps et sur leur rôle dans la compréhension des rapports entre les structures mathématiques et les phénomènes physiques.

On souhaite aussi s'interroger sur les limites de la science actuelle et sur les conséquences que comportent ses récentes retombées technicistes. Il s'agit notamment de contribuer au développement d'une vision non réductionniste de la science et de la connaissance, moins pragmatique et plus spéculative, moins attachée à ses applications technologiques immédiates que soucieuse de construire une pluralité de modèles possibles du réel et d'en dévoiler les différents niveaux de sens.

Ouvrages parus

Vol. 1 Eric Bois: *L'univers sans repos, ou l'essence première du mouvement,* 2002.

Vol. 2 Marc Balmès: *L'énigme des mathématiques. La mathématisation du réel et la* Métaphysique, *I.,* 2003.

Vol. 3 Bertrand Hespel: *Outre Newton. Quelques images du monde à l'Age classique,* 2003.

Druck:
CPI Druckdienstleistungen GmbH
im Auftrag der
Kolibri 360 GmbH
Ferdinand-Jühlke-Str. 7
99095 Erfurt

FSC
www.fsc.org
MIX
Papier | Fördert gute Waldnutzung
FSC® C083411

Kolibri 360 GmbH
Ferdinand-Jühlke-Straße 7
99095 Erfurt, Deutschland
produktsicherheit@kolibri360.de